大熊猫模式标本手绘图

发现大熊猫

大熊猫在地球这个蓝色星球的第一次漫步，据说是在遥远的800万年前。

科学家第一次听到大熊猫的脚步声，是在一个乍暖还寒的早春。

时间：1869年4月1日，地点：今四川省宝兴县邓池沟天主教堂内。

1. 阿尔芒·戴维从马赛港启程到中国
2-3. 1880年4月4日法国《旅行画报》介绍戴维在中国的探险过程和成果，图2为探险途中野外露宿，图3为在长江遭遇风浪
4. 法国巴黎自然历史博物馆珍藏的大熊猫模式标本
5. 珙桐——中国鸽子树
6. 川金丝猴
7. 人工复原的大熊猫和小熊猫生活场景

1.《戴维日记》封面，书中讲述了发现大熊猫等珍稀动物的过程
2.“熊猫圣殿”——邓池沟天主教堂
3. 法国巴黎自然历史博物馆
4. 阿尔芒·戴维发现大熊猫的纪念碑
5. 中华人民共和国成立之初，宝兴县城全貌

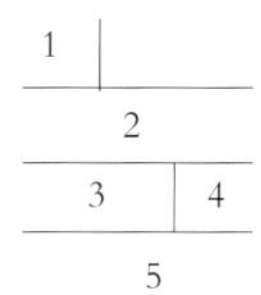

追踪大熊猫

随着阿尔芒·戴维的惊世发现，一股大熊猫热从巴黎开始，迅速蔓延到欧洲大地。

一场席卷整个世界、持续时间长达70年之久的疯追逐由此开始。

许多动物学家、探险家、旅行家、狩猎者纷纷进入中国，企图捕捉这种珍奇动物。

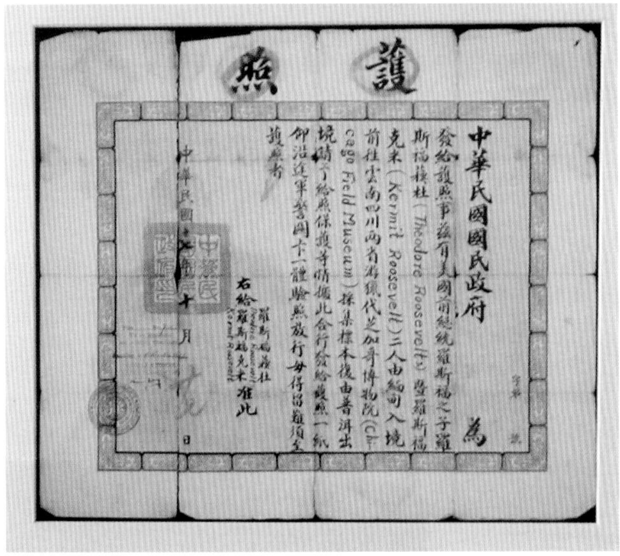

護照

中華民國國民政府　為

發給護照事茲有美國前總統羅斯福之子羅
斯福蘇杜（Theodore Roosevelt）暨羅斯福
克米（Kermit Roosevelt）二人由緬甸入境
前往雲南四川两省游獵代芝加哥博物院（Chi-
cago Field Museum）採集標本復由普洱出
境請予給照保護等情據此合行發給護照一紙
仰沿途軍警關卡一體驗照放行毋得留難須至
護照者

右給　羅斯福蘇杜　羅斯福克米　准此

中華民國十八年十　月　日

1. 大熊猫倒在了小西奥多·罗斯福、克米特·罗斯福的枪下

2. 中华民国政府颁发的“游猎”护照

宽窄巷 主题策划

美国前总统罗斯福的两个儿子
1929年持合法手续来到四川

追踪
大熊猫

1. 狩猎之路
2. “熊猫王”史密斯运送大熊猫出川途中
3. 1931年，布鲁克·杜兰在穆坪、汶川一带搜集的大熊猫标本在美国费城自然历史博物馆展出
4. 第一只活体大熊猫走出国门
5.《追踪大熊猫》报道
6.《申报》报道美籍华人杨杰克在西康的狩猎过程
7. 满载而归的西方探险家，在青衣江乘坐竹筏离开雅安

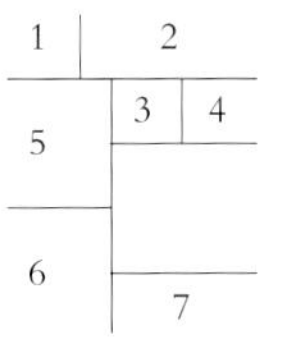

申報 圖畫特刊

西康狩獵

国礼大熊猫

中华人民共和国成立后，大熊猫肩负着“和平友好使者”的身份走出国门。

从20世纪50年代到80年代早期，我国先后送出去24只“国礼”大熊猫，其中18只来自雅安。

1. 中国赠送美国的大熊猫”玲玲”和“兴兴”
2. 中国赠送法国的大熊猫“黎黎”和“燕燕”
3-4. 中国赠送苏联的大熊猫“平平”和“安安”
5. 中国赠送日本的大熊猫“兰兰”和“康康”

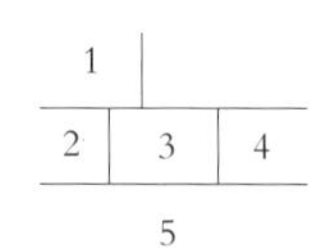

1. 中国赠送朝鲜的大熊猫“丹丹”
2. 中国赠送墨西哥的大熊猫“迎迎”
3. 中国赠送日本的大熊猫“欢欢”
4. 美国出版的《玲玲和兴兴》画册
5. 捕捉野生大熊猫
6. 1982年前中国赠送国外大熊猫一览表

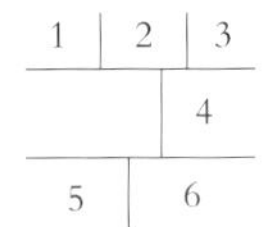

1982 年前 中国赠送国外大熊猫一览表

国家	大熊猫名字	籍贯	赠送时间
苏联	平平	四川宝兴	1957 年
苏联	碛碛	四川宝兴	1957 年
苏联	安安	四川宝兴	1957 年
朝鲜	1 号	四川宝兴	1964 年
朝鲜	2 号	四川宝兴	1964 年
朝鲜	凌凌	四川宝兴	1970 年
朝鲜	三星	四川宝兴	1970 年
美国	玲玲	四川宝兴	1972 年
美国	兴兴	四川宝兴	1972 年
日本	兰兰	四川宝兴	1972 年
日本	康康	四川宝兴	1972 年
法国	黎黎	四川宝兴	1973 年
法国	燕燕	四川平武	1973 年
英国	晶晶	四川平武	1974 年
英国	佳佳	四川宝兴	1974 年
墨西哥	贝贝	四川越西	1975 年
墨西哥	迎迎	四川宝兴	1975 年
西班牙	绍绍	北京动物园	1978 年
西班牙	强强	北京动物园	1978 年
朝鲜	丹丹	四川宝兴	1979 年
联邦德国	天天	四川天全	1980 年
联邦德国	宝宝	四川宝兴	1980 年
日本	欢欢	四川宝兴	1980 年
日本	飞飞	四川	1982 年

保护大熊猫

民国时期对大熊猫的保护，虽是一纸空文，但开了保护先河。

从物种保护到栖息地保护，从自然保护区到大熊猫国家公园，保护不断升级。

同一个家园同一个梦想，大熊猫与人类和谐共生。

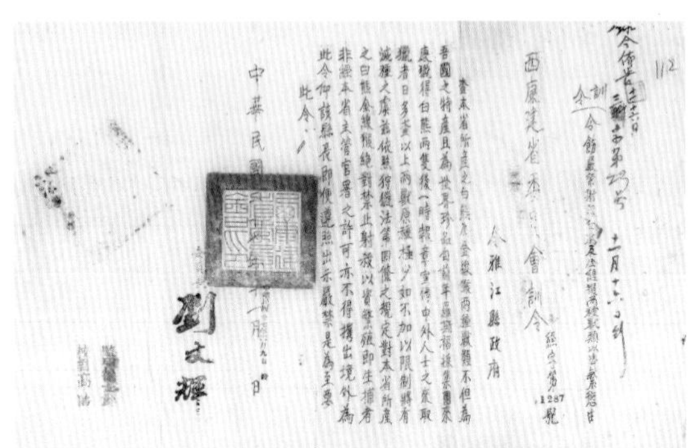

西康建省委員會訓令 1287號

令雅江縣政府

查本省所產之白熊及金絲猴兩種獸類不但為吾國之特產且為世界珍品自前年[illegible]來康獵得白熊兩隻後一時報章宣傳中外人士之來康取獵者日多查以上兩獸原極稀少如不加以限制將有滅種之虞茲依照狩獵法第[illegible]條之規定對本省所產之白熊金絲猴絕對禁止射殺以資繁殖即生捕者非經本省主管官署之許可亦不得攜出境外為此令仰該縣長即便遵照出示嚴禁是為至要

此令

中華民國 [illegible] 年十一月 [illegible] 日

劉文輝

行將絕跡的大貓熊

熊猫的喜事

大、小熊猫是代表我国历史文物的世界稀有珍贵动物。大熊猫又名白熊、花熊，生活在深山密林里。据估計，全国仅一千余头。小熊猫又名大紅袍、九节狼、山闊得兒，体形美丽，性格馴順，为世界稀有品种。金絲猴又名狨狡，估計全国亦仅二千余头。这些动物仅产于我国四川省西北部及甘肃南部、云南北部的部分地区，数量很少，人工飼养又較困难。最近，四川省人民委員会为了有計划的保护和繁殖这些稀有珍貴动物，已发出了“关于禁止猎捕大熊猫等稀有珍貴动物的通知”，規定自一九五九年一月起禁止全省各地猎捕这些动物。

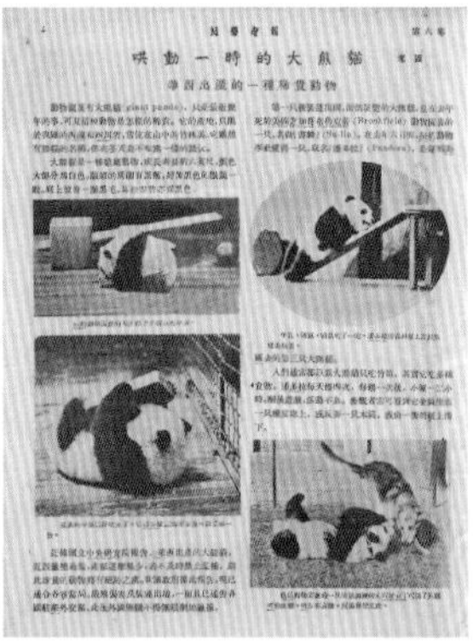

哄動一時的大熊貓

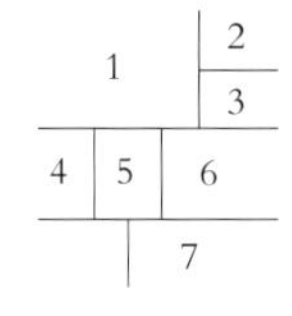

1. 1938年11月，西康建省委员会委员长刘文辉颁布训令，禁止猎杀白熊（大熊猫）和金线猴（金丝猴）
2.《科学画报》1947年12期，刊发《行将绝迹的大猫熊》一文
3.《新民报》1945年11月30日刊发《重申保护令，大熊猫有福了》一文
4. 夹金山自然保护区
5.《新民晚报》1959年5月30日刊发《熊猫的喜事》一文
6.《科学画报》1939年第6期刊发《哄动一时的大熊猫》一文
7. 四川省宝兴县永富乡村民抢救受灾大熊猫

CONVENTION CONCERNING THE PROTECTION OF THE WORLD CULTURAL AND NATURAL HERITAGE

The World Heritage Committee has inscribed

Sichuan Giant Panda Sanctuaries

on the World Heritage List

Inscription on this List confirms the exceptional and universal value of a cultural or natural site which requires protection for the benefit of all humanity

1.世界自然保护联盟专家在四川省宝兴县永富乡中岗村扑鸡沟徒步考察
2. 大熊猫野外调查
3. 跋山涉水保护大熊猫
4. 2006年7月12日，“四川大熊猫栖息地”列入世界自然遗产保护名录
5. 野外的大熊猫

明星大熊猫

凌晨的夹金山，星斗满天。

站在夹金山之巅，仰头望星空，低头思熊猫。

从雅安的大山中走出去的大熊猫，犹如繁星点点，有着无数的“明星”。

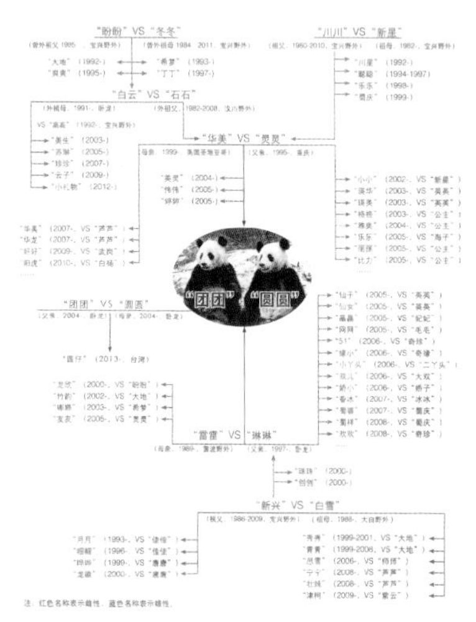

1. 大熊猫“团团”“圆圆”家谱
2. 大熊猫“团团”“圆圆”从碧峰峡启程到台湾
3. 2018年7月6日，大熊猫“圆仔”过5周岁生日
4. 大熊猫“姬姬”在英国
5. 大熊猫“芦芦”交配持续18分03秒，江湖人称“持久哥”
6. 大熊猫“姬姬”成为世界自然基金会会徽上大熊猫图案的原型

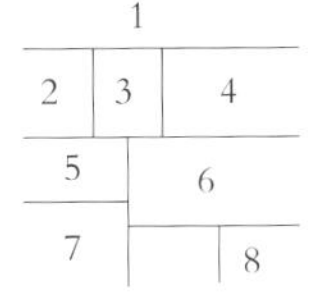

1. 1956年7月30日《人民日报》刊发《平平的日记》
2. 1963年9月9日，世界首例人工繁育的大熊猫“明明”诞生
3. 1979年9月8日，世界首例人工授精的大熊猫“元晶”和它的母亲“涓涓”
4. 世界首例截肢大熊猫“戴丽”被歌星费翔“收养”
5. 2018年9月24日，重庆动物园为36岁的大熊猫“新星”过中秋节
6. 大熊猫“盼盼”过31岁生日
7. 福州熊猫世界大熊猫保护专家陈玉村和“巴斯”在一起
8. 大熊猫“巴斯”成为1990年北京亚运会吉祥物“盼盼”原型

放归大熊猫

大熊猫从雅安走向世界，大熊猫在雅安重回山林。

回望栗子坪茫茫深山，放归在这里的大熊猫，未来或许充满着艰辛与坎坷……

大熊猫的栖息地不会成为一座座“空山”，这里的“新移族”和它们的儿女会越来越多。

1	2
3	5
4	5
6	

1. 2006年4月28日，大熊猫“祥祥”放归野外
2. 大熊猫专家张和民（左）为大熊猫幼仔做体检
3. 大熊猫专家张志和用镜头记录大熊猫的成长
4. 四川石棉县栗子坪大熊猫放归基地，先后有9只大熊猫在这里放归
5. 四川栗子坪国家级自然保护区
6. 四川大相岭大熊猫放归基地

1. 放归大熊猫“淘淘”
2. 放归大熊猫“张想”
3. 放归大熊猫“张梦”
4. 放归大熊猫“华妍”
5. 放归大熊猫“雪雪”

1	
2	3
4	5

文化大熊猫

如果我们要选择一种动物来代言中国，除了大熊猫，我们别无选择。

代言中国的，不是大熊猫的“萌”，而是大熊猫的“文化”——

和平友好、和善坚韧、和谐相处、和气致祥。“和”正是中国传统文化之精髓。

檀會代表將在青年會演講

西人籃球會之長期比賽

婦女節制會第三次揭曉

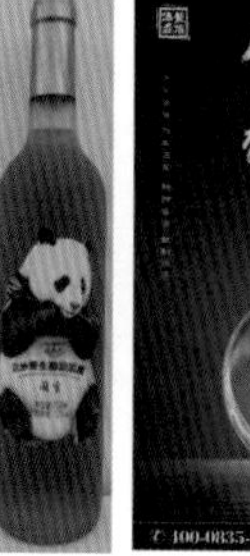

1. 电影《我们诞生在中国》
2. 美国前总统罗斯福之子撰写的《追踪大熊猫》
3. 1922年11月25日《申报》出现“熊猫”一词
4. 民国时期旅英学者蒋彝用英文创作出版《金宝与花熊》
5. 民国时期出版的《中国动物生活图说》
6.《科学画报》1947年12月第八卷第十一期封面
7-8. 民国时期西方大熊猫图书《苏琳》和《熊猫宝宝》
9. 民国时期熊猫牌香烟
10. 民国时期大熊猫就进入大众视线
11. 1944年8月，西康毛革公司毛织厂生产大熊猫和短尾鸟图案的挂毯
12. 皮丝编织画大熊猫
13-14.熊猫酒

1	2	3	
	4	5	6
7 8	9	10	
11	12	13	14

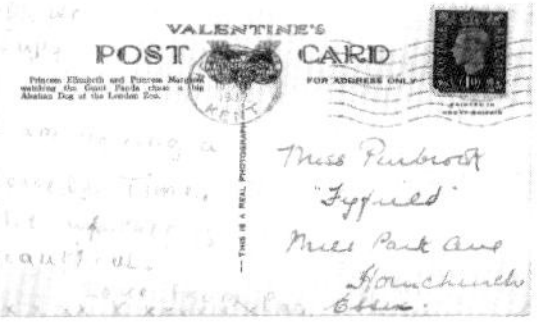

1			
2	3		
4	5	6	7
8	9		
	10		
11			

1. “熊猫文化 世界共享”——2018年8月，首届“中国大熊猫国际文化周”在京举行，四川航空公司空客A350“大熊猫客机”首航
2.《大熊猫文化笔记》（孙前著）
3. 1939年英国发行的大熊猫明信片
4.《熊猫的故事》（谭楷著）
5. 雅安城市标识
6. 画家任伟的作品登上“国宝熊猫钞”
7. 工艺美术家司徒华雅篆作品《大熊猫写家》
8.《大熊猫史画》画册
9.《和平使者熊猫“巴斯”》新书发布仪式
10. 画家童昌信创作的《天之骄子》
11.《嗨！你好！》

回家·回访

2009年4月28日，在大熊猫发现140周年之际，法国巴黎自然历史博物馆捐赠珍贵大熊猫模式标本资料仪式在邓池沟天主教堂举行，大熊猫“出生证”回家。

2014年3月–7月，雅安退休工人罗维孝历时115天，骑行15 000千米——完成跨越145周年的“回访”。

1.万里走单骑·戴维故乡行——2014年3–7月，国网雅安电力公司退休工人罗维孝骑行115天，行程15000千米，纵横亚欧大陆，途经哈萨克斯坦、俄罗斯、拉脱维亚、立陶宛、波兰、德国、法国等8个国家，完成从大熊猫故乡到大熊猫发现者故乡的骑行壮举

2–3. 法国巴黎自然历史博物馆捐赠珍贵大熊猫模式标本资料仪式在邓池沟举行，大熊猫“出生证”回家

4. 中国邮政发行的明信片

5. 2017年6月29日，法国艾斯佩莱特市“戴维之友”代表团回访邓池沟天主教堂

6. 罗维孝从宝兴县邓池沟天主教堂出发

7. 罗维孝抵达法国艾斯佩莱特市

1		
2	4	5
	6	7
3		

大熊猫史话

高富华◎编著

History of Panda

四川民族出版社

图书在版编目（CIP）数据

大熊猫史话 / 高富华编著. -- 成都：四川民族出版社, 2019.4（2020.7重印）

ISBN 978-7-5409-8237-9

Ⅰ. ①大… Ⅱ. ①高… Ⅲ. ①大熊猫－普及读物 Ⅳ. ①Q959.838-49

中国版本图书馆CIP数据核字（2019）第053772号

DAXIONGMAO SHIHUA

大熊猫史话

高富华　编著

出 版 人　泽仁扎西
责任编辑　张宇明
责任校对　张波心　索郎磋么
责任印制　刘　敏
装帧设计　四川胜翔数码印务设计有限公司
出版发行　四川民族出版社
地　　址　四川省成都市青羊区敬业路108号
邮政编码　610091
印　　刷　三河市三佳印刷装订有限公司
成品尺寸　145 mm × 210 mm
印　　张　12
字　　数　200千
版　　次　2019年4月第1版
印　　次　2020年7月第2次印刷
书　　号　ISBN 978-7-5409-8237-9
定　　价　58.00元

序

大熊猫从远古走来

在这个世界上，有一个神秘的物种，从它被人类发现的那一刻起，它就成了世界的宠儿，人们对它的喜爱一直“高烧”不退。这个神秘的物种就是大熊猫。

在中国，有一个神奇的地方，大熊猫在这里被发现，大熊猫从这里走向世界，大熊猫在这里重回山林。这个神奇的地方叫雅安。

在过去50多年中，我为了研究大熊猫，曾多次到雅安“追踪大熊猫”，不仅与大熊猫结下了不解之缘，也深深地眷念雅安这片栖息着大熊猫的土地。

大熊猫与青山绿水生死相依——

1869年4月1日，法国传教士、博物学家阿尔芒·戴维在穆坪（今四川省雅安市宝兴县）的大山中，对大熊猫惊鸿一瞥。从此，大熊猫走进了人类视线。随后，来自世界各地的生物学家、探险家“众神会聚大山中”，猎杀或捕捉大熊猫，目的地就是穆坪。

“大熊猫外交”打开了中华人民共和国通向世界的大门，24只“国礼”大熊猫肩负“和平友好”使者的重任，飘洋过海，从中国走向世界，其中18只“国礼”大熊猫来自

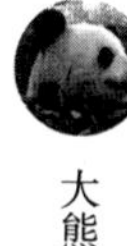

雅安；“四川大熊猫栖息地”成为世界自然遗产，雅安占了核心区面积的52%；国家大熊猫公园勘界，雅安6 000多平方千米、超过全市行政区域总面积的40%划入大熊猫国家公园；全球首个大熊猫放归地花落雅安，已有8只人工繁育的大熊猫经过野化训练后，在雅安市最南端的石棉县栗子坪国家自然保护区放归大自然。

大熊猫与人类和谐相处——

走过150年，大熊猫的传奇故事在青山绿水间开篇，精彩故事一直在“地球村”中激情上演，大戏永不落幕。

走过150年，大熊猫芳华依然，魅力四射。

1961年，大熊猫走上了世界自然基金会（WWF）会旗、会徽。

1990年，大熊猫走进了体育赛场，成为北京亚运会吉祥物“盼盼”。

2008年，大熊猫走进了北京奥运会，成为吉祥物……

走过150年，有着无与伦比的科研价值、文化价值、经济价值的大熊猫从一个生物熊猫成为“外交熊猫”“文化熊猫”……

在雅安，有很多大熊猫与人类和谐相处的故事：生病的大熊猫向村民求救，饥饿的大熊猫走进农家求助，甚至还有大熊猫临终前要到村民家告别……

在雅安，有很多个“世界之最”——大熊猫最早在雅安发现；野外大熊猫数量雅安最多；“国礼”大熊猫雅安最多；圈养大熊猫放归最早；世界自然遗产“四川大熊猫栖息地”和大熊猫国家公园区域中，雅安被划入的面积最大……

走过150年，和平友好、和善坚韧、和谐相处、和气致祥——大熊猫文化的内涵和外延日益显现，成为中国的对外形象。大熊猫文化软实力越来越强，大熊猫对外交往越来越广。

走过150年，随着生态文明建设的推进，生态环境得到了极大改善，大熊猫栖息地面积不断扩大，野外大熊猫数量持续增长。

人与自然和谐相处。从远古走来的大熊猫，永远与人类在一起——共踏一方净土，同顶一片蓝天，齐饮一江碧水。

很多人看到的是大熊猫的“萌”，其实，在大熊猫“萌”的背后，隐藏着很多“遗传密码”，包括生物的、地理的、气候的、文化的、经济的……这些都需要我们破译。毕竟有着800万年历史的大熊猫，有着它独特的自然史和文化史，也有它可以追溯的过去和憧憬的未来，而人类认识大熊猫的历史还很短暂，未知的东西还有很多很多。

今天，我们讲大熊猫150年史话，并不是指大熊猫只有150年的历史。只是我们人类发现它、科学地认识它，只有150年罢了。认识过去，是为了更好地探索未来。毕竟来路遥远，未来更漫长。

历史一次次被时间掩埋，又一次次在尘土飞扬的时光中被翻捡出来，重现江湖。我们在大熊猫的青山绿水家园中穿行，透过入眼皆绿的山川，依然能感受到自然的视觉盛宴和历史深邃的伟大力量。150年，在历史的长河中只是短暂的瞬间。在从远古走来的大熊猫身上，值得我们研究

的东西很多很多；150年对于大熊猫的研究，我们只是起步，还有遥远而漫长的路要走。

加快推进大熊猫国家公园体制试点，实现人与自然和谐共生。在大熊猫国家公园挂牌成立之际，我们迎来了科学发现大熊猫150周年。大熊猫科学发现地雅安，在大熊猫历史文化的挖掘和整理方面带了个好头，中共雅安市委宣传部、雅安市社科联长期致力于大熊猫生态与文化的研究，促进生态文明建设，做了很多卓有成效的工作；为了编写《大熊猫史话》一书，组建了专业编写团队，在浩瀚的史料中如大海捞针一般，收集到很多鲜为人知、闻所未闻的与大熊猫相关的文史资料和珍贵的图片。

该书史料价值高，可读性强，既是对大熊猫发现150年以来的回顾和总结，也是对大熊猫国家公园挂牌成立最好的献礼。

生态文明建设方兴未艾，大熊猫保护事业任重而道远。

是为序。

大熊猫从雅安走向世界

2016年12月28日，子孙遍及全球的大熊猫“盼盼”在中国大熊猫保护研究中心都江堰基地逝世。“盼盼”的原籍在雅安市宝兴县。

2017年5月11日，成都大熊猫繁育研究基地与雅安市荥经县政府正式签订《关于合作管理和运营大相岭大熊猫野化放归基地的协议》，这是继石棉县栗子坪之后的全球第二个大熊猫放归基地。

2017年9月6日，四川省发布大熊猫国家公园勘界划界，宝兴县行政区域内92.8%的面积划入大熊猫国家公园。

2017年9月13日，北京亚运会吉祥物“盼盼”原型、出生在雅安市宝兴县的大熊猫“巴斯”在福州（海峡）熊猫世界去世。

2017年11月23日，大熊猫“映雪”和“八喜”在雅安市石棉县栗子坪放归大自然。

2018年9月16日，重庆动物园的大熊猫“新星”迎来36岁生日，它是目前健在最长寿的大熊猫。“新星”的原籍在雅安市宝兴县，它的后代共有114只，现存活个体90只，分布在中国、加拿大、美国、日本等20多个国家和地区。

2018年11月1日早上，旅居美国的大熊猫“高高”回国，入住中国大熊猫保护研究中心都江堰基地隔离检疫兽舍。28岁的大熊猫“高高”，1992年在宝兴县野外被救助，2003年6月旅居美国圣地亚哥动物园至今，它和“白云”繁育了“美生”“苏琳”“珍珍”“云子”“小礼物”5只大熊猫。“高高”作为“英雄父亲”，为大熊猫国际合作和繁殖做出了重要贡献。

2018年12月5日—8日，第二届“四川旅游新媒体营销大会暨中国·大熊猫文化联盟成立大会”在雅安举办，大会发表了《中国·大熊猫文化联盟雅安宣言》。

2018年12月6日，一场大雪让大相岭银装素裹，大熊猫“星辰”“和雨”在瑞雪中顺利住进新家，标志着位于雅安市荥经县的“四川大相岭大熊猫野化放归基地”正式成立并投入使用……

随着生态文明建设的日益升温，大熊猫备受世人关注。令人惊讶的是，在一条条有关大熊猫的重磅新闻的背后，都直指新闻的发生地——四川雅安。

四川省雅安市位于中国西部、横断山脉东部边缘，有着“生态雅安·天府之肺”的美誉。这里是世界自然遗产“四川大熊猫栖息地”的核心区，大熊猫栖息地面积分布于全市8个县（区），占雅安行政区域总面积的38%，居全国地级市第一。雅安是规划建设中的大熊猫国家公园重要的组成部分，其中宝兴县行政区域总面积的92.8%被划入公园区。

翻开雅安地图，与大熊猫有着密切关系的四个点特别引人注目：雅安最北端宝兴县的夹金山，世界首只大熊猫在这里被发现；雅安最南端石棉县的拖乌山，世界首只圈养大熊猫在这里被放归；而位于雅安市荥经县境内的大相岭自然保护区，是第二个大熊猫野化放归基地；雅安市中心城区雨城区的熊猫谷中，中国大熊猫保护研究中心碧峰峡基地就坐落于此。

发现地：“大熊猫圣殿”宝兴县

2016年12月28日，一只名叫“盼盼”的雄性大熊猫在中国大熊猫保护研究中心都江堰基地病逝。在这只31岁大熊猫的身后，有130多只跟它有血缘关系的大熊猫。

2017年9月13日，福州（海峡）熊猫世界的另一只大熊猫、37岁高龄的“巴斯”也走到了生命的尽头。这只名叫“巴斯”的雌性大熊猫还有一个名字叫“盼盼”，因为它是1990年北京亚运会吉祥物“盼盼”的原型。

这两只名叫“盼盼”的大熊猫，先后创下了两项世界纪录：全球年龄最大的雄性大熊猫、全球年龄最大的雌性大熊猫。而更让人惊讶的是，它们都来自同一个地方——四川省雅安市宝兴县。

几家欢乐几家愁。就在“巴斯”死后的第三天，重庆动物园的大熊猫“新星”迎来35岁的生日庆典。在游人的关注下，它悠然自得地品尝起了生日蛋糕。

此时，人工繁育的大熊猫“八喜”“映雪”正在接受野化训练，两个月后，它们被同时放归雅安市石棉县栗子坪国家级自然保护区。“新星”的出生地在宝兴县，而

"八喜"的父亲"芦芦"（在"大熊猫"江湖上，它有"持久哥"的雅号）、"映雪"的父亲大熊猫"白杨"，分别来自雅安市的芦山县、宝兴县，它们都是与母亲失散后，在野外抢救成活的野生大熊猫。

宝兴县有着"大熊猫圣殿"的美誉，这里不仅是世界上首只大熊猫的发现地，还是出产"国礼"大熊猫最多的地方。

2006年7月12日，在联合国教科文组织评审"四川大熊猫栖息地"申报世界自然遗产时，有专家称："没有夹金山，大熊猫的故事就无从说起。"

1839年，法国人在宝兴县邓池沟建了一座天主教堂，30年后，传教士、博物学家阿尔芒·戴维来到了这里。他第一次发现大熊猫的踪影是在1869年的3月11日。《戴维日记》中对此有详细的记述。

阿尔芒·戴维在考察途中被一户姓李的教徒邀请去做客。在李家，他看到了一张"从来没见过的黑白兽皮"，他觉得这是"一种非常奇特的动物"。当晚，他在日记中写道："找到这种动物，一定是科学史上的一个重大发现。"

后来的事实证明，他的预感并没有错。

3月23日，当地猎人带回了一只幼体黑白熊。本来是一只活的，"遗憾的是他为了便于携带，就把它活活地弄死了。他把这只黑白熊幼体卖给了我。黑白熊的毛皮和我在李家看到的那只成体相同，除四肢、耳朵和眼圈是黑色以外，其余部分都呈白色。因此这一定是熊类中的一个新种。"

4月1日，猎人带回一只完全成年的大熊猫，“它的毛色同我已经得到的那只幼体完全相同，这种动物的头很大，嘴短圆，不像熊的嘴那么尖长”。阿尔芒·戴维根据“黑白熊”的体毛，脚底有毛等特征，认定“黑白熊”是一个新种，他满怀希望要将“黑白熊”带回法国，向世界推荐这种新动物。遗憾的是，还没有启程，“黑白熊”就过世了。戴维只得把它的皮骨标本寄回法国。

在欧洲大陆，冰川时期以前生存的动物已荡然无存，其中一些动物居然还顽强地生存在东方这片神秘的大地上。地球历史上无数次灾害的重演均未能把大熊猫从自然界淘汰，夹金山脉等山系成了大熊猫最后的“避难所”。据古生物学家考证，大熊猫是迄今仍生存在地球上最古老的动物之一，被称为“动物界的活化石”。早在几百万年前，人类处在猿人阶段时，大熊猫就生活在我国南方。在漫长的地质变迁中，很多动物灭绝了，大熊猫可以说见证了动植物世界的沧海桑田。

2017年，有一部名叫《我们诞生在中国》的电影，叫卖又叫座，影片中的三个主角——大熊猫、金丝猴和雪豹，在宝兴县都有它们的踪影。另外，还有珙桐（又称“中国鸽子树”）等86种植物、37种鸟类、3种昆虫的模式标本产地也在雅安宝兴。别看模式标本毫不起眼，但它是一个新物种的标志，不仅永远留存，而且是研究者重要的参照物。从这点来说，宝兴的生物多样性是世界上很多地方不能比的，它凸显了“世界珍稀动植物避难所”的独特魅力。

翻开阿尔芒·戴维的著作《戴维日记》，除了书中有他手绘的大熊猫图片外，封面还有他手绘的中国著名观赏鸟——白腹锦鸡，在宝兴的大山中，都有它们美丽的身影。

1983年4月24日，在卧龙与中国合作研究大熊猫的美国著名动物学家乔治·夏勒博士专程来到宝兴县考察，站在邓池沟天主教堂前，他无言。后来，在他的《最后的熊猫》一书中，他称邓池沟天主教堂是“大熊猫圣殿”，夹金山是“大熊猫圣山”。

“大熊猫圣山”夹金山不仅是大熊猫的发现地，而且还是18只“国礼”大熊猫的出生地。

1957年5月18日，象征着和平友好的大熊猫“平平”“碛碛”被送到了苏联莫斯科国家动物园。“平平”“碛碛”均来自宝兴县，它们是中华人民共和国成立后首对走出国门的“国礼”大熊猫。从1957年到1982年，国家先后从宝兴县调走野生大熊猫130多只，其中17只作为“国礼”赠送给苏联、西德和朝鲜、美国、日本、法国、墨西哥、英国8个国家（我国共送出“国礼”大熊猫24只，除宝兴县的17只外，雅安市天全县也送出“国礼”大熊猫1只）。

1979年，按照国务院指示精神，四川筹建蜂桶寨国家级自然保护区，1994年7月，设立四川蜂桶寨国家级自然保护区。

2005年10月，世界自然保护联盟（IUCN）保护地委员会主席戴维·谢泊尔到雅安实地考察评估“四川大熊猫栖息地”。戴维·谢泊尔在离开雅安时说：“无论对中国，还是对世界来说，雅安在保护大熊猫栖息地方面都做出了积极贡献。”

2006年7月12日，地跨成都、雅安、甘孜、阿坝4市（州）12个县（市）的“卧龙—四姑娘山—夹金山四川大熊猫栖息地”成为世界自然遗产新贵。

2009年2月27日，在大熊猫发现140周年之际，当年由阿尔芒·戴维撰写的《大熊猫发现报告》和法国自然历史博物馆馆长米勒·爱德华兹的“鉴定书”影印件回到邓池沟天主教堂，“大熊猫圣殿”实至名归。

2015年7月22日，位于邓池沟天主教堂背后的宝兴县大熊猫文化宣传教育中心对游人开放，这是国内首个集饲养、繁育、宣传大熊猫文化为一体的综合性教育中心，两只大熊猫“川星”“希梦”回到宝兴（它们的父母都是宝兴的野生大熊猫）。

大熊猫发现者阿尔芒·戴维因此被载入史册，他的家乡法国艾斯佩莱特市与宝兴县缔结为友好市县。

2014年3月18日，在大熊猫科学发现145周年、中法建交50周年之际，年过花甲的国网雅安电力公司退休工人罗维孝以民间大熊猫文化使者的身份，骑着自行车从“大熊猫圣殿”邓池沟天主教堂出发，单骑走万里，圆梦新丝路，历时115天，行程15 000多千米，横跨亚欧大陆，安全抵达法国艾斯佩莱特市，完成了从大熊猫的故乡到大熊猫发现者故乡的百年回访。

放归地：“大熊猫走廊”石棉县

随着大熊猫被发现，这在西方引起了高烧不退的“大

熊猫热”。许多西方人纷纷来到中国捕杀大熊猫。美国第26任总统西奥多·罗斯福的两个儿子也组织了一支探险队来到中国猎杀大熊猫。

1929年1月，罗斯福的两个儿子远渡重洋，经大西洋、印度洋，从缅甸进入中国云南，专门跑到丽江高价聘请宣明德为向导。他们从丽江出发，渡过金沙江，进入四川木里县。再经九龙、康定、泸定，进入雅安的天全县，到达法国人阿尔芒·戴维发现大熊猫的宝兴。

罗斯福兄弟写了一本书叫《追踪大熊猫》，叙述了他们追踪大熊猫的过程。在宝兴“治安官”的帮助下，他们请了13个猎人，组织了一支庞大的猎杀大熊猫队伍。在大山中游荡了10多天，他们射杀了几只金丝猴。他们虽发现了不少大熊猫的踪迹，但没有和大熊猫打过照面。离开宝兴时，当地猎人送给了他们两张大熊猫皮。他们又取道芦山、雅安、荥经、汉源、石棉，从凉山回到云南。

到了石棉县擦罗乡，一个更大的惊喜等着他们，一只“白熊”在这里偷吃养蜂人家的蜂蜜。他们一路追踪，最后在今雅安市石棉县与凉山州冕宁县交界的冶勒发现了这只大熊猫，将其猎杀并带走了大熊猫标本。

四川省旅游学院教授向玉成统计，从1936年至1946年这10年里，从中国运出的活体大熊猫超过16只，流往西方博物馆的大熊猫标本达70多具。

1936年，当第一只活体大熊猫“苏琳”在美国展出时，小西奥多·罗斯福在纽约看到了这只可爱的大熊猫，他流下了忏悔的眼泪：“如果把这个小家伙当作我枪下的纪念品，我宁愿拿我的小儿子来代替！”

如今，罗斯福兄弟猎杀大熊猫的枪声早已远去。位于拖乌山大熊猫走廊带的栗子坪自然保护区天蓝水碧茂林修竹，俨然一个大熊猫的乐园。令人欣慰的是，当年他们猎杀大熊猫的地方，不仅已成为国家级自然保护区，还成为全球最早的大熊猫放归之地，先后在这里放归了人工繁育、经野化驯养的“淘淘”“张想”“雪雪”“华娇”“华妍”“张梦”“八喜”“映雪”等大熊猫。大熊猫“张想”还从栗子坪跑到当年罗斯福之子猎杀大熊猫的地方——冕宁县冶勒乡“串门”寻亲。

继栗子坪成为大熊猫放归之地后，2017年5月10日，中国又添一处大熊猫放归地，地点依然在雅安。成都大熊猫繁育研究基地与雅安市荥经县政府正式签订《关于合作管理和运营大相岭大熊猫野化放归基地的协议》，在泥巴山大熊猫走廊带的大相岭建立熊猫放归基地，开展圈养大熊猫野化放归研究、大熊猫和伴生濒危野生动物保护科学研究，探索大熊猫保护科学研究新模式。通过合作和项目建设，把该项目打造成大熊猫野化放归、大熊猫保护科研、大相岭生态保护的“三个典范”，从而打造一个天然的大相岭世界生态博物馆。

四川大相岭自然保护区位于雅安市荥经县南部。这里动植物资源丰富，森林覆盖率达95%以上，环境幽雅，空气清新，是大熊猫等动物栖息的绝佳之地。

2018年12月6日下午3点20分，随着“四川大相岭大熊猫野化放归基地”2号适应场大门打开，来自成都的野放训

练大熊猫“星辰”“和雨”在对四周环境观察一番后，警惕地进入适应场。

两只野放大熊猫的入住，也标志着四川大相岭大熊猫野化放归基地正式投用，大熊猫“星辰”“和雨”在这里放归，回到它们祖祖辈辈生活的家园。

科研地：“大熊猫乐园”碧峰峡

2003年12月28日，我国功能最完善、设施最先进的中国大熊猫保护研究中心雅安碧峰峡基地建成开园。赠台大熊猫“团团”“圆圆”、海归大熊猫“泰山”先后生活在雅安碧峰峡基地。

2008年“5·12”汶川特大地震发生时，“团团”“圆圆”还生活在卧龙自然保护区，地震后“圆圆”一度走失，4天后才找到，之后“团团”“圆圆”被紧急转移到碧峰峡基地，直到2008年12月23日，“团团”“圆圆”从雅安启程到台湾。台北动物园与中国大熊猫保护研究中心密切合作，两只大熊猫到台湾后生下了女儿“圆仔”，组成了幸福的三口之家。“团团”“圆圆”一家在台湾非常受欢迎，知名度很高，最初去看它们需要排很长的队。如今，“团团”“圆圆”到台湾已经10年了，“圆仔”刚出生的时候还有媒体开“圆仔”日记专栏，向读者报道它每天的成长变化。

雅安碧峰峡基地位于碧峰峡景区，景区因林木葱茏、四季青碧而得名。碧峰峡传说是补天英雄女娲所化而成，景区内多个景点均与女娲有关，颇具神秘色彩。在碧峰峡风景区，你能呼吸到群山幽谷酝酿的芳醇空气，寻找到万古犹存的补天遗迹。景区由两条峡谷构成，左峡谷长7千米，右峡谷长6千米，呈V字型，是一个封闭式的可循环的游览景区。

雅安碧峰峡基地集大熊猫饲养、繁育、救护和宣传教育为一体的大熊猫乐园——中国大熊猫保护研究中心，与国家AAAA级风景名胜区——碧峰峡景区一起形成一个完整的旅游整体。其中，海归大熊猫乐园、大熊猫幼儿园是最热门的观赏点。

2010年11月19日，占地面积约100亩的雅安碧峰峡基地“海归大熊猫乐园”落成，整个园区环境舒适，共建有3个别墅区7套圈舍，可容纳10余只亚成体大熊猫居住，6只海归大熊猫入住。

1996年，中国大熊猫保护研究中心将第一只大熊猫送往美国圣地亚哥动物园开展科研合作。该中心先后与美国华盛顿国家动物园、圣地亚哥动物园、日本神户王子动物园、泰国清迈动物园等国外大熊猫饲养单位结成科研合作伙伴关系，多只大熊猫被借到国内外的动物园或科研单位开展科研合作与公众教育工作。中国大熊猫保护研究中心先后有10余只大熊猫走出国门，并在异域他乡成功繁育大熊猫。

中国大熊猫保护研究中心将碧峰峡基地老豹子山区域改建为卧龙“海归大熊猫乐园”。从美国圣地亚哥动物园回国的大熊猫“苏琳”“珍珍”顺利结束隔离检疫期后，和“华美”“美生”“福龙”“泰山”一起被送往“海归大熊

猫乐园”，开始它们海归同伴在家乡的新生活。

“海归大熊猫乐园”的设立，便于海归大熊猫进行集中展示，同时由于它们在不同的地方生长，也有利于对海归大熊猫进行科学的管理和研究。

“国家公园”：大熊猫文化核心区雅安

1935年5月下旬，中国工农红军第一方面军长征途经雅安，他们从雅安最南端的拖乌山栗子坪进入雅安境内后，先后在这里强渡大渡河、飞夺泸定桥、翻越夹金山，6月中旬离开雅安，进入阿坝州。从拖乌山到夹金山，一条红色的飘带环绕于雅安的青山绿水间。从夹金山到拖乌山，还有一条让人瞩目的大熊猫生态保护带出现在这里，大熊猫在雅安走向世界，大熊猫在雅安重回山林。

1980年6月30日，中国国家环境科学协会和世界野生动物生物基金会（WWF）在荷兰签署大熊猫研究和保护的合作协议，协议中开宗明义地写道：“中华人民共和国中国环境科学协会与世界野生生物基金会公认，大熊猫不仅是中国人民的国宝，也是一项与全世界人类息息相关的珍贵自然遗产。它具有无与伦比的科学、经济与文化价值。”

2005年底，以夹金山为标志的“四川大熊猫栖息地”申报世界自然遗产保护地接受专家评审。世界自然保护联盟（IUCN）专家戴维·谢泊尔代表联合国教科文组织来到夹金山实地考察评估，他在大熊猫出没的栖息地中跋涉上百千米。

考察中，戴维·谢泊尔看到很多规划中的电站停工了，矿山也停止了开采，废弃的矿山公路已披上了绿装……壮士断臂般的对大熊猫栖息地的保护，让他欣慰不已。离开雅安时，戴维·谢泊尔留下一句话："两个戴维相约百年，我们的共同目标是保护自然的宝贝和人类的宝贝，让大熊猫永远在栖息地生存，与人类和谐相处。"

2006年7月12日下午，从立陶宛首都维尔纽斯传来喜讯："'大熊猫栖息地'申遗成功了！"

在维尔纽斯召开的联合国教科文组织第30届世界遗产大会一致决定，将中国"四川大熊猫栖息地"作为世界自然遗产列入《世界遗产名录》。

"四川大熊猫栖息地"是世界上以野生动物为主体的最大遗产保护地，也是中国进入世界自然遗产保护名录的第一个以野生动物为保护主体的遗产保护地。"四川大熊猫栖息地"位于中国四川省境内，包括卧龙、四姑娘山和夹金山脉，面积9 245平方千米，地跨成都市、雅安市、阿坝藏族羌族自治州、甘孜藏族自治州四个地级行政区的12个县（市），其中雅安（包括宝兴、天全、芦山三县）占核心区面积的52%。

早在"四川大熊猫栖息地"申报世界自然遗产之际，曾任雅安市副市长的孙前先生，就提出了"打造一个比迪士尼大万倍的大熊猫文化主题公园"的计划，目标只有一个：让中国的大熊猫"斗"过美国的米老鼠！

在一只臆想出来的米老鼠风靡全球之后，美国人的目光又盯上了大熊猫，《功夫熊猫》刚一亮相，就再次轰动全球。

雅安为世界站岗，为大熊猫放哨，有大熊猫，也有大熊猫文化。

大熊猫是中国的，功夫也是中国的，但“功夫熊猫”是美国的，“功夫熊猫”赚的钱自然也是美国的。

如何体现大熊猫无与伦比的文化价值和经济价值？

“熊猫家源·世界茶源”——雅安，一座最滋润的城市，滋润着两片绿叶。公元前53年，吴理真在雅安蒙顶山种下了第一株茶树，开人工种植茶叶的先河。1869年，法国传教士、博物学家阿尔芒·戴维在雅安夹金山发现并命名大熊猫。

一片茶叶染绿了一个世界，一片竹叶隐藏着一个天堂。

2006年10月16日，CCTV2006年度“中国十大魅力城市”评选结果揭晓，雅安、苏州、丽江等城市被评选为“中国最具魅力的十大城市”。由著名作家冯骥才、著名学者易中天等13名在文化、环境、建筑、民俗、考古等领域有影响的专家组成的评选委员会为雅安写了精彩的“颁奖词”：

中国大熊猫的故乡，也是世界茶的源头，还是盆地向高原过渡的生态阶梯，更是沟通川、藏、滇各民族的地缘走廊。一条古老的茶马古道，不仅把历史和今天，还把高原风光、地理奇观、民族风情连成一线。北纬30度的历史名城——四川雅安。

在雅安1.53万平方千米的沃土上，有着野生动物470余种，野生鸟类300余种，野生植物3 000余种，被称为“天然的生物基因库”。“动物活化石”大熊猫、“植物活化石”珙桐、“昆虫活化石”大卫两栖甲全都生活于此，雅安是一座名副其实的“野生动植物博物馆”和“生物基因库”。

2008年“5·12”汶川特大地震，与震中汶川县映秀镇一山之隔的雅安市受到严重波及，成为四川省六个重灾市州中的一员。雅安市芦山县成为极重灾区，雅安市宝兴、天全、名山、雨城、荥经等五个县（区）和成都市邛崃市的部分乡镇成为重灾区。

“5·12”的伤痛还未平息，又一场灾难袭来——2013年“4·20”芦山7.0级强烈地震。灾难一瞬，100多万人的家园顿时变成一片废墟。

两次地震，时间相隔5年，都重创了同一个地方——雅安。震在大熊猫之乡，受灾的不仅是雅安人民，还有生活在这片土地上的珍稀动植物。这些大自然的精灵，同样遭受着一次次的劫难。

透过雅安这扇独特的“生态”窗户，我们感慨脆弱的生态也许会随风而逝，也许会逃过劫难而亘古永恒。

随着灾后重建和生态修复的完成，一个更大的惊喜出现在我们眼里——大熊猫国家公园正向我们走来。

在“4·20”芦山强烈地震灾后重建规划时，雅安率先提出依托芦山、天全、宝兴等县的野生大熊猫栖息地，在生态保护上，设立“大熊猫国家公园”；在产业发展上，设立“飞地经济区”。该提议得到了相关部门的积极回应。国务院批准的《芦山地震灾后恢复重建总体规划》中明确指出：“以碧峰峡大熊猫人工繁育基地等为依托建

立大熊猫公园，建设大熊猫保护主题展示中心，加强大熊猫栖息地管理和世界自然遗产保护。在灾后恢复重建规划中，规划建设三条大熊猫栖息地走廊带、两个大熊猫放归基地、修复大熊猫栖息地。”

《芦山地震灾后恢复重建总体规划》为雅安大熊猫国家公园建设带来了难得的机遇。

说起“5·12”汶川特大地震和“4·20”芦山强烈两次地震对雅安等地灾区植被、生态、环境的破坏，曾到雅安多次考察的中科院成都生物研究所研究员印开蒲教授忧心如焚，他期盼通过灾后恢复重建，让“熊猫家源·世界茶源”生态迅速恢复，让雅安这方土地依然美丽。5年的时间过去了，经过灾后重建和生态修复，雅安山河重披绿装，山川依然美丽，家园更加美好。印开蒲对此十分欣慰。

曾参加“四川大熊猫栖息地”申报世界自然遗产的中科院成都山地研究所研究员陈富斌先后参与了大熊猫栖息地的考察和申报文本的撰写。他认为：“过去大熊猫在雅安发现，大熊猫文化在雅安起源，离开雅安，大熊猫的故事就没有开头。”

今天，“大熊猫国家公园”项目的建设，举世瞩目。

“大熊猫国家公园”已进入全面实施阶段，2018年11月12日，大熊猫国家公园四川省管理局正式挂牌。

2016年12月，中央全面深化改革领导小组第三十次全体会议审议通过《大熊猫国家公园体制试点方案》。一个发轫于“4·20”芦山强烈地震灾后重建规划，最终成为纵贯四川、陕西、甘肃三省的“大熊猫国家公园”。

2017年8月，国家正式批复《大熊猫国家公园体制试点方案》。四川、陕西、甘肃三省的野生大熊猫种群高密度区、大熊猫主要栖息地、大熊猫局域种群遗传交流廊道合计80多个保护地，将被有机整合划入大熊猫国家公园，总面积达27 134平方千米。而按照大熊猫地理分布等情况，该国家公园又分为四川省岷山片区、邛崃山—大相岭片区，陕西省秦岭片区和甘肃省白水江片区。

随后，四川省大熊猫国家公园体制试点推进领导小组办公室发布消息：“四川、陕西、甘肃正全面加速大熊猫国家公园建设，我省加紧制定大熊猫国家公园四川片区实施方案。大熊猫国家公园涉及四川成都、绵阳、广元、雅安、德阳、阿坝、眉山7市州。”

大熊猫国家公园四川园地占地20 177平方千米，占大熊猫国家公园总面积的74%。雅安市行政区域内6139.94平方千米的面积被划入大熊猫国家公园，其中包括宝兴县行政区域内面积的92.8%、天全县行政区域内面积的70%、荥经县行政区域内面积的54%、芦山县行政区域内面积的51%划入大熊猫国家公园，总共占全市行政区域总面积的40.8%，占大熊猫国家公园总面积的23%。宝兴县几乎整体划入大熊猫国家公园。换句话说，第四次大熊猫普查，宝兴县域内有野生大熊猫181只，大熊猫的家园面积占了宝兴县行政区域总面积的92.8%，而宝兴县近6万人口生存和发展的空间只有7.2%，一出家门，就踏进了大熊猫的家去“做客”。

伴随着“生物大熊猫”在雅安的发现，“大熊猫文化”也在这块土地上起源和发祥。“大熊猫文化”的开篇之作《戴维日记》（阿尔芒·戴维著），详细介绍了在穆坪“发现大熊猫”的全过程；“大熊猫文化”的扛鼎之作《追踪大熊猫》（小西奥多·罗斯福和克米特·罗斯福合著），详细讲述了在雅安追踪大熊猫的曲折经历；叶长青《穆坪：大熊猫之乡》《造访大熊猫之乡》等系列考察报告，首次提出“大熊猫栖息地”这一概念，极大地推进了“大熊猫文化”的发展；乔治·夏勒《最后的熊猫》一书，给予了邓池沟天主教堂“大熊猫圣殿”的雅号，让“大熊猫文化”的起源和发祥在这里找到了根……

从“生物大熊猫”到“文化大熊猫”，我们走过了150年历程，大熊猫不仅是中国的名片，而且还成为中国的代名词。

眼下，有着“大熊猫文化核心区”之称的雅安正依托大熊猫发现地、放归地和科研地，拓展城市休闲空间，配套城市旅游公共服务，完善城市旅游功能，提升城市旅游形象，打造特色鲜明、魅力独具的旅游城市，推进茶马古道文化、大熊猫文化的生态文化旅游融合发展，加快“绿变金”步伐，建设国际化旅游生态城市，努力打造生态文化旅游目的地。

2018年12月6日，由雅安市人民政府、中国大熊猫保护研究中心、大熊猫国家公园四川省管理局、华南师范大学、中国国家地理杂志社、四川省旅游学会共同发起的“中国·大熊猫文化联盟”在雅安成立，来自四川、陕西、甘肃三省11个市州政府和大熊猫国家公园管理局、世界自然基金会（WWF）、中国地理学会共同发表《弘扬熊猫文化　共建国家公园——中国·大熊猫文化联盟雅安宣言》。“中国·大熊猫文化联盟”以“弘扬熊猫文化 共建国家公园”为口号，致力于共同促进大熊猫保护与研究、打造大熊猫国际品牌、推进大熊猫国家公园建设落地、促进大熊猫文化产业健康发展、促进区域互动共赢等五项任务。

“同一个家园，共一个梦想。”一个吸引力强、认知度高、接待服务良好的中国大熊猫文化国际旅游城市——雅安已呼之欲出。

目录

上篇　生物大熊猫（1869—1949）

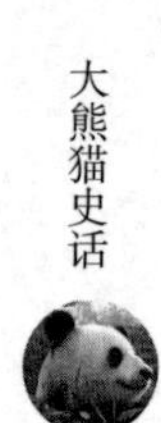

下篇　文化大熊猫（1949—2019）

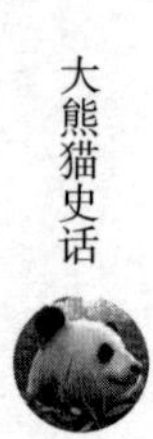

上篇

生物大熊猫（1869—1949）

从1869年法国人阿尔芒·戴维发现大熊猫，到1936年美国人露丝把首只活体大熊猫带到西方，在这67年间，除了几个西方人在射杀大熊猫时与活体大熊猫有过“惊鸿一瞥”，除当地人外没有一个人见过活体大熊猫。

随着1936年首只活体大熊猫走出中国国门，大熊猫从惊世发现到很快被世人疯狂追逐……

第一章　发现大熊猫

大熊猫在地球这颗蓝色星球上的第一次漫步，据说是在遥远的800万年前。

但科学家第一次听到大熊猫的脚步声，是在许多年后一个乍暖还寒的季节。

时间是1869年4月1日，地点在今四川省宝兴县邓池沟天主教堂内。

第一节　我要到中国去
——10年的等待，他终于到了中国

大熊猫在地球这颗蓝色星球上的第一次漫步，据说是在遥远的800万年前。

但科学家第一次听到大熊猫的脚步声，是在许多年后一个乍暖还寒的季节。

时间是1869年4月1日，地点在今四川省宝兴县邓池沟天主教堂内。

我们不禁要问：大熊猫为什么会走进天主教堂？发现

大熊猫的人又是谁？

打开中国地图，我们寻找宝兴县的位置，估计会让人失望，因为宝兴太小，全县行政区域面积只有3 114平方千米。宝兴县不但面积小，而且历史也很短，过去是穆坪土司管理的地方，直到1928年才建县。但就是这个面积小、建置时间短的宝兴县，在世界生物学人的眼里，犹如一个“阿里巴巴的宝藏”，因为有很多珍稀的动植物模式标本都是在这里发现的。

发现大熊猫的人，正是打开这个“宝藏”的第一人。他叫阿尔芒·皮埃尔·戴维，一个法国传教士。与其说他是传教士，倒不如说他是博物学家更准确，因为他在中国从事的是“科学传教”。

阿尔芒·皮埃尔·戴维的名字有多种中文译法，比较常用的是“阿尔芒·戴维”或者“戴维”。入乡随俗，为了方便，后来他给自己起了一个中文名——谭卫道（也称谭微道）。

阿尔芒·戴维之所以能到这里来，是因为这里有一座法国人建的天主教堂，这里是他从事“科学传教”的重要驿站。

法国人为什么在这里建教堂？教堂跟大熊猫有什么关系？

宝兴县位于四川省西部的夹金山下。说到夹金山，很多人都知道那是红军长征翻越的第一座大雪山。早在红军翻越夹金山的66年前，阿尔芒·戴维正是夹金山麓发现了大熊猫。

今天，我们从成都到宝兴县，走成雅高速公路和雅康高速公路，再上251国道，不到200千米的路程，两个多小时就可抵达。而当年，戴维从成都到穆坪，整整走了8天。

大熊猫文化研究学者、雅安市原副市长孙前先生为了弄清楚阿尔芒·戴维在中国的行踪，近年来，他除了三次到法国外，还按照阿尔芒·戴维的记述，北上内蒙古，南下江西，东到福建，西至陕西，几乎将阿尔芒·戴维在中国的行程走了一遍。他最终梳理出了阿尔芒·戴维的成长经历和在中国的考察过程。

我们把时光拨回到1869年的早春2月。

春寒料峭，夹金山冰雪覆盖。阿尔芒·戴维的身影出现在了邓池沟天主教堂。他此次前来的目的只有一个，那就是为法国自然历史博物馆收集动植物标本。

1826年9月7日，阿尔芒·戴维出生于法国西南部艾斯佩莱特市的一个小镇。他的父亲是一名医生和庄园主，当过市长和法官，热衷于医学和生物学研究。

阿尔芒·戴维这个山里的孩子，从小深受感染，与大自然亲近，喜欢各式各样的动植物。经常陶醉于绚丽多彩的大自然中。14岁那年，他被送到离家不远的修道院当世俗的寄宿学生。

阿尔芒·戴维在寄宿学校，除了学习一般的人文科学之外，还要学习农学、植物学、贝类学、昆虫学、鸟类学等自然科学，在语言方面，除母语法语外，还要学习英语、西班牙语、意大利语、希腊语、拉丁语等语种。阿尔芒·戴维在这里如鱼得水，勤奋学习，先后得到了法文

译外文、希腊语译法文奖，还得过诗歌、文学写作方面的奖项。若干年后，在说到少年时期的阿尔芒·戴维时，有人还称赞他："最美丽的花冠都紧束在这个年轻人的额头上。"

中学毕业后，阿尔芒·戴维进入巴约拉大修道院继续学习。两年后，他作为优秀学生被送到了巴黎天主教遣使会圣拉扎尔修道院学习。

从明代开始，大量西方传教士来到中国，他们最早的目的就是要让中国人信仰上帝。自从中世纪起，西方基督教界就传说，在东方有一位聂斯托里派的伟大长者统治着一个富庶强大的王国。寻找这一王国，期望在东方发现一个基督教的新世界，成为许多传教士执着的梦想。

鸦片战争前后，传教士蜂拥而至，来到了中国西南的大山区，他们一直相信那里有无数的羊群等待他们去放牧，在他们看来，如果让虔诚的藏传佛教信徒们皈依上帝，可能就是基督最为伟大的胜利了。

"蜜蜂本意是觅食，但它传播了花粉。"这是历史学者余三乐先生说过的一句话。西方传教士主观愿望是传播教义，但他们在客观上为中国自然科学和人文科学体系的建立贡献良多。

为了实现自己到中国去的理想，阿尔芒·戴维认真学习，他不但掌握了生物学理论，还学会了诱捕、狩猎和制作动植物标本的能力，他的枪法弹无虚发，诱捕飞禽的口哨惟妙惟肖，以假乱真。

19世纪的法国巴黎是欧洲汉学的发源地和中心。中国被那些着迷于东方文化的人们描绘成天堂一般的圣地。在阿尔芒·戴维26岁时，他的日记中这样写道："我始终梦想着去中国传教，12年来我一直希望自己能从事这样的工作，所以我努力修行成为一名神甫。而且从生命诞生的那一天起，26年来我一直希望到那个天堂的王国、蒙古或者类似的地方去学习新的语言和文化。"

戴维向教会提出申请，他愿意到遥远的中国去传教。教会也发现了戴维热爱自然科学，便把他派到意大利萨沃纳神学院学习自然科学。

他得到的回答是："实现梦想需要等待。"

接下来是十年的苦苦等待。

从26岁到36岁这10年间，阿尔芒·戴维被派往意大利的萨沃纳市教书。萨沃纳市是位于阿尔卑斯山脉和地中海之间的港口城市。不知有多少次，他走到港口，望着茫茫大海，他渴望乘船出海，向着遥远的东方而去。

阿尔芒·戴维从少年时代起就痴迷于昆虫和植物分类。在萨沃纳市教书之余，他时常漫游于地中海沿岸，或在阿尔卑斯山脉的丘陵间攀登，或和学生一起采集制作动植物标本。在他这个充满激情的老师影响下，他的学生中有不少人长大后成了探险家，其中一个学生到达了南太平洋的拉尼西亚群岛。

1862年，阿尔芒·戴维偶遇法国著名汉学家朱利安，正好碰上前来拜访的巴黎自然历史博物馆的亨利·米勒·爱德华兹（1864年任馆长）。在一年前，亨利·米勒·爱德华兹曾向巴黎天主教遣使会总会长艾蒂克写信请

求："派传教士到中国去，帮助我们进行科学研究。"

在朱利安、亨利·米勒·爱德华兹的推荐下，法国宗教界、外交界一致同意，派遣阿尔芒·戴维到中国传教并收集动植物标本。

很快，阿尔芒·戴维被教会送到了巴黎进行"出国前的培训"，首先是突击学习中文。同时还让他进一步深造自然科学知识，尤其是动植物标本的采集和制作。

听说阿尔芒·戴维要到中国科学考察了，法国的科学家们不约而同地找上门来，不同的专家有不同的需求，但他们的目标很明确，那就是"拜托"他多收集动植物标本。

他们各自开出了一份长长的名录，因为他们没有机会到中国，梦想都寄托在了阿尔芒·戴维身上。他们告诉阿尔芒·戴维，相比于欧洲，中国在冰河时期受到的影响不大，躲过了"冰川时期"的浩劫，估计有大量"冰川活化石"动植物顽强地存活下来。

在过去的120万年，世界上曾发生过四次明显的大冰期。在冰期与冰期之间是相对较温暖的间冰期。大冰期导致全球气候急剧变冷，冰川横扫欧亚大陆，海平面和雪线普遍下降，地球上的生物遭受了灭顶之灾。曾经的地球霸主恐龙就消失在灾难中。

"冰川时代的生物还有没有遗存？"

尽管沧海桑田，但人类不仅在探寻着未来，同时也在追寻着过去。欧洲大陆找不到答案。对于西方学者来说，也许在遥远的东方，有神秘的东西正等待他们去发现。

在短短一个月内，阿尔芒·戴维不仅要学习中文，还要接受各种学科的教育，他不分昼夜地学习。尽管苦不堪言，但他乐在其中，如同一块巨大的海绵，汲取着大量的知识。

一个月后，36岁的阿尔芒·戴维身披传教士的长袍，怀揣着科学家们拟定的动植物名录，从马赛港出发，踏上了到中国寻找动植物标本的旅程。

临行前，法国国家自然历史博物馆、法国皇家动物学会还给他颁发了通讯员证书。

陪同阿尔芒·戴维到中国的向导是北京教区的穆利。在茫茫大海上航行的过程中，阿尔芒·戴维不顾大海的颠簸，虚心向穆利请教如同天书的中文和中国的习俗。到了上海，他已会说一口较为流利的汉语，不知道底细的人，还以为他在中国生活过。

在上海休息了几天，他再次出发到北京。

远离故土的阿尔芒·戴维逐渐适应了北京的生活，他和同伴创办了一所技能学校，他们中，精通数学物理的教数学物理，擅长声乐的就教声乐，修钟表的机械师就教钟表修理，反正会什么教什么。

阿尔芒·戴维始终不忘自己的使命。前后两次到中国工作10年，他的身份是传教士，事实上他没有在教堂任过职，没传过一天教，整天做的不是收集标本，就是亲手制作标本。

第二节　他发现了一种“奇异的鹿子”——“四不像”成了“戴维鹿”

1865年，在瑟瑟秋风中，一个外国人的身影出现在北京南郊。他就是阿尔芒·戴维。

他听说这里有一群“奇异的鹿子”。作为生物学家，他是不会放过任何一种新奇的动植物的，哪怕是一株枯萎的野草。

永定河在华北大平原上缓缓向东流动，在地势低洼处形成了很多大大小小的湖泊，北京人俗称“海子”。包裹着这些“海子”的，是一片片树木葱茏的密林，中间间隔着低矮的灌木丛和蒿草没膝的草地。

这一大片如今属于北京南四环到南六环之间的地带，在清朝时被一堵高高的围墙圈起，像内城的紫禁城一样拥有多座宫门，并有重兵守卫，这就是清朝的皇家猎苑——南苑。

南苑在清初的时候非常热闹，尚武的皇帝经常带着大臣们到这里纵马驰骋、围猎游玩。不过到19世纪60年代初期，也就是同治初年，第二次鸦片战争结束、《北京条约》刚刚签订的那段时间里，这片猎苑却很久没有圣驾光临了。不到10岁的同治皇帝，整天除了坐在养心殿，就是在南书房被满汉师傅们拘着读书，而这个国家的实际统治者——慈禧太后，也不会想到把皇帝放出去练习老祖宗的骑射狩猎本领。

皇帝来不了，却给了阿尔芒·戴维一个钻空子的机会。

阿尔芒·戴维来华的身份，首先是一位天主教传教士，其次是博物学家、动植物研究学者。值得注意的是，从晚明到晚清，来华的各国传教士，虽然他们的主要任务都是为了传播“上帝的福音”，但他们中的很多人又都是有着丰富自然科学知识的学者，比如明末时期的利玛窦，将欧几里得的几何等数学知识带到了中国；清初的汤若望，以其丰厚的天文学学养，在顺治朝时曾任“钦天监监正”。不过像戴维这样专门研究动植物的学者，在来华传教士中所占的比例并不高。

当阿尔芒·戴维听说位于北京南郊的皇家猎苑里保留着很多中国独有的动物时，他想跑过去亲自看一看。但皇家猎苑不是谁都能进去的，他花钱买通皇家猎苑护军之后，大摇大摆地走进了这座皇家猎苑。

让阿尔芒·戴维喜出望外的是，他在这里发现了一个西方动物分类学中之前没有记载的物种，他的发现也为这个物种得以保存到今天起到了重要作用。

这个物种就是——麋鹿。麋鹿，俗称“四不像”，“角似鹿非鹿，脸似马非马，蹄似牛非牛，尾似驴非驴”，是大型的沼泽湿地鹿类，也是中国独有的物种。从远古到晚清，麋鹿不断地出现在中国人的文献中。不过，因为人类千百年来的不断猎杀，自然界的麋鹿数量一直在减少，到清末的时候，基本上已经没有野生的麋鹿了。

从史料记载来看，从周朝开始，最高统治者就有在苑囿中饲养麋鹿的习惯，这种传统被历代的统治者所延续，

一直到清朝末年。戴维见到的这一群麋鹿，是当时中国、也是世界上唯一的麋鹿群，而且并非野生种群，而是圈养种群。

世界上最后一群麋鹿，数量少得可怜。据记载，清初的时候，这群麋鹿还有400多头。阿尔芒·戴维看到它们的时候，已不到200头。在动物保护领域里，这个数量其实已经非常危险，一旦出现灾难、战乱、传染病等变故，就有可能使整个物种灭亡。

阿尔芒·戴维在当时其实并不了解这么多，不过，他敏感地意识到这是一个欧洲没有的物种。接下来，最重要的工作就是获得麋鹿的标本。1866年3月，他依然通过贿赂，从皇家猎苑管理者的手中“弄”到了麋鹿头骨和鹿皮。1866年4月，他将自己亲手制作的3只麋鹿的标本寄到巴黎，并写信告诉亨利·米勒·爱德华兹：“一种有趣的反刍动物，这是一种奇异鹿。”

经亨利·米勒·爱德华兹鉴定，它不仅是一个新种，而且是鹿科动物中的新属——麋鹿属。

为了纪念戴维的贡献，麋鹿在法国被命名为“戴维鹿”。从此，养在“深宫”的麋鹿，开始闻名于世界。

19世纪后半叶，博物馆、动物园等公共教育事业开始在世界兴起，各国都在广泛搜集新奇的物种。阿尔芒·戴维发现麋鹿的消息一经传出，就引起了西方列强的关注。从那以后的几十年，各国纷纷“动手”，通过索要、贿赂、偷盗等方式，想方设法地从北京皇家猎苑“弄”到麋鹿，然后长途海运到各国的动物园。

1894年，皇家猎苑的麋鹿遭遇了灭顶之灾，永定河发生洪灾，洪水冲垮了皇家猎苑的宫墙，很多麋鹿四散逃走，最终变成了饥饿的灾民的食物。1900年，八国联军入侵北京，皇家猎苑中仅剩的麋鹿被他们洗劫一空。

麋鹿，在它的模式标本产地（是指对物种定名的时候，用来定名的原始标本产地）——北京南海子灭绝了。

幸运的是，因为阿尔芒·戴维向世界介绍了麋鹿，促使少量的麋鹿“出国”，在异国他乡生存了下来，因祸得福，这一可怜的物种得以绝处逢生。

那些“出国”的麋鹿，遇到了拯救它们的好人，那人就是英国的贝福特公爵。他喜欢动物，尤其是鹿科动物。1898年起，他出重金将原散落在巴黎、柏林、科隆、安特卫普等动物园的麋鹿，共计18头悉数买下。

他将这群麋鹿放养在自己的乌邦寺庄园，成为地球上香火仅存的一群麋鹿。乌邦寺庄园成为落难的中国麋鹿绝处逢生的地方。

麋鹿的种群得到了繁衍。今天遍布世界各地的3 000多头麋鹿，都是乌邦寺麋鹿的后代。

1914年，第一次世界大战爆发时，乌邦寺里的麋鹿已达88头，到了第二次世界大战时已达255头，1967年已增至400多头。二战以前，乌邦寺的主人始终以“保有世界唯一麋鹿群”为荣，一头也不肯出让。

但二战德军战火染指英伦，当时子承父业的小贝福特改变了主意，担心“把所有的鸡蛋放在一个篮子里是危险的”。生怕这唯一的一群麋鹿再次毁于战火而遭后人的唾

骂，便将乌邦寺内的麋鹿向国内外各大动物园转让了许多。

1985年8月，中国从英国乌邦寺迎归了22头年轻的麋鹿，放养在清代曾豢养麋鹿的南海子，并建立了一个麋鹿生态研究中心及麋鹿苑。1986年8月，英国伦敦动物园又向中国无偿提供了39头麋鹿，放养在江苏省大丰麋鹿保护区至今。这两处的麋鹿都生长良好，并且繁殖了后代。我国重新把麋鹿列为一级保护动物。

第三节　他建立了中国第一个博物馆
——轰动朝野的“百鸟堂”

当麋鹿开始被世界所知的时候，阿尔芒·戴维又有了新的发现。他在北京香山的静宜园、河北承德的木兰围场、清东陵等处发现了不少中国特有的物种，比如梅花鹿、马鹿、直隶猕猴（曾经是分布纬度最北的猴子），并陆续将标本运回法国，这引起了法国自然科学界的轰动。之前虽然也有一些传教士和来华工作的外国人发现并带回了一些中国物种，但是阿尔芒·戴维发现的这些保存在皇家苑囿中的物种，显然更珍稀，也更具研究价值。科学家们意识到阿尔芒·戴维在这方面的潜力，促使法国政府让他不再从事传教工作，专心去收集中国的物种。而这一安排正合戴维的心意。

在北京工作，阿尔芒·戴维找到了他梦想中的“天堂”的感觉，这里有趣的动植物太多了，让他目不暇接。而当地人对此似乎很冷漠，对他的举动也感到莫名其妙。

他在日记里写道："这里的人们对物种学的知识是多么缺乏啊！"

1866年4月，阿尔芒·戴维寄出麋鹿标本后，他走出了北京，开始了他在中国境内的第一次旅行。在内蒙古、辽西一带旅行。虽然和后两次旅行相比，这次的收获算不上很大，不过也相当可观。因为在同一个时期，阿尔芒·戴维在北京的天主教北堂中建了一个小型博物馆，展览他发现的鸟类和其他动植物标本。

收藏艺术品、纪念品及珍贵物品，在中国有着悠久的历史，皇家收藏丰富多彩；民间收藏也很普遍，代代相传，出现了很多著名收藏家。但是把藏品对外陈列，供公众参观的博物馆，则是近代才出现的。

从已有的记载看，我国历史比较悠久的博物馆，大都出现在20世纪前期。1894年，张謇有鉴于列强入侵、国势日弱的现状，走上了实业救国之路，创办工厂、兴办学校。1905年他创建了南通博物苑，供南通师范教学之用，后来不断扩充，博物馆占地两万余平方米，有四个陈列馆，藏品数千件。人们认为南通博物苑是我国第一个博物馆。其实，与阿尔芒·戴维创建的"百鸟堂"相比，南通博物苑晚了整整40年。

到北京工作的当年，阿尔芒·戴维萌发了一个念头，在北京建立一个标本博物馆。他的想法得到了教会的支持。他还在北京天主教北堂建立了中国境内的第一所自然博物馆——"百鸟堂"，开了中国博物馆之先河。

"百鸟堂"就建在北京蚕池口教堂内。北京蚕池口教

堂始建于1703年，是康熙皇帝赐给法国传教士白晋、张诚的一座教堂，并御赐“敕建天主堂”匾额一方。蚕池口教堂位于西苑紫光阁以西，今中南海北区一带。后来由于清政府与罗马教皇之间的矛盾，几次禁止传教，终至道光年间籍没北堂。咸丰年间，英法联军入侵北京，迫使清政府签订《北京条约》，条约规定退赔以前没收教堂的财产，于是北堂在原址重建，于1865年建成。

在《北京基督教教堂建筑》一书中也有记载，只是时间上略有出入：“北堂1865年5月1日奠基，1866年1月1日落成。”

博物馆在功能上具备收藏、展示、研究和向公众开放，甚至科普娱乐的要素。据北京救世堂樊国梁主教在他撰写的《燕京开教略》一书中记载：“有达味德者（即阿尔芒·戴维——笔者注）邃于博物之学，抵华后，遍游名山大川，收聚各种花卉鸟兽等物，以备格致，即于北堂创建博物所。内储奇禽计800多种，虫豸蝶计3 000余种，异兽若干种，植物金石之类，不计其数，毕博物家罕见者。馆开后，王公巨卿，率带家属，日来玩赏者，随肩结辙，不久名传宫禁，有言皇太后曾微服来观者。”

“百鸟堂”对外开放后，各界人士包括王公大臣等前往参观，不久消息传入宫内，据说慈禧太后也曾微服前往观赏。一时间，“百鸟堂”门庭若市，远近闻名，人们争相游赏。

“百鸟堂”便成了阿尔芒·戴维收集动植物标本的大本营，除寄回法国的标本之外，其余标本都陈列在了这里。

由于北堂邻近西苑，钟楼太高，可以俯视禁苑，清政府深以为患。1885年慈禧太后归政，光绪皇帝准备重修西苑供太后居住。清政府以西苑地势狭窄为由，派李鸿章出面交涉，要求罗马教廷和法国政府迁移北堂。几经交涉，最后与教皇特使、法国传教士樊国梁商谈确定在西什库建新堂，并拨银35万两。1887年，蚕池口北堂交出。在交涉迁建北堂中，李鸿章奉命提出要求法国传教士将“百鸟堂”捐献。开始传教士不想捐献，后来在清政府应诺付给巨款，传教士请示罗马教皇后，才同意移交：“博物馆一并献与太后，以供消遣。”迁建合同还特别约定：“北堂所有百鸟堂内禽兽及一切古董物件……概行报效，奉送中国国家。”

“百鸟堂”从此终止活动，前后存在20余年。北堂拆建，陈列标本转入大清朝廷的奉宸苑总库。在中国第一历史档案馆保存的清代奉宸苑档案《北堂移交清册》中，还可看到这样的记录：

第一架各等走兽三十二只。

第二架中土各飞禽分六层，上层一百零九件，二层一百一十一件，三层五十四件，四层八十九件，五层六十四件，六层六十二件。

第三架外国飞鸟二百零四种。

第四架海中珍奇一百一十二种。

第五架海中各物九十件。

第六架海中虫介七十件。

第七架海中物九十件。

第八架各色走兽七只。

第九架中土蝴蝶四百零四色。

第十架中日蝶介昆虫五百六十种。

第十一架外国蝴蝶虫介二百九十七件。

第十二架地中各螺蛳五十六种。

第十三架虎象熊骨各鸟卵三十二种。

第十四架酒浸各虫蛇十七瓶。柱上悬挂各兽角十四件。

以上共计二千四百七十四件。

从清单所载物品来看，多达2 474件藏品的“百鸟堂”，确是一座初具规模的博物馆。

虽然“百鸟堂”的建造有着英法联军入侵、清政府被迫签订屈辱的《北京条约》的背景，但从中外文化交流而言，它是中外文化交流史上颇具价值的一页。

据中央文史研究馆专家考证，“百鸟堂”的产生较南通博物苑早40年，较上海自然历史博物院早3年，是当之无愧的中国第一座博物馆。遗憾的是，随着清王朝的覆灭，这些动植物标本下落不明，辉煌一时的“百鸟堂”从此湮没在了历史的尘埃中。

不过，在150多年前，一位法国人竟然能收集到如此众多的藏品，也足以令人叹为观止。

第四节　他在中国开始旅行考察
——从华北到华东华中，再到华西

阿尔芒·戴维的足迹远不止北京周边，他对自然的探索永远没有尽头。他在日记中写道："人类的头脑还不能解释不同生物间彼此的相似，各种物种在地球上怎样分布，如何分化和演变，如何以自身的生命之美取悦上帝？"

1865年，阿尔芒·戴维在巴黎一家刊物上发表了《华北自然产物和气候及地质情况观察》一文，总结了他来华三年的科学旅行考察情况。

中国那么大，为何不走走？

1866年3月12日，阿尔芒·戴维从北京出发去宣化府，修士舍夫里埃同行。在路上，他生了病，挣扎着前行，有一天，他刚跨进遣使会的大门，就晕倒在地。这是他到中国后第一次生重病。10月26日，他返回北京，结束了为期7个多月的第一次旅行考察。

"本来很可能我的出征会取得更多更大的成绩，但我未能到达预期的目的地青海和甘肃。我原打算穿过甘肃进入青海，那个地区是尚未开发过，很难行走，应该是隐藏着不止一类的新东西。"

后来，他写下了《蒙古旅行记》。他对自己没有进入青海感到很遗憾。

从内蒙古返回后，阿尔芒·戴维的目光投向了中国的南方。随后他离开北京南下，在江苏、上海、福建等地留

下了他的足迹。他还从长江水道进入长江中上游地区。

1868年7月，阿尔芒·戴维再一次来到了上海，他认识了一个名叫韩伯禄的神父，他们有一个共同的爱好，收集和制作动植物标本。韩伯禄告诉阿尔芒·戴维，他正在筹建博物馆。果然不久，上海徐家汇博物馆成立。1872年，阿尔芒·戴维第三次考察时，还专门去参观了这家博物馆。

与阿尔芒·戴维相比，韩伯禄到中国的时间要晚几年，他在长江中、下游和汉水流域、淮河流域收集了大量的鱼类、甲壳类、蛇类、鸟类及兽类标本，还发表了《南京地区河产贝类志》以及《江苏植物采集》《中华帝国博物纪要》等。他将自己收集的标本，连同其他传教士赠予的标本、书籍资料等集中在一起，放在徐家汇博物馆中。这座博物馆是上海市最早的博物馆（原址在今上海市漕北路240号）。

徐家汇博物馆每天午后让人参观，不售门票，成为西方人研究中国生物资源的前沿阵地，同时起到标本储存和中转的作用。

1902年韩伯禄逝世后，法国传教士柏永年继任馆长，直到1931年徐家汇博物馆并入震旦大学，改名为震旦博物馆。1956年，上海自然博物馆成立，如果要追溯，其前身就是震旦博物馆和1874年由英国人创办的亚洲文会上海博物馆。

在上海，阿尔芒·戴维与韩伯禄还有过一次有趣的“交锋”。当韩伯禄得知阿尔芒·戴维要从长江水道进入长江流域时，他哈哈大笑：“我先梳理过的地方，你还去干什么？后来者必将空手而归。”

阿尔芒·戴维说：“你是骑马坐轿，我是徒步踏勘，怎能一样？”

也许正是阿尔芒·戴维用双脚丈量大地，与万物更接近，收获才更丰富。

第五节 认识大熊猫
——有两个传教士走在了戴维的前头

阿尔芒·戴维的第二次旅行考察的终点正是位于夹金山下的穆坪。在穆坪，他终于有了石破天惊般的发现，那就是发现了大熊猫，那是他科学发现的顶峰。

在上海，阿尔芒·戴维偶然听一传教士说，在穆坪的大山中，生活着一种叫“白熊”的动物。那位传教士曾在穆坪工作过，他还告诉阿尔芒·戴维，在穆坪的大山中有一座教堂，可以为科学考察提供方便。遗憾的是，在戴维的书中，没有找到这位传教士的名字。

那位传教士口中所说的“白熊”，正是后来风靡全球的大熊猫。穆坪教堂在哪里？“白熊”是什么？要回答这几个问题，还得先从四川的传教史说起。

西方传教士最早进入四川开展传教活动，要追溯到明朝末年。

利类思（意大利籍）、安文思（葡萄牙籍）两位传教士进入四川传教，起初并没有固定的场所。1644年8月，张献忠入川，正在今成都彭州一带传教的利类思、安文思带

着一部分教友，逃到与今成都市邛崃、大邑一山之隔的天全州大山中（今芦山县大川镇），因为这里崇山峻岭，方便“避祸”。

据清代《天全州志》记载，当年的大川是这样的：“山路崎岖，悬崖峻峭蚕丛汗菜，飞鸟不通。凡有命案重件，只抬来相验，令书役经理其事。地方官有四五年不到者。”没过多久，张献忠派人将两位传教士迎接回成都，并赐他们“天学国师”。与利类思、安文思一起“避祸”的其他教徒则留在那里繁衍生息。后来一部分则翻过今天芦山县与宝兴县交界的瓮顶山，西迁到宝兴盐井溪，在此建立四川最早的天主教堂；另一部分则沿邛崃山、龙门山向等东北行进到崇庆（今成都崇州市）、彭县（今成都彭州市）、绵竹、什邡等地。到了康熙年间，环境稍加安定，个别教徒又从山区搬迁到了平坝地区，并逐渐延伸到成都周围，试图到城区发展。

1814年，教徒们先是在大川建立“立书堂”。1815年，主教冯类思、马伯乐筹划在穆坪邓池沟重建道修院。1830年，法籍神父罗安白在穆坪重建修道院。

1869年1月2日，戴维从重庆出发，走陆路经隆昌、内江、资阳，8日抵达成都。行李走水路，由于是上水船，速度很慢，他只得在成都等待行李。

在阿尔芒·戴维发现和认识大熊猫之前，其实已有两位外国传教士“发现”了大熊猫，也许是他们一心传教、无暇他顾，也许是在对物种的科学认识和修养不够，遗憾的是，他们与大熊猫失之交臂，把辉煌留给了有准备的后来者——阿尔芒·戴维。

这两位传教士是谁？其中一位就是曾在上海向戴维介绍过“白熊”的无名传教士，还有一位就是主教平雄神父。

阿尔芒·戴维一到成都，就去拜会四川教区主教平雄神父。平雄神父曾在穆坪修道院工作过，碰巧的是，他也热爱自然科学，曾经考察过穆坪的自然资源。

“在穆坪的森林里，生活着两种羚羊，一种野牛，一种黑白熊。”平雄神父对阿尔芒·戴维说。“是白熊？还是黑白熊？”阿尔芒·戴维追问道。“当地人对这种动物的叫法很多，说‘白熊’是它，说‘黑白熊’也是它。也许它还有其他名字，也说不准。”平雄答道。

当阿尔芒·戴维再一次听说“白熊”后，怦然心动，他再也坐不住了，意识到也许一个重大的发现正等着他。

行李还要过一段时间才到，在阿尔芒·戴维的行李中，还有制作标本的工具和一些实验设备。行李没有来，他只得等待。

阿尔芒·戴维是一个闲不住的人，他没有坐等行李，而是让平雄神父安排他到附近的山区走一走。

1月14日，阿尔芒·戴维一行10人到了靠近今成都彭州河坝场一带考察。

“我在中国从来没有在这么短的时间内碰到这么多新的稀罕动物。”考察结束后，阿尔芒·戴维返回成都，在日记中写道。他在日记中特别感谢了一位姓何的当地教友，他说何教友给了他极大的帮助，让他收获很多。“这几天，给我留下了对中国最美好的回忆！”

在焦急的等待中，行李终于到了。1869年2月22日，阿尔芒·戴维雇用了5名挑夫，在青年传教士库帕的陪同下，从成都前往穆坪。

第六节　到穆坪的第11天
——他见到了一张令人惊讶的不明动物皮

经平雄神父介绍，阿尔芒·戴维选择了一条最短的路线，经今成都双流、新津、邛崃，到达今雅安市芦山县大川镇，最后翻越了海拔3 000多米的大瓮顶，于2月28日到达目的地——穆坪邓池沟天主教堂。

这时的邓池沟天主教堂不仅是四川教区最大的教堂，而且“灵宝神学院”也设在这里。阿尔芒·戴维在各地采集动植物标本时，都会得到法国天主教会在当地建立的教堂的帮助。

安全到达深山中的邓池沟天主教堂后，阿尔芒·戴维环顾大山，立即对这里的生态环境产生了浓厚的兴趣，当天晚上，他在日记中写道：“这里虽然离成都不算远，但由于崇山峻岭的阻隔，仍是一个封闭的部落。这里的高山和河谷都被原始森林覆盖，使得当地的野生动物得以生存和延续下去。”

邓池沟天主教堂神父格里特早就接到了戴维要到这里来考察的通知，热情地接待了他。

3月1日，阿尔芒·戴维开始工作，格里特神父特意给他安排了两间房，一间作休息室，一间作工作室。3月2

日，挑夫送来了行李和制作标本的工具、实验器皿。

阿尔芒·戴维点燃了酒精灯，蓝色的火苗第一次在遥远的大山中闪耀光芒，迎来了一束科学的曙光。

在接下来9个多月的时间里，阿尔芒·戴维除了患病到成都休养过一个多月外，一直在这里工作，他白天以邓池沟天主教堂为中心，四处考察，晚上就在教堂里整理和制作动植物标本，这盏酒精灯陪伴着他度过了一个又一个的不眠之夜，见证了一个又一个奇迹的诞生。大熊猫、川金丝猴等大名鼎鼎的野生珍稀动物，就是在这盏酒精灯下解剖并制作成标本的。

刚到穆坪的第11天，“黑白熊”就与阿尔芒·戴维不期而遇了。

3月11日，阿尔芒·戴维在学生格尼·厄塞伯的陪同下来到红山顶下的河谷考察。红山顶是当地一座较高的山峰，他一路收集了很多植物标本。下午在返回教堂的路上，遇上了一位李姓的教友。

那人邀请他们到家里喝茶、品甜点。阿尔芒·戴维看天色尚早，便欣然答应。

这一去，一个隐藏了数百万年的秘密，就在李姓教友的家中拉开了帷幕。

一走进李家的中堂，只见墙壁上挂着一张黑白兽皮。

阿尔芒·戴维似乎被雷电击中，愣在了那里。

“莫非这就是传说中的‘黑白熊’？”

随后他急步向前，仔细观看起来。

动物皮只有两种颜色，只见它周身雪白，四肢漆黑，

全身黑白分明。

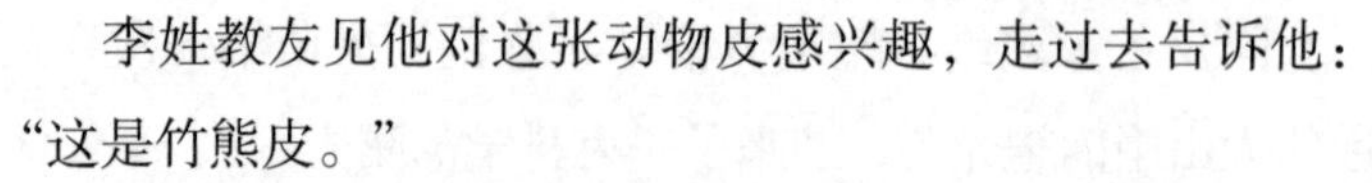

李姓教友见他对这张动物皮感兴趣，走过去告诉他：“这是竹熊皮。”

“竹熊？”阿尔芒·戴维哑然失笑，这里的人真会捉迷藏，一种动物竟然有三个名。其实，当地人除了称这种动物“白熊”“黑白熊”“竹熊”外，还有一个名字叫“花熊”。要是让阿尔芒·戴维知道了，更让他发笑。

回到教堂，阿尔芒·戴维迫不及待地打开日记本写道：“天啦！伟大的造物主居然创造出如此奇特的大型动物。它可能成为科学上一个有趣的新物种。”

第二天，他再次到了李姓教友家，再一次观察黑白熊猫的皮毛。他知道，对于生物学研究来说，没有见过活体动物，就不能说这种动物存在，更说不上是一个新种。

阿尔芒·戴维恋恋不舍地离开了李姓教友的家。他回到邓池沟天主教堂，立即找来当地的猎人，一再叮嘱：“请务必帮我捉到一只黑白熊！”

3月23日，阿尔芒·戴维雇佣的猎人带来了一只幼年的“黑白熊”。遗憾的是，为了携带方便，猎人把捕捉到的“黑白熊”弄死后才送来。

虽然“黑白熊”是死的，但摸着身体尚有余温的“黑白熊”，总算证明这种动物就生存在这片森林中。

阿尔芒·戴维长叹了一口气，他支付了高昂的捕捉费用后，让猎人想办法再捉一只活体“黑白熊”过来。

猎人出了门，阿尔芒·戴维还有些不放心地追了出来。他拉着猎人的手，一再叮嘱：“千万别弄死它，我要的是活的！我要的是活的！”直到猎人点了几次头，他才松手。

就在焦急等待“黑白熊”再次降临时，阿尔芒·戴维又一次到红山顶考察。上一次从红山顶返回时，他意外地看到了“黑白熊”的皮毛，而这一次他就没有上一次那么幸运了，差点在这里丧了命。

“3月17日，晴朗的好天气，今天我进行了一次前往红山顶山区的旅行。”他们先是走上了一条“断头路”，在山谷中迷了路，只得在陡峭的山谷中攀行，直到傍晚才找到路，在摸黑行走中，又不幸滑入半结冰的河水中。事后，他记下了这命悬一线的惊险一幕：

走进冰冷的溪流里，水一直漫到腰，但是我们却什么都看不见。在这绝境中，我们听到了人的声音。上帝保佑！我们又得救了。

我们大声叫喊，很快一人提着灯跑了过来，并把我们领进了他的小屋。在这样的峡谷中还有人居住。主人非常热心，我们狼吞虎咽地吃下为我们准备的马铃薯和玉米馍馍。他们甚至要把用树枝铺就的床也让给我们，但我们谢绝了。整晚我们都待在火堆旁取暖，烘烤衣服，做祷告。

那天真是糟糕透顶，但并没征服我考察自然资源的信心。在差点使我们失去生命的可怕山林里，生活着大量的哺乳动物，它们并不属于我。

尽管生死攸关，但阿尔芒·戴维仍然死死地抓住他收集的灰松鼠和星鸦不放。

第五节　4月1日“愚人节”
——“黑白熊”横空出世

4月1日是西方的愚人节，但对阿尔芒·戴维来说，这天是石破天惊的日子。

这天上午，猎人们给阿尔芒·戴维送来一只活的成年“黑白熊”。戴维兴奋不已，围着“黑白熊”团团转，他终于确认了自己之前的直觉——这又是一个欧洲没有的物种。

阿尔芒·戴维暂时把它定名为“黑白熊”。

发现“黑白熊”，阿尔芒·戴维激动不已。他等不及将死去的“黑白熊”标本寄回法国，就要求巴黎自然历史博物馆立即公布他对这种熊的描述：

URSUS MELANOLEUCUS A.D.（拉丁文，意为“黑白熊”），我的猎人是这样说的。

体甚大，耳短，尾甚短；体毛较短，四足掌底多毛。

色泽：白色，耳、眼周、尾端并四肢褐黑；前肢的黑色交于背上成一纵向条带。

我前些天刚刚得到这种熊的一只幼体，并也曾见过多只成年个体的残损皮张，其色泽均相同且颜色分布无二。在欧洲标本收藏中，我还从未见过这一物种，它无疑是我所知道的最为漂亮可人的新品种；很可能它是科学上的新种。在过去20天里，我一直请十几位猎人去捕捉这种不寻常的熊类的成年个体。

4月4日——又一只黑白熊雌性成体纳入我的收藏。它体型适中，皮毛的白色部分泛黄，且黑色部分较幼体之色泽更深沉更光亮。

亨利·米勒·爱德华兹收到阿尔芒·戴维的信后，出于对阿尔芒·戴维严谨求实的科学态度的认可和信任，他毫不犹豫地在当年出版的《巴黎自然历史博物馆之新文档》第5卷中，刊发了阿尔芒·戴维的来信。

但由于饲养不当，这只“黑白熊”病了，最后死在了天主教堂内。

在“黑白熊”生病期间，阿尔芒·戴维束手无策。“黑白熊”的生活习性对他来说，完全是一个未知的领域，他只得眼睁睁看着这只“黑白熊”一天天消瘦下去，直至身亡。

1869年10月，阿尔芒·戴维把大熊猫的皮毛和骨头寄回了法国。同时他附了一封信：

我在成都时，听平雄主教说到白熊时，我当时想的是这种熊得了白化病。当我看到皮张后，马上就相信这是一个有清楚区别的物种。箱子里装的是一只成年雌性黑白熊的皮毛和全部骨头，另一只是幼年雌性，也是皮毛和骨头。我对这种熊的认识，在我到来之前，毫无所知。

此时，亨利·米勒·爱德华兹的儿子阿尔封斯·米勒·爱德华兹已接任馆长职务，他也是一个自然科学家。

他在认真研究阿尔芒·戴维寄回的标本后，他认为“这不是一个熊属”，而是一个新属。

“就其外貌而言，它的确与熊很相似，但其骨骼特征和牙齿的区别十分明显，而是与小猫熊和浣熊相近。这一定是一个新属，我已将它命名为Ailuropoda（猫熊属）。”1870年，阿尔封斯·米勒·爱德华兹的研究成果《中国西藏东部动物的研究》发表在《关于哺乳动物自然历史的研究发现》合刊上。

阿尔封斯·米勒·爱德华兹提到的小猫熊，即我们今天所说的小熊猫，是1821年发现的，因为阿尔芒·戴维发现的“黑白熊”和小猫熊有相似之处，所以阿尔封斯·米勒·爱德华兹将它命名为“大熊猫”（也有翻译成“大猫熊”），并在它的名字中加上了发现者的名字：Ailuropoda melanoleuca David。

阿尔芒·戴维对于大熊猫的习性，当时掌握的知识主要来自猎户们的描述：“栖息在和黑熊相同的森林里，不过数量稀少得多，分布地海拔也高一些。它似乎以植物为食，但有机会吃到肉食时，它也绝不会拒绝。我甚至认为在冬季里，肉食是它的主食。”

150年过去了，昔日的科学已成今天的常识。我们可以一眼就看出阿尔芒·戴维对“大猫熊”习性认知上的偏差。

这是一个躲过了第四纪冰川期的古老物种，为了在寒冷的冰川期生存下来，它们改变了原先的食肉特性，开始以竹子为食，但是吃肉的犬牙却保留了下来，它们也不会拒绝偶尔吃一些肉食，不过它们的主食还是竹子；为了在冰川期繁衍自己的种群，它们缩短怀孕时间，进化出生育早产儿的特性。初生的大熊猫幼崽，没有黑白毛色相间的萌宠模样，像没有长毛的小老鼠，离开妈妈的照顾，很难成活……

不过，正是因为阿尔芒·戴维首次发现了“大猫熊”，才有了更多的后来者不断地研究和探索这一物种的秘密。因此，1869年4月1日，也就是阿尔芒·戴维见到活体大熊猫活体的这一天，被定为“大熊猫发现日”，而穆坪，也就是今天的宝兴，成了世界知名的大熊猫模式标本产地。

第六节　穆坪“宝藏兴焉”
——“井喷”式发现新物种

惊喜还在继续。阿尔芒·戴维在穆坪的收获当然不止于此。今天很多世界上非常知名的中国物种，都是他在这里第一次发现的。继发现大熊猫一个月之后的5月4日，阿尔芒·戴维雇佣的猎人又给他带来惊喜：6只猴子。他经过仔细鉴定，认定这又是一个“新种”——金丝猴。

这种猴色泽金黄而可爱，身体健壮，四肢肌肉特别发达。面部奇异，像一只绿松色的蝴蝶停立在面部中央，鼻孔朝天，鼻尖几乎接触到了前额。它们的尾巴长而壮，背披金色长毛，终年栖息在有白雪覆盖的高山树林中。它是几个世纪以来中国艺术的神祇，是令人推崇的理想的化身。

金丝猴在我国境内分布着4个亚种：川金丝猴、滇金丝猴、黔金丝猴和怒江金丝猴。国外还有越南金丝猴。阿尔芒·戴维发现的是川金丝猴。川金丝猴名气最大，分布也最广，生活在四川、陕西、甘肃一些地区和湖北神农架的原始森林中。

金丝猴浑身金色的毛发在太阳的照射下闪闪发光，煞是漂亮。当时的欧洲人只在中国的图画和瓷器上见过它们，以为它们是臆想中的动物，正是阿尔芒·戴维的发现告诉他们，这种传说中的美丽动物是真实存在的，而且是在中国。

说起"仰鼻猴"的来历，还有一个有趣的故事。金丝猴在被命名时，因其仰鼻金发，十分美丽，便让人联想起欧洲十字军司令的翘鼻金发的夫人洛克安娜，于是，人们便把这个美人之名放到了金丝猴身上，叫Rhinopithecus Roxellana。

阿尔芒·戴维在穆坪还发现了一种被称为"植物大熊猫"的孑遗植物——珙桐。珙桐像大熊猫一样躲过了第四纪冰川期存活了下来。

这是一种奇特的树木，阿尔芒·戴维看到它时，时值开花季节，树上那一对对白色花朵躲在碧玉般的绿叶中，随风摇动，远远望去，仿佛是一群白鸽躲在枝头，摆动着可爱的翅膀。当时，他被这种奇景迷住了。

阿尔芒·戴维称它为"中国鸽子树"。经后人研究，那些美丽的"鸽子翅膀"其实并不是珙桐的"花瓣"，而是一种特殊的叶子——苞片。

当阿尔芒·戴维把珙桐写入了自己的植物学著作之后，欧洲的园艺狂人们纷纷前往中国，将包括珙桐在内的多种植物引入欧洲，漂亮的鸽子树成为欧美普遍栽培的景观园林树，现在珙桐已成为世界十大观赏树之一。

当时的珙桐“养在深闺人未识”。后来，阿尔芒·戴维在书中配发了一幅漂亮的手绘彩图，因为花苞片的形状像鸽子，珙桐被美称为“鸽子树”或“手帕树”。可能是这种树的描述和他那幅漂亮的插图引起了商人的注意，英国维彻公司才产生了引种的念头。

1899年，“植物猎人”威尔逊到中国收集这种树苗。在当地向导的帮助下，他在鄂西山区找到这种他认为是北温带“最有趣和最漂亮的木本植物”，收集到大量的种子和插苗，并成功地引到英国和其他西方国家栽培。如今在欧洲很多国家的园林里，随处可见高达几十米的珙桐树。

后来，威尔逊到四川收集植物标本和种子，其中仅在雅安，他就来了4次，收集了大量的植物标本和种子，并拍摄了大量的照片，其中，最为珍贵的是把清溪县城永远定格在了照片上。

由阿尔芒·戴维在穆坪发现的其他比较著名的物种还有：扭角羚（又称羚牛），虽然身形庞大，貌似笨重，却是爬山的高手；娃娃鱼（学名大鲵），这个两栖类中的古老物种，有着娃娃一样的叫声；另外还有藏酋猴、绿尾虹雉等。绿尾虹雉，是一种羽毛像彩虹一样绚丽的雉鸡；在他发现的植物中，还有多种美丽的高山杜鹃和报春花。

在穆坪考察期间，阿尔芒·戴维的风湿性关节炎等疾

病复发，严重时难以行走。本来他还打算翻越夹金山，到达维（今四川小金县）去考察，但由于身体原因，直到离开穆坪，这个愿望也没有实现。

从穆坪考察归来，阿尔芒·戴维曾回法国休养了将近两年时间。在此期间，他把自己收藏的部分动植物标本拿到巴黎自然历史博物馆展览，得到了很高的评价。

1872年，阿尔芒·戴维当选为法兰西科学院院士。

1872年3月，阿尔芒·戴维再次返回中国。同年11月2日，他从北京启程，开始他在中国境内的第三次旅行考察。这次考察进行了一年多，他在秦岭停留了四个月，后来沿汉水南下，经汉口、九江，又去了武夷山，到达了深山中的一个传教点——挂墩。这个海拔1 800米、位于今武夷山自然保护区核心地带的地方，一年大部分时间云雾缭绕，因为空气湿度高、生存条件恶劣，这里人烟稀少，而原始植被保存完好。

阿尔芒·戴维的收获是空前的，但他对在中国的传教前途感到渺茫——“总而言之，不要指望中国会变成了一个天主教国家。因为照目前的速度看，得花上四五万年的时间才能把全部中国人改造成基督徒。”

在挂墩，阿尔芒·戴维发现了很多独特的物种，如挂墩鸦雀、挂墩角蟾、猪尾鼠等。因为阿尔芒·戴维对其生物多样性的推崇，这里后来成为当时世界动植物学者向往的“模式标本的圣地”。不过，阿尔芒·戴维此次旅行考察却没有第二次那么顺利。在乘船去汉口的途中，船只触礁，尽管他迅速跳进急流中打捞标本，依然损失了大量标本。在之后的考察中，阿尔芒·戴维又感染了痢疾，虽然在江西休养了一段时间，但是到达挂墩没多久，病情又恶化了。

1873年11月，阿尔芒·戴维实在坚持不下去了，虽然对中国很留恋，他还是决定回国，离开了在他眼里是如此美好的国家——“中华文明令人羡慕，除了偶尔的土匪流寇外，这片大地安静、祥和、深沉。人们勤劳、朴素、文雅，人人守礼。”

阿尔芒·戴维断断续续地在中国待了将近10年的时间（1870—1872年曾回法国两年），在这段时间，他的物种发现用“庞大”来形容一点也不过分。1874年，阿尔芒·戴维回到法国，他带回的动植物标本以及活体，经巴黎自然历史博物馆统计，总计2 919种植物，9 569种昆虫、蜘蛛与甲壳类动物，1 332种鸟类，以及595种哺乳动物，而这些还不包括那些在各种意外中损失的标本。之后的岁月里，阿尔芒·戴维与其他自然科学家合作，主要致力于对这些标本的分类、描述、展览和出版等工作。

由巴黎自然历史博物馆的亨利·米勒·爱德兹华和他的儿子阿尔封斯·米勒·爱德华兹研究撰写的《哺乳动物的自然史应用研究》，在1868—1874年间出版，第一卷所提到的大多数哺乳动物都是阿尔芒·戴维发现的。

1877年出版的《中国鸟类》，记录了阿尔芒·戴维目睹的772种鸟类，其中有58种是新种。该书成为当时研究中国鸟类的经典性著作。

此外，根据自己的研究以及同时期其他人在中国的

发现，阿尔芒·戴维估计出中国大约有807种鸟类，其中甘肃、青海、四川等地的鸟类就占据了整个中国的四分之一。他也认为，如果到中国西南地区做进一步的探索，这个数字还会大大增加。

19世纪下半叶，研究中国植物的杰出人物、法国学者弗朗谢，他的研究对象就是阿尔芒·戴维在中国收集的标本。他从1878年开始潜心于中国植物的研究，对阿尔芒·戴维采集回来、存放在巴黎自然博物馆的植物标本进行了整理和描述。

在此基础上，弗朗谢发表了大量的论文和著作，最为著名的就是整理出版了《谭微道植物志》，全面介绍阿尔芒·戴维搜集到的植物。此书分两卷，第1卷于1884年出版，该卷的副标题是“蒙古、华北及华中的植物”，记载了北京、河北和内蒙古等地的植物1 175种，计有新种84个。第2卷于1888年出版，该卷的副标题是“藏东植物”。“藏东植物”，从标题上看，似乎范围很大，其实记载的是从穆坪采集的402种植物，其中163种为新种。这本书对于西方认识和了解中国植物影响很大。

1900年11月，阿尔芒·戴维在巴黎溘然长逝，享年74岁。

虽然阿尔芒·戴维在中国前后待了不到10年的时间，但是其间发生的传奇故事和他发现的那些物种，在世界博物学发展史上写下了辉煌的篇章，也为间接推动我国现代博物学的发展起到了一定的作用。

阿尔芒·戴维对中国生物学的贡献，在清末和民国时期就有人开始撰文研究，并给予了极高的评价。

1871年，法国学者、植物学家埃米尔·布兰查德就根据阿尔芒·戴维在中国的两次旅行考察见闻写了一篇文章，发表在《两个世界》杂志上。

1872年3月，第二次到中国的阿尔芒·戴维发现上海的报纸有关于他考察旅行的报道。他给家人写了一封信，谈到了这件事："自从我到了上海，这里的报纸都在谈论我。令我惊讶的是，我在中国有名了。这让我感到有些烦。尽管如此，我也不能阻止他们。也许这事也有好的一面，只是我不喜欢罢了。"

1944年出版的《真理》第一卷第4期中，有一篇题为"谭卫道在中国生物学上之贡献"的文章，在详述阿尔芒·戴维的生平和其在中国的三次旅行考察之后，还对他在中国生物学的贡献给予了极高的评价："谭氏之前，吾国无论述鸟类之专著。惟明末李时珍《本草纲目》中略有记载，而亦仅77种。以科学方法，研究中国之鸟类，在吾国首推谭氏，实无可疑。谭氏共采得640种，据谭氏之研究，其中504种，均为吾国之特产。谭氏之前，亦无专论中国动物地理之分布载籍。"

这篇文章的作者名叫经利彬，是民国时期的"海归"大学者。

值得一提的是，阿尔芒·戴维还给中国留下了动物标本制作的"火种"。

说到中国生物标本制作，我们经常提到的是唐氏标本制作法。唐氏标本制作技艺源于19世纪末，"开山鼻祖"

是唐春营和他的儿子唐启旺。

1858年《中英天津条约》签订，英国从清政府手中获得了海关管理权。英国人拉都胥因此在福州海关担任税收官员。后来，拉都胥在福建一家洋行里，看到了一批被当时欧洲上流社会的妇女视为珍奇之物的白鹭翎羽，因而结识了住在福州城出售羽毛的人，此人正是在闽江以打鱼和捕猎为生的唐春营。唐春营平时爱把漂亮的鱼、鸟和小动物制成“标本”，也因此在乡邻间小有名气。拉都胥对自然科学有着强烈的兴趣，1896年，他聘请唐春营和他的儿子唐启旺帮他在野外收集标本，同时也教唐春营标本制作技术，以便保存采集到的鸟兽。唐家从此开始了专业制作动物标本的工作。

唐氏后代从最初的制作动物研究标本，逐渐改良为现代的动物生态标本，开创性地使用了填充法制作标本，方法省时简便、易于操作，制作的动物剥制标本形象逼真、保存时间长。唐氏标本制作技艺参与见证了中国现代自然学科，尤其是生物学科的发展轨迹，为我国生物学科的发展做出了很大贡献，因此在动物学界，人们尊称唐氏家族为“标本唐”。

但说到动物标本制作，“标本唐”跟王树衡相比还晚了将近40年。王树衡又是谁？

原来阿尔芒·戴维在中国境内采猎途中，曾培训了一名中国助手王树衡，协助他整理和制作标本。阿尔芒·戴维回到法国后，王树衡留在了上海工作。这位标本制作师曾一度在徐家汇博物院工作，上海博物院成立后便直接雇用了他，成为中国标本制作的先驱者。

遗憾的是，对于王树衡的记载不多。在《戴维日记》中，曾有这样的叙述：“1872年11月2日，由北平起身，同行者有王、陆二人（均为北平青年），协助打猎剥制工作。”

此行是阿尔芒·戴维在中国的第三次旅行考察，从华北到陕西后，再经汉水进入湖北、江西等地。文中提到的“王、陆二人”，虽然只有姓没有名，但可以推测，“王”可能就是王树衡，因为他们的工作很明确，是“协助打猎剥制工作”。而这正是标本制作师的主要工作。

在另一段文字中，他提到了“两个北平小伙子”：“中国人比我们更有耐心，他们看起来总是泰然自若。我甚至有时候很羡慕那两个北平小伙子，他们和他们的同胞一样，是如此的平静和安详，从没发过牢骚，甚至连一个不满的手势也没有打过。是他们的天性如此，还是后天的教化？抑或是东方宿命论世世代代熏陶的结果，而他们并没有意识到这一点。他们像哲学家一样安静地吃饭，安静地休息，安静地享受这一切，谁也不打扰谁。”

可以看出阿尔芒·戴维对这两个“北平小伙子”印象很好，很信任。

第二章　追踪大熊猫

随着阿尔芒·戴维在中国的惊世发现，大熊猫标本在巴黎展出，中国出现“冰川活化石”大猫熊的消息很快传遍了世界，引起国际生物学界的轰动。

一股“大熊猫热”从巴黎开始，迅速蔓延到欧洲大地，一场席卷整个世界、持续时间长达70年之久的疯狂追逐由此开始，许多动物学家、探险家、旅行家纷纷进入中国，企图捕捉这种珍奇动物。

第一节　阿尔芒·戴维引发的风暴
——神秘的70年

阿尔芒·戴维离开了中国。

随着他的离去，隐居荒野的大熊猫被正式写入了科学史，穆坪成为“神秘的70年”里的风暴眼。

大熊猫标本还在路上，阿尔芒·戴维撰写的报告已经发表了，但这份报告并没有引起轰动，毕竟新物种太多了，多得似乎让人有些麻木了。

当“黑白熊”的标本运抵巴黎展览时，正值普法战争时期，普鲁士军队已经逼近巴黎。但天性浪漫好奇的法国人还是跑去看大熊猫标本。

“天啦！世界上竟然有如此奇妙的动物！”人们从兽皮上看到一张圆圆的脸，眼睛周围是圆圆的黑斑，就像戴着时髦的墨镜，还有精妙的黑耳朵，黑鼻子，黑嘴唇，这简直就是戏剧舞台上化妆的效果，太不可思议了！

于是有人断言，这张来自中国的皮毛绝对不真实，一定是伪造的。亨利·米勒·爱德华兹仔细研究了“黑白熊”的皮和骨骼以后，他否定了有关伪造的说法，确信这是一个新的物种，而且认为它不是熊，与19世纪早期在中国西藏发现的小熊猫食性相近，但“黑白熊”嘴圆，有着猫的特点，最后确定了它的分类科目、种属关系，将这种动物最后命名为“大猫熊”。亨利·米勒·爱德华兹虽然纠正了阿尔芒·戴维的错误观点，但他没有贪功，仍然将“大猫熊”命名人的桂冠戴在了阿尔芒·戴维头上。

就在阿尔芒·戴维在中国进行第二次旅行考察时，一个来自德国的地理学家也来到了长江下游，开始了他在中国的第一次考察，他叫李希霍芬。他比阿尔芒·戴维在中国走过的地方还要多，只不过他的考察重点是地质和地理，阿尔芒·戴维考察的是生物。

在中国与世界的文化交流上，他俩都做出了卓越的贡献。阿尔芒·戴维的惊世发现，把中国的珍稀物种介绍给了世界；李希霍芬则首创了“丝绸之路”这一概念，把中国的文化传播给了世界。

李希霍芬是地理学界神一样的人物，在交通极为不便的19世纪六七十年代，他居然七次考察中国，足迹遍及当时18个行省中的13个。他对高岭土、丝绸之路的命名，使得无论是说到地理学、地质学、矿物学，还是历史学，都绕不开这位伟大的学者。

李希霍芬是德国地理、地质学家，他历任柏林国际地理学会会长、柏林大学校长，曾长期在波恩和莱比锡大学担任地理学教授，一生出版了将近200部地质地理学著作，其中对中国的地质考察和研究是其重要的学术成果。李希霍芬于1868年9月开始，四年间，在中国进行了7次地理地质考察，他对中国的山脉、气候、人口、经济、交通、矿产等进行了深入的调查研究。他先后出版了五卷《中国——亲身旅行的成果和以之为依据的研究》，在欧洲地理学界引起了巨大的反响，并且对中国造山运动所引起的构造变形进行了独到的研究。李希霍芬的研究成果对近代中国地质、地理学的产生和发展有着重大的影响，并首创了“丝绸之路”这一概念。

李希霍芬第一次考察始于1868年11月12日，主要去了宁波、舟山群岛、杭州、太湖、镇江、南京这一带。在宁波周边旅行时，李希霍芬手头没有一张正式的地图，却有一张传教图，他之所以能顺利完成考察，实际上与当时西方在华传教士的协助指引有很大关系。但他发现传教图上的内容和实际情况根本不符，因此感慨：“如果有传教士爱好、并且有点儿地质学的本领就好了。”

李希霍芬在给父母的家信中，谈及对传教士工作的看法，他认为中国人因为长期受孔子思想的影响和迷信思想的束缚，很难真正皈依基督教，所以传教士们的努力基本上是白费的。那些整日散播福音的传教士们如果能帮着中国人在畜牧业、林牧业和水果种植技术方面取得进步，说不定会取得更大的传教成绩。他对传教士们在中国的工作前景是持悲观态度的。在他看来，只有铁路和汽船才能真正改变中国的落后状态。

在阿尔芒·戴维离开成都后的第三年，李希霍芬的身影出现在了成都街头，这是他在中国的第七次旅行考察。

这也是他准备离开中国前的最后一次考察。

他在书中写道：

那里有一条远古就有的贸易大道，英国人很想探明它，以便从乘汽轮就能到达的八莫开辟一条通往中国的贸易大道。如果我能够成功，就有理由期待所得到的结果与所花的时间和精力成正比。

他眼里的“贸易大道”，就是今天大名鼎鼎的“南方丝绸之路”。

李希霍芬的考察路线是：从北京出发，经西安、成都、雅安、西昌、大理，最终抵达腾冲，再辗转贵州、重庆，乘船到上海，最终从上海返回德国。

由于成都的客栈不愿收留他，他不得不住进巴黎外方传教会的传教站里。李希霍芬在中国的考察，大多靠分布在中国各地的传教站协助完成的。由于时空交错，他与

阿尔芒·戴维擦肩而过。虽然没有机会与阿尔芒·戴维交往，但李希霍芬不仅知道阿尔芒·戴维，还知道他在生物学上的成就。

在李希霍芬的书中，我们看到了阿尔芒·戴维和大熊猫的身影，他也把雅安美丽的山川写在了书中："雅安是座大城，因为经水路可达，所以它便成了一个尽管人口不多，却尤为广大的贸易枢纽，是前往西藏和建昌（今西昌）途中的主要供给地区。"

在这期间，他受到了教会不友好的接待。没有教会"外援"的支持，李希霍芬走得比阿尔芒·戴维艰难多了。他望着雅安美丽的山川，依稀看到了阿尔芒·戴维远去的背影。

他在日记中感叹道："很羡慕遣使会的戴维神父，因为他能得到教会的支持，在成都往西的穆坪传教站获取了大量的动植物标本。就在三年前，戴维神父在此发现了后来闻名于世的大熊猫标本。戴维神父在穆坪时几乎不需要四处旅行，因为众多的基督徒会进山为他搜集东西。"

李希霍芬好不容易走过荥经县，进入清溪县（今雅安市汉源县）地界，开始翻越大相岭时，意外发生了——他遭到了过路的官兵的敲诈勒索。他没有再往前走的勇气了，沮丧地结束了第七次考察旅行，最后取道乐山、宜宾、重庆，走水路到上海，踏上了回国的轮船。

李希霍芬留在雅安的是一声叹息。他没有走完"南方丝绸之路"，大相岭挡住了他前进的脚步。

李希霍芬无奈地离开了雅安，但一大群追逐阿尔芒·戴维脚步的人来了。

随着阿尔芒·戴维在中国的惊世发现，大熊猫标本在巴黎展出，中国出现“冰川活化石”大猫熊的消息很快传遍了世界，引起国际生物学界的轰动，一股“大熊猫热”从巴黎开始，迅速蔓延到欧洲大地，一场席卷整个世界、持续时间长达70年之久的疯狂追逐由此开始，许多动物学家、探险家、旅行家、狩猎家纷纷进入中国，企图捕捉这种珍奇动物。

1891—1894年，俄国冒险家波丹和贝雷佐夫斯基在四川平武、松潘获得一张大熊猫皮。大约在1900年，德国人从中国商人手中得到了一张大熊猫皮。1914年，德国生物学家沃尔特·斯托佐纳组织了一支探险队，到中国西南部进行野外考察，以创立赫尔果兰鸟类观测站闻名于世的生物学家雨果·韦哥尔德是这支考察队的一员。1916年，在今阿坝州汶川县，雨果·韦哥尔德从当地人手中买到了一只大熊猫幼仔，但没过多久它就死了。后来，第一次世界大战爆发，斯托佐纳探险队草草解散，搜寻大熊猫的工作也告一段落。

在历史上，雨果·韦哥尔德被认为是第一个见到活体大熊猫的西方人，此前美国植物学家恩斯特·韦尔森曾经在卧龙花了几个月时间寻找大熊猫，但除了粪便，什么也没找到。英国人的行动则更早一些，早在1897年，他们就在四川平武杨柳坝找到了一只雄体大熊猫的皮毛和骨头。

六七十年过去了，无数的西方人来到这里，他们以穆坪为中心，四处寻找大熊猫，除了雨果·韦哥尔德见过活

体大熊猫，其他西方人没有一人见过活体大熊猫，甚至就连大熊猫毛都没有捡到过一根。尽管如此，他们对大熊猫的追逐一直“高烧”不退。

第二节　两本书
——再现西方人追踪大熊猫的曲折经历

1928年底，美国前总统罗斯福的两个儿子小西奥多·罗斯福和克米特·罗斯福在芝加哥“菲尔德自然历史博物馆”的资助下，组织“凯利—罗斯福—菲尔德博物馆探险队”到中国狩猎大熊猫。他们经大西洋、印度洋，从缅甸进入中国境内。1929年初，他们从天全进入雅安境内，直奔宝兴。

由英国生物学家、皇家地理学会会员赫伯特·斯蒂文斯率领的另一支狩猎队，也加入到“凯利—罗斯福—菲尔德博物馆探险队”中，他们一起从云南走到康定后，决定兵分两路。赫伯特·斯蒂文斯直接从康定经鱼通进入宝兴县。

两支狩猎队在宝兴县的东河、西河交汇的两河口完成了对宝兴的“包抄围剿”，收集了大量的动植物标本，但他们都没有获取到大熊猫。

后来，罗斯福兄弟和赫伯特·斯蒂文斯分别撰写了《追踪大熊猫》和《经深幽峡谷走进康藏：一个自然科学家伊洛瓦底江到扬子江的游历》两本书。两本书中详尽地描写了考察沿途各地，尤其是奇特的自然风光、民风民情、地理概貌、动植物分布状况等，这对我们今天了解当时的雅安和宝兴社会、自然风貌具有重要的参考价值。

罗斯福兄弟“游猎”大熊猫的故事，在西方流传甚广。

有“丽江鬼才”之称的著名音乐民族学家宣科讲述了一个并不久远的故事。

在20世纪二三十年代，宣科的家乡云南丽江成了“洋人村”，最多的时候，有40多名外国探险家、传教士长期住在这里。外国人住在丽江，跟他们打交道最多的就是宣科的父亲宣明德。

纳西族虽然有着自己的东巴文化，但它又是一个善于吸纳外来文化的开放民族。宣明德的祖上是由内地迁居而来的。宣明德算是纳西族人，而他的母亲是一位藏族人。

1905年，荷兰的传教士们走进了丽江。宣明德在给传教士当佣人时学会了英语、荷兰语等语言，加上又懂汉语、纳西语、藏语等，又被教会送到贵阳神学院学习，他回到丽江后，便成了本土的第一位牧师。

在西方世界，有一本书非常有名——《中国西南古纳西王国》，其作者正是洛克，一个在丽江生活了27年的美籍奥地利人，他经常到宣明德家中喝酥油茶。

后来，洛克回到美国度假，他碰到了罗斯福兄弟，他告诉他们，在中国有一种动物叫“陆地白熊”（大熊猫的另外一个名字），并给他们画了张“陆地白熊”的图。罗斯福兄弟是世界闻名的猎手和探险家，这是他们从没有见过的动物。他俩再也坐不住了，表示要到中国收集大熊猫标本。

1929年1月，罗斯福兄弟果真来了，他们从缅甸到了云南，专门跑到丽江找到洛克，洛克便把宣明德介绍给了他们。

在宣明德的带领下，罗斯福兄弟从丽江出发，渡过金沙江，进入四川凉山州木里县，再经九龙、康定、泸定，进入雅安的天全县，到达法国人阿尔芒·戴维发现大熊猫的宝兴县（穆坪），再辗转到今雅安市石棉县和凉山州冕宁县交界的拖乌山南坡的冶勒，射杀了一只大熊猫后满载而归。

罗斯福兄弟带走了大熊猫标本，留下了一笔钱财给宣明德。宣明德便在丽江盖起了当地第一幢中西合璧的阁楼。第二年，宣科就出生在这座阁楼里。

在宣明德的带领下，探险队从丽江到了宝兴。在穆坪“治安官”的帮助下，罗斯福兄弟请了13个猎人，组织了一支庞大的猎杀大熊猫的队伍。

在大山中游荡了10多天，他们射杀了好几只金丝猴，也发现了不少大熊猫的踪迹，但没有和大熊猫打过照面。

离开穆坪时，当地猎人给了他们一个巨大的惊喜，他们仅用一只机械打火机、一只手枪就换取了当地猎人手中的两张大熊猫皮。

由赫伯特·斯蒂文斯率领的另一支狩猎队伍在当年九月份到了穆坪。只是他们走的是另一条路，即从康定经鱼通，到达穆坪。

罗斯福兄弟与村长达成决议，派出所有能出门的狗跟猎人一起出发。村长的大儿子和他的护卫队，在一片铜钹和喜乐声中被送出了村子。

几天之后，捕捉大熊猫的村民们回来了，但没有取得预想的成功，虽然他们在这之前对此非常乐观。没有找到任何大熊猫的行踪，却出现了食物短缺。

随后，赫伯特·斯蒂文斯离开了穆坪。他取道芦山、雅安，最后在雅安乘坐竹筏到乐山，再经重庆、上海后，离开了中国。

与赫伯特·斯蒂文斯同行的还有一个大名鼎鼎的人物，他叫叶长青。这次考察后，他写了好几篇文章，如《从打箭炉经鱼通进入穆坪》《造访穆坪——大熊猫之乡》等考察报告，这些是最早关注大熊猫栖息地的文章。

第三节　“偷嘴”的大熊猫 ——正好撞在了“枪口”上

罗斯福兄弟俩率领的“凯利—罗斯福—菲尔德博物馆探险队”，没有原路返回，而是取道今雅安市的芦山、雨城、荥经、汉源、石棉等县（区），准备从凉山回到云南。

到了今石棉县擦罗乡，一个意外的惊喜正等着他们。

宣明德意外地获得了一条有关大熊猫的信息——一只“白熊”正在这里偷吃养蜂人家的蜂蜜。

然而当他们进一步探听时，现实又给了他们当头一棒，当地人不准他们猎杀大熊猫！原来彝族人把“白熊”视为超自然的生物，一种半人半神的神圣动物，他们从不猎杀“白熊”，顶多只是弄伤它，把它吓跑就行了。

罗斯福兄弟此次劳师动众，不远万里，目标就是猎杀大熊猫，岂能无功而返！不甘心的罗斯福兄弟反复与当地人周旋，并给予好处，当地的头人最终同意他们猎杀这只

大熊猫。

随后，他们发现了这只大熊猫的踪迹，于是便持枪尾随而去。

这只大熊猫没有意识到危险已经降临，依然走得很悠闲，一路走一路吃着竹叶。它先沿着湍流多石的河床走了一会儿，接着又爬上一个陡坡。罗斯福兄弟追踪大熊猫两个半小时后，来到一个更开阔的丛林。这只大熊猫此时更关注的是自己的食物，在一棵树下，它还用竹枝和竹叶给自己做了个窝。

罗斯福兄弟后来回忆说："云杉树的树干被挖空了，从那儿露出白熊的头和它的前半身。它一面向前闲散地走着，一面东看西看。看上去，它的个头很大。看到它，我们像是在梦中，因为对于能见到大熊猫，我们已经没抱任何希望了，即便是一点点希望。可现在它出现了，它显得出人意料的大，它白色的头上带着黑色的眼圈，身上是黑色的护肩及鞍状的白色背脊及腹部。

大熊猫徐徐地走进竹林。要是被吓到，它会像烟雾一样消失在丛林中。我俩同时向正在消失的大熊猫的背影开了枪。两枪都打中了。因为不知道自己的敌人在哪儿，它向我们走来，挣扎着穿过我们左边凹地上吹积形成的那堆雪。"

按照事先商量好的方式，罗斯福兄弟再次向大熊猫开枪。它倒下了，但很快又恢复了知觉，穿过浓密的竹林逃走了。他们一路追踪，最终获得了这只大熊猫——这是一只极好的雄性大熊猫。

猎杀这只大熊猫后，他们取道凉山，又回到了云南丽江。

第四节　一纸护照
——揭秘“游猎”大熊猫是“合法”的

一说到外国人在中国猎杀大熊猫，我们大多会用这样的词汇：偷猎、强盗、非法猎杀等，但事实并非如此。

2017年3月25日，由广西柳州市外事侨务办公室、美国驻广州总领事馆、柳州博物馆主办的“通向和谐之路：美中交往史1784—1979年图片展”在柳州博物馆开幕。

正在柳州出差的四川省雅安市社科联副主席杨铧无意中听说这次展会后，跑过去一看，一张老照片让他惊呆了，居然是罗斯福兄弟到中国的护照——

兹有前美国总统罗斯福之子罗斯福蘸多（Theodore Roosevelt）暨罗斯福克米（Kermit Roosevelt）二人由缅甸入境，前往云南、四川游猎，代芝加哥博物院（Chicago Fijld Museum）采集标本后由普洱出境，请予给照保护等情，据此合行发给护照一纸。仰沿线军警关卡一体，验照放行，毋得留难须至护照者。

罗斯福蘸多
右　　　　准此
罗斯福克米
中华民国十月十七日

护照上面，还盖有“中华民国国民政府”大印。这张护照正是让罗斯福兄弟从美国闯进了雅安，最终在拖乌山猎获了大熊猫。由此得知，当年罗斯福兄弟到雅安猎杀大熊猫还是“合法”的，他们被允许在四川、云南“游猎标本”。

被罗斯福兄弟猎杀的这只大熊猫被送到美国费城博物馆。人们将这只大熊猫标本连同其他大熊猫标本组合起来，生动地再现了大熊猫们在竹林中生活的场面。罗斯福兄弟回到美国后不久，便开始撰写《追踪大熊猫》，讲述他们在中国亲手射杀大熊猫的经历。

这本书震惊了西方世界，激起了许多西方人亲手猎取大熊猫的强烈兴趣，此后不少探险家都来到了地区，他们的目标只有一个，那就是猎取大熊猫。

宣科说：“在那个年代，外国人进入中国猎杀大熊猫是合法的。毕竟我们不能用今天的观点来说过去的是与非。”如果历史可以重新选择，他相信他的父亲宣明德不会给外国人当向导，让枪口对准珍稀动物大熊猫。

罗斯福兄弟的足迹横穿雅安南北“两极”，除今名山区外，他们走过了雅安的7个县区，对所经过的地方几乎都有记载，可以说是一本20世纪20年代雅安的“百科全书”，展示了一幅真实的山川人文画卷。

罗斯福兄弟在栗子坪、冶勒猎杀大熊猫的枪声早已远去。令人欣慰的是，当年他们猎杀大熊猫的栗子坪，如今已成为国家级自然保护区，还成为全球唯一的大熊猫放归之地。在拖乌山北坡放归的大熊猫“张想”，还跑到了拖乌山南坡的冶勒“串门”寻亲。猎杀大熊猫的悲剧将不再重演。放归在这里的大熊猫，或许它们的未来还充满着艰辛与坎坷，但为了大熊猫的栖息地不成为一座座“空山”，这里的新“移族”定会越来越多。

第五节　一本杂志
——大熊猫走向国际的重要推手

在英国生物学家、皇家地理学会会员赫伯特·斯蒂文斯率领的另一支狩猎队中，有一个名叫叶长青的澳大利亚人，他既是传教士，也是华西协合大学的教授。

叶长青跟随赫伯特·斯蒂文斯从康定走到宝兴（穆坪）。他长年来回行走在成都—雅安—康定的路上。后来，他给远在上海的《中国杂志》主编苏柯仁写了一封信：

尊敬的苏柯仁先生：

赫伯特·斯蒂文斯和我一同从打箭炉（今康定）出发，刚刚才抵达了穆坪。我们行走了33天，穿过了一些地球上最难翻越的地区。现在，我们到了真正的大熊猫之乡，但是斯蒂文斯却没带枪，我们也无法射杀大熊猫。我们发现了几个大熊猫最可能出现的地方，而当地人都说那几个地方大熊猫数量多，且数量上远超罗斯福探险队曾搜寻的地方。罗斯福目前离我们距离较远，他去了最有可能出现大熊猫的深谷和森林地区。

大熊猫的中文名字是“白熊”，但这个名字很可能是古时候大熊猫名字的变形。在《禹贡》中，我们知道熊是

在梁州上贡的贡品之中，而当时在梁州就有很多“熊、熊猫和狐狸”。

我们并没有把大熊猫和西藏灰熊、长吻松鼠相混淆。斯蒂文斯去博物馆参观大熊猫后，将这三种动物分别比作“父亲”“当前状态”和成年的“幼崽”，这十分有趣。

赫伯特·斯蒂文斯将在上海短暂地待一段时间，并打算拜访您。他也会向您报道一些关于穆坪地区的动物群和植物群的信息，虽然60年前戴维神父也在此地进行了长达8到9个月的考察，并认为此地动物群植物群资源丰富，但是我们的报告可能会让您很失望。

敬启

叶长青1929年9月21日于雅州

1929年11月，《中国杂志》以“穆坪：大熊猫栖息地”为题，刊发了这封信。在这封信的前面，苏柯仁还加了一段话：

穆坪地区是著名的基督教传教士兼博物学家阿尔芒·戴维的动植物标本收集地之一，所以一直都倍受博物学家们的关注。而在《中国杂志》1926年10月那期中，我们也报道了西藏边境资深传教士叶长青先生对穆坪地区的叙述。

首只大熊猫标本是由阿尔芒·戴维在穆坪获得的，而那以后的60年内，大熊猫对于科学家们来说都一直是一个谜。由于叶长青先生在地图上标记了穆坪地区的位置，后来的博物学家也能根据他的信息认识到穆坪地区的位置。

关于这点，叶长青先生给我们写了封信，他目前正和赫伯特·斯蒂文斯先生一同寻找熊猫的线索。赫伯特·斯蒂文斯先生曾加入了罗斯福兄弟探险队，一同追寻大熊猫；后来队伍离开后（他们到康定后，探险队分成了两支队伍），赫伯特·斯蒂文斯决定留下来继续进行样本收集。下面就是这封信的内容，其中就有一则关于大熊猫的记录。

叶长青的这封信并不长，但“信息量”很大，信是在雅州（今天的雅安）写的，也正是雅安大熊猫和栖息地一事。

文章《穆坪：大熊猫之乡》篇幅并不长，内容如下：

穆坪地区在四川省内外都不出名，这让我很震惊。

究其原因，这似乎是地图工艺的原因，但如果是这样，那么当代地图在制作上则存在问题。因为在二十年前当人们制作地图的时候，如果能清晰地标注出来穆坪地区，甚至如果能打个叉，标记出穆坪村，都不会有现在的窘况，但那是很久以前的事了。由于我再次将其带回公众的视野中，新一代的青年或许会原谅我。

在示意图中，我们可以看到穆坪土司的位置，位于四川首府成都与康定之间。

早在150年前，穆坪地区就成了中国重要的土司。其占地大约10 000平方千米，人口大约20 000人，大部分人是嘉绒藏族。因海拔位于5 000～20 000尺之间，这意味着

当地人既要依赖于种植业，也要依赖于畜牧业。森林同样也会在当地发挥其额外的价值。直到最近，当地政府也一直采用土司制度，中国政府也不会稍加干预其治理。由于穆坪地区多山，且位于偏远地点，所以野生动物能够大量繁殖，避免了灭绝的命运。穆坪地区的位置在地图上辨别起来并不难，南起天全北部，东至小金（达维）向东20里处，西至大渡河。通过这些边界，可以对穆坪的面积和地理位置形成一个大致的印象。穆坪位于天全向北40里处，镇上有政府大楼和许多喇嘛寺庙。布鲁波（音译）的中华帝国地图集是最具有权威性的，穆坪土司拥有地图，但其他地方没有。

注意，穆坪地区的准确位置已经被发送给我们了，因此我们能在这里提供相应的位置信息。穆坪地区，早些时候被中国西部的人叫作“牟坪”（或“穆坪”），其发现对于博物学家来说是十分重要的。著名的博物学家、传教士阿尔芒·戴维神父曾在此进行过采集工作，并将所采样本送往巴黎博物馆，由亨利·米勒·爱德华兹等人对其标本进行命名。这里是大部分中国鸟类和哺乳类动物出没的地方，其中最著名的动物则为大熊猫了。华北野猪也首次在这个地方被发现，当时就将其命名为华北野猪。在这里也首次发现了其他许多重要的物种。

穆坪地区尽管真实存在，但大多数最新的地图却无法指出穆坪土司的位置，更别说穆坪镇和穆坪村了。这个地图信息以及所附的地图因此引起了地理学家们和博物学家们相当的重视，并使他们产生了浓厚的兴趣。既然此地区被重新画到了地图上，希望博物学家不要浪费时间了，马上动身到穆坪地区去收集动物和鸟类标本，以便弄明白这些动物在中国系统动物学中所处的位置。

这篇文章发在《中国杂志》1926年10月号刊。从文章中我们可以看出，在西方生物学家的眼里，穆坪是一个很重要的地方，但在四川并不重要。

穆坪的历史正是如此。在常璩《华阳国志·蜀志》一书中，有这样的记载："巴蜀称王，杜宇称帝。号曰望帝，更名蒲卑……乃以褒斜为前门，熊耳、灵关为后户，玉垒、峨眉为城郭。江、潜、绵、洛为池泽；以汶山为畜牧，南中为园苑。"

这里提到的"灵关"，是今天的宝兴县灵关镇，它只是古蜀国的"后户"，"后户"以外的地方，并没有纳入古蜀国的"版图"。20世纪80年代编写《宝兴县志》时，可追溯的大事记也只是从明代开始。以前这里实行的是土司制，清末大规模的"改土归流"，似乎也没有动摇这里的土司根基，直到1928年才成立宝兴县。

由此看来，叶长青的眼光是很独到的。由于以前没有地图，不便进入，而他们现在有了地图，就应该"马上动身"了。

到穆坪去干什么？自然是去采集动植物标本。

说到这里，我们不得不说一说苏柯仁和他的《中国杂志》。

苏柯仁，英国博物学家、探险家、美术家和杂志

编辑，他父亲是在中国布道逾四十年的浸礼会教士苏道味，其高曾祖与曾祖在英国植物学发展史上皆曾扮演重要角色。

苏柯仁在中国度过童年，幼年进烟台内地会所办学校，后回英国接受高中教育，随后入巴斯美术学院，在布里斯托大学肄业。1905年他返华，在太原为大英自然历史博物馆收集标本。1906年，他被任命为天津新学大书院自然历史博物馆讲解员和馆长。1907年，他参加蒙古鄂尔多斯沙漠探险，为大英自然历史博物馆收集哺乳动物标本。苏柯仁成年后曾多次参加长途探险之旅，采集当地标本，其中最有名的一次是在1909年加入由美国一富商所组织的探险队，前往山西、陕西、甘肃等地进行踏勘。他继而发表多部著作，从此确立了自己在中国博物学方面的研究兴趣和名声。1911年辛亥革命时，他曾组织救助陕西和西安府外国传教士撤离。第一次世界大战时，他以技术官员身份在赴法华工队总部服务。

1916年，苏柯仁来到英国皇家亚洲文会北中国支会工作，20世纪20年代初期重返中国，定居上海，1927年成为名誉院长，直到1946年才卸职。1923年，苏柯仁联合著名汉学家福开森在上海创办《中国杂志》，起初为双月刊，1925年改为月刊。该杂志经常报道上海两个自然史博物馆的活动。1941年，日本人闯进租界，苏柯仁被抓去当劳工，《中国杂志》停办。

《中国杂志》19年间共出版35卷214期，影响遍及海内外，深受当时汉学界关注，被学界形容为“包罗万象的人文和自然资料宝库”。

《中国杂志》里面有很多报道大熊猫的文章，在推动大熊猫国际化的过程中起到了重要作用。

大熊猫标本在巴黎展出后，消息传到了伦敦、纽约，大熊猫令西方观众着迷，英美人称之为“世上最难以捉摸的动物”。为此，苏柯仁找到了在西康打箭炉（今康定）传教的英国内地会传教士、亚洲文会会员叶长青（James Huston Edgar），让他从事大熊猫研究和报道。《中国杂志》1924年5月号刊登了叶长青的札记《西康的大熊猫和野狗》。1926年10月号，叶长青又发来一篇通讯《穆坪：大熊猫之乡》。

1928年，苏柯仁获悉，一支为芝加哥菲尔德博物馆收集藏品的探险队由小西奥多·罗斯福和克米特·罗斯福兄弟率领，已在1928年10月31日离开纽约，将在次年早些时候到达上海，然后溯长江而上，到四川捕捉大熊猫。为此，《中国杂志》在1928年12月号上做了预告。1929年8月号，苏柯仁写了《罗斯福考察队在华西》报道罗斯福兄弟在四川捕捉、记录、解剖一只大熊猫的全过程。1929年9月号又报道了考察队回到上海时接受苏柯仁的采访，小西奥多·罗斯福提到他们得到了天主教、内地会、浸礼会和四川、云南地方政府的帮助，暗示此行是在政府监管之下合法进行的。

《中国杂志》1930年7月号，苏柯仁刊发了自己撰写的《罗斯福考察队追寻大熊猫》一文，记录了他们在四川一个叫“Yehli”（今凉山州冕宁县冶勒乡，与雅安市石棉县

栗子坪交界，在罗斯福兄弟“追踪大熊猫”的地图上，冶勒和栗子坪处在同一位置）的地方捕猎到一只大熊猫。罗斯福兄弟的这次探险惊动了美国和世界，令大熊猫的名声更大。

20世纪30年代，一股“大熊猫热”在西方世界各大城市兴起，一睹大熊猫芳容成为人们的奢望，因此大熊猫的捕捉、运输和买卖热持续不断。《中国杂志》对此做了跟踪报道：1936年4月号报道“孟买博物馆收到大熊猫标本”；1937年4月号报道关于“又一只活的大熊猫”的情况；1937年8月号报道“第二只活体大熊猫离开中国”；1938年2月号报道“上海展出幼体大熊猫”；1938年11月号报道“大熊猫从成都起运伦敦”；1938年12月号报道“活体大熊猫自香港起运伦敦”；1939年1月号报道“大熊猫抵达香港”；1939年11月号报道“又一只大熊猫抵达美国”；1941年6月号报道“大熊猫在纽约患病”……

《中国杂志》关于大熊猫的文章，多达100余篇，从物种的发现，再到对它的追寻；从对它的猎杀，再到对它的保护……林林总总，可算得上是一部“大熊猫的百科全书”。

除了大熊猫之外，还有很多生物进入了《中国杂志》视野中，该刊广罗中华物种，聚焦中国蟋蟀、鸟禽、蚂蚁、豪猪、海豹，以连载方式刊登相应主题研究文章，可读性颇强，堪称博物学的广角式探究。

第六节　一个外国人的呐喊
——建议中国保护大熊猫

作为一份科学杂志的主编，苏柯仁理应保持客观的报道态度，但他也有着感性的一面。当他得知大熊猫标本离开中国受到阻挠时，他曾呼吁："探险队来中国考察是为了获得动物标本和其他的标本，并不会对中国造成任何伤害；相反，中国还会因这些新获知识而受益。因此，我们再次建议中国政府取消这些令人头疼的规则和禁令，让科学家就像在其他国家一样，能够自由地开展研究。当时，中国研究所水平低，硬件设施差，且无法对样本进行鉴定和分类，因此，中国研究所内进行大量标本的收集和存储工作并不利于生物学学生获取相关知识。现在获取相关知识的唯一方法就是尽可能地把完整和大量的生物学材料送到欧洲和美洲的大型研究所内。"

苏柯仁从内心期盼探险队有所收获，他满怀希望地写道：

大猫熊属哺乳动物。虽然它是一种熊科动物，但在许多主要的特征上又和真正的熊不一样。50多年前，博物学家兼传教士阿尔芒·戴维为法国巴黎博物馆带去了一只大猫熊的样本，这也是对大猫熊的首次提及。后来有一个猎人也偶然地带回了大猫熊的皮肤和头骨，并很快就出售给了世界级的大型博物馆，自此以后，欧洲人就再也没见过

这种动物了。实际上，人们只见过它的皮毛，却不知道它的习性，甚至自然学家也不确定它具体长什么样子。如果罗斯福兄弟狩猎成功，他们将会为科学事业做出贡献。之前也有很多人尝试狩猎大猫熊，但都失败了，成功捕获大猫熊也是已故陆军准将佩雷拉在他最后一次探险时所制定的目标之一，因此他们目前明显面临着艰巨的挑战。

当前需要克服的最主要的问题是，人们不知道这种动物出没的地区，也不知道它对当地居民是否有敌意。但是这支来自国外的探险队全副武装，意志坚定，相较于单枪匹马的探险家们，他们应该能够完成此次艰巨的任务。

写到最后，急迫的苏柯仁甚至忍不住呐喊起来："科学家们、大型动物猎手们以及公众们都兴致勃勃地等待着此次探险的结果！"

面对国际社会"大熊猫热"导致的过度捕杀和日益猖獗的大熊猫走私行为，他又不安起来，担心这一珍稀物种毁在过度捕杀下。于是又开始呼吁："禁止捕猎更多大熊猫！"

怀有一名学者应有的良心和良知，苏柯仁再也坐不住了，他开始出面阻止。1938年12月，苏柯仁向中华民国国民政府提出了一条重要建议，严格禁止国际社会到西南的云、贵、川、康地区捕捉大熊猫："大熊猫是稀有动物，不堪长期遭受这种虐待。因此，我们恳求中国政府介入，在还来得及的时候，尽快挽救大熊猫，不要让它们灭绝。"

1938年4月25日，美联社上海分社收到中华民国国民政府的回复，告知上海各界，中央政府已经听从了中央研究院和苏柯仁的建议，命令四川省政府严格禁止捕猎大熊猫。

在舆论影响下，官方表态，此后所有捕猎行为都要经过外交部核准，且每个国家只能获准进口一只大熊猫。对此，苏柯仁评论道："这一建议已经被中国政府采纳了，这也让我们感到十分欣慰。中国政府的做法完全正确，要把大熊猫从濒临灭绝的状态下拯救出来，这是唯一之路。"

1939年5月号《中国杂志》刊发了苏柯仁的文章，披露了在外国探险队的怂恿下，当地猎人是如何捕捉大熊猫的：

中国政府今天向各国外交官宣布，今后国外探险考察队不得来华过度捕猎大熊猫或将其运送出境。

中央研究院就大熊猫数量日益减少的问题提醒了政府；于是中国政府命令省级部门处理此事，禁止对大熊猫的猎杀和出口。

在此之前，中国都未设置禁令来禁止人们过度捕杀和出口大熊猫。

……

我们收到一条最新消息，其中介绍了当地猎人是怎么样捕杀大熊猫的。大意是说，猎人们带着狗，把当地翻了个底朝天，把大熊猫从它们的藏身处赶出来然后杀掉，看到带着幼崽的雌性大熊猫，则杀掉大熊猫妈妈，只留下幼崽。这也是由于外国人"为出口而批发采购活体大熊猫"的需求，被猎杀的大熊猫数量相当惊人。鉴于这一行为和大熊猫的稀缺性，不论那些心怀不轨（倒买倒卖大熊猫，

赚取巨额差价）的探险队会找什么理由，中国政府都以明智且合法的方式来禁止了猎杀和出口大熊猫这种行为。这是唯一一种把大熊猫从其灭亡边缘拯救回来的方法了。

《申报》在1939年4月26日四版左下角刊发了这样一篇小文章《外人不得擅捕小熊猫》。

重庆（意为来自重庆的消息）：今日中国政府通告外国外交人员称，此后外国人士不得擅自在中国任意捕捉小熊猫。按中国政府之所以有此种举动者，乃系中央研究院呈报中央称，华西之小熊猫目下正逐渐减少，知心朋友设法阻止此种名贵动物之外运，以免将来绝迹云。（25日美联社）

第七节　中国有识之士奔走呼号
——举起了保护大熊猫的大旗

大熊猫被疯狂追杀，苏柯仁坐不住了。他从内心深处感到一丝恐惧，毕竟在鼓吹猎杀大熊猫时，他一直冲在前头。

事实上，中国的有识之士也早就为保护大熊猫而奔走呼号。

西方生物学理论最初是通过西方译书传入中国的，之后随着西方教育体系在中国的最终确立，使得生物学作为一门学科登堂入室，进入国家的各级学府。与此同时，一批抱定科学救国理想的近代中国知识分子远渡重洋，学成归来后模仿西方在学校开设生物学课程，为生物学的传播和发展打下了坚实的基础。

从20世纪20年代起，生物学在中国近代从无到有并逐渐走向成熟。民国初年，生物学科在高等院校设立。以秉志、胡先骕为代表的一批生物学家留学归国，建立了第一批生物学系，为中国近代生物学科发展打下基础。

西方人在中国的生物学考察和对学术资料的侵夺，早已引起我国学术界的警惕。秉志在阐述生物学研究的重要性时说："海通以迩，外人竞遣远征队深入国土以采集生物，虽曰志于学术，而借以探察形势，图有所不利于吾国者亦颇有其人。传曰，货恶其弃于地也，而况慢藏诲盗，启强暴觊觎之心。则生物之研究，不容或缓焉。"

西方人在中国的采集和研究，是强烈地激发中国学者做好本土生物学研究并迅速取得成就的主要动因之一。

正是出于要发展本土生物学，阻止外人侵夺这样一种强烈信念，秉志从美国留学归来后，于1921年创办了国内大学的第一个生物系——南京高等师范学校生物系，1922年创办了国人自办的第一个生物学研究机构——科学社生物学研究所。

1928年，为了制止外国人在华的随意考察，更好地保护文物和生物标本，维护国家的合法权益，在学术界的推动下，政府在民间组织"中国学术团体协会"的基础上成立了"中央古物保管委员会"这一行政机构。这标志着我国学术资料，尤其是文物资料的保护逐渐朝制度化的方向迈进。虽然由于各种因素的限制，他们的工作并非一帆风

顺，但该委员会在限制西方人在华的恣意考察和保护学术研究资料方面做了力所能及的工作。

1926年底，瑞典地理探险家斯文·赫定在德国汉莎航空公司的资助下，为开辟从德国到北京的航线，来华进行气象、地理等方面的考察。1936年3月初，正当斯文·赫定准备出发时，遭到北京大学刘半农等教授的反对："学术界同人等历睹前事，痛国权之丧失，恐学术材料之散佚，早有组织团体自行采集发掘研究，并严禁外人之议。"

此时在刘半农的眼里，"教我如何不想她"的"她"，不再是诗人思念的故土和亲人，而是中国大地上的"古物"。在初期白话运动中，刘半农是一个积极的行动实践者，他凭着对新诗的执着与个人独到的感悟，在新诗的语言、内容、形式和格律等方面做出了一系列的重要革新，是新诗园地的积极拓荒者。而在大熊猫的保护上，他依然冲在前头。

他们商议组成了"中国学术团体协会"，协会的宗旨是："积极方面，筹备成立永久之机关，以筹划进行发掘采集研究国内各种学术材料；消极方面，反对外人私人到国内采集特种学术材料。"

中国学术团体协会反对的第一个目标就是斯文·赫定。最后在教育行政委员蔡元培的主导下，南京国民政府成立"中央文物保管委员会"。

"中央文物保管委员会"一成立，在内蒙古收集地质和古生物化石、来自美国自然博物馆的安德思便碰到了"刀口"上。他采集的87箱古生物化石被扣留。后来达成协议，历史文物资料全部留在中国，古脊椎动物化石标本送到纽约自然博物馆研究，无脊椎动物化石留在中国研究，动植物标本和矿物标本平分。

1931至1932年，芝加哥田野自然博物馆向中国政府申请，拟在西南一带收集动植物标本。

当时的教育部批复："应照中国古物保管委员会与斯文·赫定赴新疆各地考古拟订条件，严订限制办法，并由政府派专家同往监视。"

特别值得一提的是，就在生物学调查事业刚起步不久，我国的学者就注意到过度采集和捕猎会对珍稀动植物造成的严重危害。1929年，生物学家胡先骕就公开呼吁："外来学者来中国采集皆与取与来，毫无节制，其中不乏稀有之动植物或因之绝种。动物中如四不像绝种，大舍羊、罴（大熊猫）与麝皆几灭种……"

此后，中华民国国民政府加大了文物和生物的保护力度。1938年11月9日，远在雅安、康定之间奔走的刘文辉，以"西康建省委员会委员长"的名义，向包括宁属、雅属的所属各县发出训令——《禁止射杀白熊和金线猴以资繁衍的训令》（西康建省委员会训令经字第1287号）：

查本省所产白熊及金线猴两种兽类，不但为吾国之特产，且为世界珍品。自前年罗斯福采集团来康猎得白熊两只后，一时报章宣传，中外人士来取猎者日多，查以上两兽原种极少，如不加以限制，将有灭种之虞。兹依照《狩猎法》第四条之规定，对本省所产之白熊、金线猴，绝对

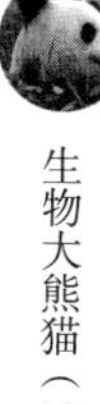

禁止射杀，以资繁殖。即生捕者，非经本省主管官署之许可，亦不得携出境外。为此，令仰该县长即便遵照出示严禁，是为至要。

此令

中华民国二十七年十月九日
西康省建省委员会（印）
委员长　刘文辉（印）

西康省建省委员会于1935年在雅安成立，后迁入康定。1939年1月1日西康省正式成立，辖雅属（今四川雅安市，不含名山区）、宁属（今四川凉山州）、康属（今四川甘孜州全部、阿坝州一部分和西藏昌都、林芝县大部分）。建省筹备期间“百废待兴”，刘文辉还“抽空”发布了这一训令，可谓良苦用心。

“训令”上所说的“白熊”就是大熊猫，“金线猴”就是川金丝猴。

据专家考证，这是国内最早的、专门保护大熊猫、川金丝猴的条令。

在《天全县志》大事记中，有这样一条：

民国二十七年十月，省政府依照《采猎法》第4条做出规定，对本省所产白熊（大熊猫）和金丝猴，绝对禁止猎杀，非经政府许可，亦不得运出境外，天全县政府告示全县。

据编写《天全县志》的同志回忆，当年刘文辉颁布这一训令后，天全县曾立保护石碑于二郎山下，后来被毁。

几经周折，在《甘孜日报》副总编辑周华先生的帮助下，终于在甘孜州档案馆查到了“训令”原件，并获得了珍贵的影印件。

由此可以推测，当年的“训令”估计是一份普发文件，发放范围很广，不管当地有没有大熊猫、金丝猴，只要是筹建中的西康省所属各县，一律发送到位。

随着保护大熊猫的呼声日渐高涨，大熊猫开始走进大众视线，1922年在上海《申报》上出现了“熊猫”一词，这是最早在中文报刊上出现“熊猫”一词。

1939年，重庆平民动物园举办动物标本展览，其中，大熊猫标本最受关注。“大熊猫”这个有趣的名词顺着长江漂进了上海，几个十六七岁的广东小伙子正在弄堂里组织棒垒球队，他们用最时髦的“熊猫”作队名。20世纪三四十年代的上海，棒垒球赛事只有洋人能办，葡商队、英法美队员组成的“西人青年队”和菲律宾的“武士队”等外籍队伍，压得“熊猫队”喘不过气来。

1945年，一封家书让身在香港的梁扶初登上了回家的轮船，他到“熊猫队”自荐当主教练，带着这群热爱棒垒球的热血青年征战上海滩。“熊猫队”进入了黄金时期，并连年称霸，打败了所有外国人的队伍，梁扶初有了“中国棒球之父”的美誉，“熊猫队”也成了中国当之无愧的棒垒球先驱。

1944年，四川省发布《四川省政府公报》，其中提到：

查熊猫产自川康两省边境，为我国特产，甚为国际人士所珍视，本院曾于三十年十二月八日以十一字第一九五五〇号令饬保护勿得任意捕杀在案。兹据报当地猎户，仍有猎取熊猫行市渔利情事，应再重申前令，严禁捕杀。除分行晨林部西康省政府外，合行令仰转饬遵照。

第八节　民国政府颁布“狩猎令”——限制外国人随意捕捉飞禽走兽

《中国杂志》1933年1月号刊发《中国新颁布狩猎法则》一文称：“根据1932年12月30日上海《新闻晚报》和《水晶报》报道，南京国民政府在12月28日颁发了一套全新的狩猎法。”

“狩猎法”要求：“外国人必须先向国民政府申请特别许可才能获得狩猎许可证，然后才能在中国开展狩猎活动，狩猎证将由市级政府和县级政府颁发，但是根据新法，外国人在获得狩猎证之前，必须先向国民政府申请。”

“狩猎法”的主要内容如下：

第一条：本法中的“狩猎”是指用武器、狗与（或）鹰来捕捉或杀死鸟类和动物的行为。

第二条：根据当地市级和县级政府的要求，工业部和内务部将共同决定有关在狩猎中所限制使用的各类具体武器。

第三条：本法中的“鸟类”和“动物”被分成了四种类别：（1）伤害人类生命的动物和鸟类；（2）伤害植物

和作物的动物和鸟类；（3）对植物和作物有利的动物和鸟类；（4）对食物有利的动物和鸟类，以及（或是）供商业用途的动物和鸟类。对鸟类和动物的具体描述和上述四种划分将由工业部来决定。

第四条：第一类别中的动物和（或）鸟类在全年时期都可供狩猎。第三类别中的动物和（或）鸟类只可供以科学考察和研究为目的的队伍狩猎；关于这点，狩猎开展前必须要获得特别许可证。第二类别和第四类别的动物和（或）鸟类的狩猎季将由各个市级政府和县级政府来确定。

第五条：除了第三条中的第一类别动物和鸟类外，所有猎人在狩猎其他类别的动物和鸟类之前都必须向有该狩猎区管辖权的市级政府或县级政府申请许可证。非中国公民必须在狩猎前获得国民政府的特别许可。

第六条：狩猎许可证除了要包含一份新狩猎法的副本，还要包括以下信息：（1）狩猎者的姓名、年龄、出生地、职业和住址；（2）狩猎者打算狩猎的鸟类和动物的名称；（3）狩猎将使用的武器；（4）狩猎区域的名称；（5）有效时期；（6）狩猎证的编号。每本狩猎证的办理需要支付1元钱的中国货币。

第七条：任何猎人在狩猎的时候都必须随身携带自己的狩猎证。

第八条：除非获得了允许，任何猎人都不得在私人花园、农场或是有围墙的建筑内开展狩猎活动。

第九条：任何猎人在狩猎时都不得使用汽车、轮船或是飞机。

第十条：除非得到了特别许可，任何猎人都不得在夜间狩猎。

第十一条：禁止下述人狩猎：（1）患有精神疾病的人；（2）未成年人；（3）士兵或是军官；（4）一年内遭受过法律处罚的人。

第十二条：禁止在下列地点狩猎：（1）古代遗迹地点；（2）公园；（3）公共干线或公共航道；（4）人类居住区或是聚集区；（5）市级政府和县级政府认为不适合狩猎的地点。

第十三条：禁止使用下述方法进行狩猎：（1）炸药；（2）毒药；（3）陷阱；（4）药物。不过在当地政府的特别许可之下可以使用上述方法。

第十四条：狩猎开放季开始于11月1日，结束于来年2月的最后一天。不过当地政府有权力调整狩猎季时间。

第十五条：当地政府在开放狩猎季的时候，必须颁布狩猎季开放和结束的时间，以及狩猎开放季中所禁止狩猎的动物和鸟类。

第十六条：当地政府应该在遇到下述任何情况时关闭狩猎开放季节：（1）戒严令；（2）匪患；（3）有保护鸟类和动物的必要时；（4）有禁止在某些地点狩猎的必要时。

第十七条：违反第四条、第六条、第八条、第十一条、第十二条和第十三条的猎人将受到不超过50美元的罚款，和（或）取消他们的狩猎许可。

第十八条：管理此狩猎法执行的规章将由工业部制定。

第十九条：此狩猎法将由特别授权的机构负责执行。

几个月后，在《中国杂志》1933年5月号上，苏柯仁先生又刊发了一篇文章，文中称："尽管到目前为止，中国颁布了许多有关狩猎或是捕猎的法律，但是这些法律本身并不是很完美，而且政府也没有大力去实施这些法律。"

"狩猎法"颁发之时，史密斯等人正在穆坪、汶川一带活动，由此看来，这部"狩猎法"只是一纸空文。

第九节　穆坪在哪里?
——叶长青绘制了穆坪第一张地图

《中国杂志》发表的有关大熊猫文章中，多次出现一个人的名字，那就是在《中国杂志》发表第一篇大熊猫主题文章的作者叶长青。

我对大熊猫很感兴趣。许多年前（1903年），我到了一个正对着穆坪土司的最北端，叫作Ta kin的地方（鱼通河的上游位置）。那里是我曾探险到过的最偏僻的地方之一，但也是一个可能发现遗物的地方。当地人曾说到了一种他们认为是熊的动物，而我在列举了其他几种熊科动物后，认为他们说的那种熊应该是只灰熊。

随后，我在1916年又去探险了一次。当我走到巴塘和德格的中途时，在不远的一片荒林处，看见了一只动物睡在一棵高高的栎树树枝上，而这一场面自从那时就开始一直困扰着我。那只动物很大，颜色好像很白，在树上卷曲成了球状，这和猫很相似。我的藏族随从也没见过这种动

物，而且也感到很诧异。由于我当时并未携带武器，因此也没靠太近，始终和它保持100码（约等于91米）的距离。这时突然出现了雷暴天气，于是我们就匆忙地跑到了一处当地人的农舍中去了。那地区周围都是荒野之地，荒原中的森林也十分茂盛。

那动物是大熊猫吗？我看过儿童百科全书中的照片，在脑海中留下了一个印象，大熊猫可能会卷曲成一团。

请让我再提出一个观点。在一些中文字典中，我们曾提及一个汉字，这个汉字为‘Swan’，意思是西藏狮子。这种动物是虚构的还是大熊猫？在藏语中，狮子的单词是‘Seng ge’，而这一单词无疑来自于梵语，那么‘Swan’和‘Sze Tze’有可能是狮子这一单词的变体。

1924年，叶长青给《中国杂志》写了这封信。叶长青写得“随意”，苏柯仁似乎也在做“顺水人情”，他收到这封信后，以《西康的大熊猫和野狗》刊发。有意思的是，苏柯仁还加了一句话：“我们最近收到一封有趣的信件，这封信是由当前驻扎在打箭炉的叶长青先生发来的，下面就是信件的内容。”

也许叶长青意识到自己的“随意”，后来，他把关注点放在了穆坪和大熊猫身上，并一次一次往穆坪跑，甚至有一次在穆坪野外考察，一住就是一个多月，写出了《穆坪：大熊猫之乡》《造访穆坪——大熊猫之乡》两篇重磅文章。

其间叶长青绘制了一张穆坪地图。苏柯仁收到文章和地图后，如获至宝，当即在《中国杂志》1926年10月号刊发，并发出呼吁："正如叶长青先生所提出的那样，穆坪地区尽管真实存在，但大多数最新的地图却无法指出穆坪土司的位置，更别说穆坪镇和穆坪村了。这个地图信息以及所附的地图因此引起了地理学家们和博物学家们相当的重视，并使他们产生了浓厚的兴趣。既然此地区被重新画到了地图上，希望博物学家不要浪费时间了，马上动身去穆坪地区去收集动物和鸟类标本，以便弄明白这些动物在中国系统动物学中所处的位置。"

网络上有关叶长青的资料如下：

叶长青（1872—1936），原名James.Huston Edgar，英籍澳大利亚人。叶长青是他到中国后取的中文名。叶长青早年曾从事农林工作，1898年就读于澳大利亚的圣经学院，同年9月前往中国。他先后在江苏、四川等地传教，后长期居住在打箭炉、巴塘。他是英国皇家地理学会和人类学院的高级院士。

1905年，英、美和加拿大的五个教会在成都创办华西协合大学，后来设立博物部，叶长青与英国人陶然士一起从事华西人类学、宗教学及考古学的研究。叶长青的研究重点放在康区藏族、彝族，而陶然士则主攻羌族研究。同一时期，另一位美国人类学家葛维汉研究的领域包括苗、藏、羌、彝族。1922年夏，叶长青发起成立了"华西边疆研究学会"，学会于1922年发行英文刊物《华西边疆研究学会》杂志，到1946年结束，共16卷20册，刊载论文300

多篇，内容涉及西南人类学、民族学、宗教学、历史学等方面，有不少成果与康藏地区有关。而该杂志自创办起至1936年止，叶长青就发表了60余篇文章。

1936年，叶长青因患流行性感冒引发心脏衰竭去世。

这里对叶长青一生的介绍其实也不完整，基本没有说到他在生物学方面的成就，尤其是他对大熊猫的“追踪”，没有只言片语。

在《中国杂志》和《华西边疆研究会》杂志上，看到了很多叶长青的文章。在他去世后，《华西边疆研究会》还刊发了《追思叶长青》的文章。

就对大熊猫的认识而言，如果将叶长青对大熊猫的“追踪”和阿尔芒·戴维对大熊猫的“发现”作比较，在笔者看来，叶长青的“追踪”更艰辛、更持久，他不但关注大熊猫，还关注大熊猫栖息地。

阿尔芒·戴维告诉世人，在我们生活的这个星球上有一个珍稀的物种叫大熊猫；而叶长青告诉世人的是，大熊猫生活在穆坪，我们如何进入穆坪这个地方；阿尔芒·戴维关心的是物种，叶长青关注的视角更广阔——大熊猫赖以生存的环境“大熊猫栖息地”……

《中国杂志》在1929年11月号发表了叶长青的一篇文章《造访穆坪——大熊猫栖息地》。

这是他跟随赫伯特·斯蒂文斯从打箭炉到穆坪后写的一篇文章。除了这篇文章外，他还写了一篇长达数千字的考察报告：《自打箭炉取道鱼通到穆坪》。《中国杂志》

1932年12月号全文刊发该文，其中详细地讲述了他们从打箭炉经鱼通到穆坪的沿途见闻。

> 我们是在8月16日（1929年）从打箭炉出发的。我们走下了陡峭危险的峡谷斜坡，渡过了峡谷中湍急汹涌的河流，最后从山上走了下来，抵达瓦斯沟。瓦斯沟是一个小村庄，距离大渡河只有几百码距离，而大渡河则是一条汹涌又神秘的河流，它从十多英里外阴暗峡谷中涌出，流经烈日暴晒的地区，最终在嘉定（乐山）汇入了岷江。
>
> 瓦斯沟的下方有一个渡口，人们可以从那里乘坐渡船去河对面，这里残留着一座喇嘛寺的废墟。在瓦斯沟，我们并没有走上去雅州的干道，而是穿越一座铁索桥，沿着一条由近乎垂直的花岗岩峭壁所形成的狭窄羊肠小道前行……

他们的目标是从打箭炉到穆坪捕捉大熊猫。他们沿途采集了不少动植物标本，但没有捕捉到大熊猫。

除了数次踏访穆坪大熊猫栖息地外，作为学者，叶长青精通汉语和藏语，甚至藏区内不同方言。对于发轫于20世纪20年代的藏学研究，叶长青发表了大量有价值的藏学论著，无疑是民国时期藏学研究的开拓者和奠基者。他以坚毅的脚步行进在青藏高原东部横断山脉的“藏彝走廊”——有极高山峰、低海拔冰川、湍急河流、高寒草原和幽深峡谷的金沙江、大渡河、雅砻江流域，以近于疯狂的热情研究贡嘎山，他努力绘制并用文字描述“藏东最高峰”。

1936年3月23日，叶长青因流行性感冒引发心脏衰竭而意外死亡。在打箭炉，各界代表出席了他的葬礼。叶长青被安葬在康定跑马山上，在此他能够清晰地俯瞰打箭炉。

随着大熊猫研究的深入，苏柯仁对大熊猫的认识也越来越深刻。针对《中国杂志》最早的大熊猫报道，即叶长青发表在1924年5月号的那篇《西康的大熊猫和野狗》（其中，叶长青认为自己在1916年看到的那只动物应该就是大熊猫，而且他还认为“Swan（西藏狮子）”可能就是大熊猫），在1933年11月号刊上，苏柯仁发表了一篇《大熊猫或猫熊与真正的狗熊》，文中他否定了叶长青早期对大熊猫含糊的认识，将“狗熊”“西藏灰熊”“小熊猫”和大熊猫彻底地区分开来。

事实证明，苏柯仁的判断是正确的。

第十节　他登上了贡嘎山
—— 一个当“向导”的美籍华人猎杀大熊猫

在《中国杂志》中，我们还看到了另一个人的名字多次出现，那就是杨杰克。

在凯利—罗斯福菲尔德博物馆探险队中，除了在云南丽江临时聘请的一个中国向导宣明德外，还有一个美籍华人杨克杰。

杨杰克的祖籍在广东省中山市，他生于美国夏威夷，他和他的弟弟杨昆廷都是探险、狩猎的爱好者。苏柯仁称杨杰克是“第一个在中国开展动物探险考察工作的华人”。

在1928年到1929年，杨杰克随罗斯福兄弟一同进入雅安狩猎大熊猫成功后，他便开始了自己的探险考察生涯。后来，他还登上贡嘎山。曾多次跟随多支探险队、狩猎队到穆坪一带捕捉大熊猫。

苏柯仁《中国杂志》中，也多次介绍杨杰克。

《中国杂志》1933年5月号刊发了一篇《华南和华西的狩猎》，文中提到：

去四川西部的探险队则是由杨杰克组织的，他曾是1928年的凯利—罗斯福菲尔德博物馆探险队的成员之一。而他在去年8月时参加了西康攀登探险队，他们一群美国人则一同攀登了贡嘎山。

我们相信，杨杰克当前的探险活动中，南京的中央研究院是资助方之一，而他此次考察主要聚焦于他当前考察区域的动物群。最近，我们也听说他已经抵达打箭炉。他的路线是从雅州出发，沿着岷江（应是大渡河），其中也穿过了穆坪地区，而这个地区是著名的大熊猫之乡，著名的传教士兼植物学家阿尔芒·戴维神父也正是在这个地方首次捕捉到了许多稀有的动物。杨先生是一名出生在火奴鲁鲁（檀香山）的美籍华人，他在美国时就已经进行过探险活动了，而他在美国的探险目前都是成功的。

杨杰克成了苏柯仁跟踪采访的对象。在《中国杂志》1933年6月号又有关于杨克杰的报道，称杨克杰为“杰出的探险家”：

在上一期，我们简单介绍了杨杰克和他去川西—西藏边境探险，搜寻稀有动物学标本的故事。最近，这位年轻的探险家已经返回了上海，他是先从打箭炉出发，经过鱼通，历尽千辛万苦后到达穆坪地区，然后再从穆坪返回上海的。而在去年12月号《中国杂志》10年纪念刊中，我们刊发了叶长青先生生动描述这段从打箭炉到穆坪的行程见闻的文章。杨杰克此行带回了许多有趣的动物，其中还有两只活的西藏灰熊幼崽。虽然曾有人声称，西藏灰熊和喜马拉雅蓝熊属于同一类，但是我们认为这两种熊的区别还是特别明显的。杨杰克同样还带回了两套完整的大熊猫皮毛，并把其中一套赠送给了上海的亚洲皇家学会。此外，他还捕获了几只长毛金丝猴。

苏柯仁进一步说明西藏灰熊和喜马拉雅蓝熊的区别，还特别介绍杨克杰从穆坪带回了两套完整的大熊猫皮毛，其中一套送给了英国皇家学会。这套大熊猫皮毛被上海文会做成标本，并与小熊猫摆放在一起，营造出一个模拟的生存环境，成为镇馆之宝。

杨杰克多次到西康探险。应《中国杂志》的约稿，他曾给苏柯仁写了一篇文章。《中国杂志》1934年2月号刊发了杨杰克的文章，并加了“编者按”——

杨杰克先生是一位出生在夏威夷的华人，他是第一个在中国开展动物学探险考察工作的华人，而这项工作之前则一直是西方收藏家和调查员们在做。

在1928年到1929年，他随西奥多·罗斯福和克米特·罗斯福两兄弟一同入川西狩猎大熊猫，在狩猎成功后，他便开始了自己的探险考察生涯。

在1932年，他开展了自己的第二次探险活动。他充当了西康考察队的向导，去了川藏边境的圣山贡嘎山，而就在考察探险时，成功征服了这座高达2 4891英尺的山峰。随后，他自己也组织了一次探险，进入同样位于川藏边境且鲜为人知的穆坪和折多山地区，搜寻动物标本材料；在他返回时，带回了许多有趣且珍贵的动物标本，其中就有西藏灰熊和大熊猫的标本，随后他把大熊猫的标本捐赠给了上海博物馆。

目前，他正沿着扬子江逆流而上，又一次开展了探险。他这次的探险是为了收集动物和植物标本，不过植物标本则是为南京的中科院而收集的。

接下来是杨先生写的文章，对于那些以后想要在华西探险的探险家们来说，这些信息则相当宝贵。

杨杰克在文章中写道：

在过去的几年内，华西地区又再一次引发了人们，尤其是科学家们的兴趣。自从一年前，我从贡嘎山之旅返回之后，国内外朋友们就开始向作者发出大量的询问，想要知道关于作者华西探险和旅行的信息。下面的笔记则是专门提供给这些朋友的，同时对于那些考虑去那个地方进行科考的人来说，也会有所帮助。

1. 探险需要的经费

这取决于探险队的类型、规模的大小、将探险的区域范围、装备的优良程度和探险成员的专业度。“凯利—罗斯福—菲尔德博物馆探险队”就花了将近100 000美元，西康探险队（作者曾在小队中担任向导）则花费了不到10 000美元，而作者上次去穆坪和Jedo探险时，总花费还不到5 000墨西哥元。

2. 许可证

尽管当前盛行的观点是许可证不好得到，但其实也不难，你需要的是一些外交手腕和大量的耐心，但如果没有耐心，那你的探险计划就危险了。中国政府欢迎名副其实的科考队，鼓励科考队来华进行研究工作。因此，办理探险的手续遵循一些少有但必需的规则都是相当有必要的。首先，对于那些稀有且科学历史价值特别大的样本，政府会控制出口。除非你上交一份完全一样的副本，否则政府是绝不允许你把那些独一无二的样本运送出国的。其次，政府对枪支有着严格的管控。最近政府就通过了一部狩猎法，检查所谓的探险家，看他们是否有对野生动物的大屠杀行为。但我们知道的是，科学考察免于这一法律。

然后，作者也建议你在取得许可证时，遵循下面的程序。要求你本国领事馆将你的科考申请提交给中国外交部。然后向当地（你计划作为大本营的城市）中的热心传教士发送一则电报，告知他你的探险计划，询问他关于那片区域的现状，并要求他回电报（当然是收电报者付钱）。你很有可能会受到这样一则信息：“好的，当地现状不错，你过来吧！”有了这样一条电报，领事馆就没有理由阻挠你了，他们会很快将你的申请传递过去。

许可证办下来大概会花费3到4周的样子，而你本国的领事馆和中国外交部在这段时间可能也会进行几次交流谈话。最后，你会被叫去同中央研究院签署一份协议，协议会要求你上交动物学和科学收藏或是资料的一部分。这时就带上大概20张和护照一样尺寸的照片和一些钱去支付许可费就行了（不需要太多钱），去的时候对中国官员也不要有所隐瞒，于是你就会发现他们也准备好帮助你了。

3. 兴趣点

……

对于想要去华西冒险的动物学家和狂热的大型动物猎手来说，华西这地方动物群种类繁多，物种十分丰富，因此他们也能在此尽情地狩猎和研究。在那里有野生牦牛、雪豹、大熊猫、藏羚羊、金丝猴、稀有白毛鬣羚、羚牛、老虎、棕熊、黑熊、野鸡和各种各样的鹿，这样的狩猎场满足了猎人们的需求，几乎不会让任何一位猎人感到厌倦。

……

4. 路线

通往华西的路线有许多条，但是就作者看来，只有3条路线是比较有用的。

A. 扬子江路线：这条路线对于我来说是最好且最轻松的。夏季的时候，你可以带着你的装备，乘坐蒸汽船向上游航行，最远可以到达嘉定（今四川乐山），船费少于300墨西哥元。从嘉定你可以到达雅州，去的时候你最好

租一艘中国帆船和几个搬运工或是租一个竹筏。一艘大点的帆船就足够了，租下来大概30美元；一个搬运工可以搬60～70斤的货物，一天给他们1美元就够了，但遇到丰水季时，要给他们双倍的工钱。如果你不在乎钱，想快点去的话，你可以去重庆坐公共汽车去雅州，一周就可以到了。

B. 中南半岛路线：你可以从越南海防或是河内坐火车去云南府（昆明），然后在昆明徒步走到雅州，途中也得穿越无数的山谷才能到达雅州。

C：缅甸路线：走这条路就像从后门进入中国一样。如果你不缺钱也不缺时间的话，绝对要走一下这条路线。无疑，这条路线是3条路线中最难的，但它在各个方面上都比另外两条更具魅力。你会从缅甸的热带地区出发，穿过伊洛瓦底江、萨尔温江、湄公河和扬子江，进入云南的原始部落地区然后再到西藏高原。

在1928—1929年的“凯利—罗斯福—菲尔德博物馆探险队”走的是路线B和路线C。我们当时也遇到了许多困境，但最终抵达了冶勒彝族聚居地，而正是在那里，我们成功猎杀了一只大熊猫。在后来的西康探险队中，我们过得稍微轻松了点，但登山时背着东西也很痛苦，而且我们身上还有冻伤。

在西康探险中，还有后来作者去四川西北部，独自一人进入穆坪探险考察时，走的都是路线A。

5. 汇率

在四川省流通的是中国的通用货币。当然，带太多钱也是一种麻烦事，下面有几种方法，可以方便你汇款。

A. 邮政划拨：邮政划拨的上限是2 000美元，尽管很老套，但万无一失。

B. 银行汇票：中国银行在四川的每个小城市都有支行，你可以购买银行汇票，上面要涉及你购买的金额，然后到你指定的银行去，通常是在重庆或是在成都，然后在那又重开一张汇票，这样就可以去更小的城市取钱了。

C. 支票账户：由于许多地方没有银行，也没有邮政划拨的服务，因此你要在上海著名的银行去开一个活期存款账户。这样，在中国内地的传教士和商人也会接受你开的支票。

除了你的支票簿，你待人时还要耐心，向人们展示出你的友好态度，要尊重那些和你交往的人。这样的话，当地人和官员们都不会为难你的。

杨杰克的文章写得洋洋洒洒、事无巨细，向公众详尽告知了探险的诸多要素。尤其是进入西康（雅州、穆坪）的路径，介绍得十分清楚。

第三章　捕捉大熊猫

你想发一笔横财吗？想不想赚到两万五千美元？

如果能捉到一只大熊猫，全世界所有的动物园都会争先恐后地派人敲响你的大门，愿意花大价钱得到它。

如果捕猎者希望得到现金，他们就必须下手快一点。因为只有捉到第一只活体大熊猫的人，才能得到这笔数额巨大的奖金。

第一节　十多年的苦苦追寻——依然一无所获

1928年，当小西奥多·罗斯福和克米特·罗斯福宣布，在“凯利—罗斯福—菲尔德博物馆探险队”去华西探险，他们的第一目标是射杀一只大熊猫时，全世界都沸腾了，期盼着他们能成功。

世界之所以如此兴奋，是因为尽管从首次发现大熊猫到那时已有50多年了，但是人们对于大熊猫的习性以及生活方式仍然一无所知。

后来，随着罗斯福兄弟的枪声，一只大熊猫轰然倒地，他们将这只熊猫就地做成标本，送进了芝加哥自然历史博物馆，兄弟俩因此声名大振。

这一次成功猎杀，让大熊猫从“传说”变成了“现实”，点燃了美国年轻一代的梦想，使他们立志要成为一名探险家。因此在随后的十年间，许多人组织探险队怀揣着同样的目的，来到了罗斯福兄弟曾考察过的地区进行探险。

当年大熊猫在美国有多热？《华盛顿邮报》曾预测，将会爆发一场捕捉大熊猫的“淘金狂潮”。该报的一篇文章大声疾呼：“你想发一笔横财吗？想不想赚到两万五千美元？ 如果能捉到一头大熊猫，全世界所有的动物园都会争先恐后地派人敲响你的大门，愿意花大价钱得到它。”

这篇文章还进一步“煽情”：“如果捕猎者希望得到现金，他们就必须下手快一点。因为只有捉到第一头活体大熊猫的人，才能得到这笔数额巨大的奖金。”

当杨杰克正穿行在穆坪的荒山野岭中时，一个叫史密斯的美国人早就来到了这里。

《中国杂志》1932年12月号刊发了叶长青的长文《从打箭炉经鱼通到穆坪》，并配发了很多照片，其中有在鱼通拍的，也有在穆坪拍的，甚至还有在雅州城内和峨眉山拍的，摄影师是史密斯。

史密斯是谁？照片是什么时候拍的？文中没有交代。

《中国杂志》对于捕捉大熊猫一事给予了极大的关注，只要有人走到穆坪，试图捕捉大熊猫，苏柯仁就会在第一时间进行报道。

《中国杂志》最早报道史密斯是在1930年12月号，一篇名为《史密斯再次在华考察队》的文章中写道："史密斯先生是一名探险家，他几年前曾在中国科学艺术协会的资助下，进入福建中部地区开展科学探险考察。最近，他在华组织了第二支考察队，准备先去考察广东和四川的荒野地区，随后再去新疆地区探险。"

史密斯1882年出生在日本，父母都是传教士，他的大学时期是在西方度过的。他从事银行业和商业，但后来爱上了探险，只要有机会，他就去探险。他为动物园收集了7 000多个标本，但这些标本都是"大路货"，他几乎没有赚到钱。在动物园的"点拨"下，他的期望极度膨胀。他给他的资助者——他的姐姐写信说："大熊猫才是我最想得到的东西。"

从20世纪20年代起，他一次又一次地往穆坪跑，在穆坪、汶川等地建立了考察营地。他虽然没有见过一只活体大熊猫，但收获也不少。而且他的手下曾猎杀过大熊猫。

《中国杂志》曾报道史密斯在穆坪的活动："他的探险中将会有几名中国人陪同。我们认为史密斯所同意的条款还包括，所有捕获的动物标本都必须分一半给中国政府，甚至单一的动物物种标本也要分一半给政府。"

1931年6月，史密斯又一次来到了穆坪，这一次他遇上了"麻烦"——遭受了当地人的"洗劫"。《中国杂志》对此也发了《收藏家史密斯在四川遭遇麻烦》一文：

史密斯先生是一位上海的名人，他目前正代表着芝加哥菲尔德博物馆在四川进行探险考察，收集各类标本。最近，他向我们发来了一条消息，他在消息中说，有一群人洗劫并烧掉了他的营地，这群人还闯进了他在穆坪土司租的房子，抢走了一些装备。

后来，四川省有关部门发表了一篇陈述，许可史密斯先生在当地继续其探险活动，并命令当地官兵要保护史密斯的人身安全。

在《中国杂志》上的文章中，史密斯在穆坪受到了“洗劫”。看来，并不是所有外国人在宝兴都像罗斯福兄弟一样受欢迎。我们从《追踪大熊猫》一书中，可以看出罗斯福兄弟为什么受欢迎。

罗斯福兄弟在穆坪狩猎大熊猫时，曾雇用当地猎人13人，并许诺无论是否猎杀到大熊猫，每人每天一块大洋，重赏之下，皆大欢喜，因而十分受欢迎。而一生窘迫的史密斯，也许囊中羞涩，所以不但不受欢迎，还遭遇“洗劫”，只好寻求官府庇护。

史密斯在穆坪的收获不少。《中国杂志》有文章这样写道：

1931年10月，史密斯离开了上海，前往四川开始第二次动物学考察。1932年2月中旬返回上海，并随之带来了此次考察所收集的哺乳动物的标本和各种鸟类的皮肤。史密斯先生这次也再一次造访了雅州和穆坪，获取了许多动物

标本，但最重要的是，他得到了一套完整的大熊猫皮和骨头标本。

史密斯先生曾在穆坪一带捕捉到小熊猫，两只活体小熊猫被他带到了上海，在兆丰公园动物园（今上海中山公园）进行展出，展出一年后送到了美国。

通过检索《中国杂志》发现最早记录史密斯到四川捕捉大熊猫的消息是在1930年。史密斯几乎长年累月地穿行在四川的密林中，在穆坪、汶川等地建立了狩猎营地，然而几年下来，别说大熊猫，就连大熊猫毛他都没有得到过一根。

至于《中国杂志》说，史密斯"得到了一套完整的大熊猫皮和骨头标本"，应该说是不准确的说法。史密斯雇用的猎人确实曾经成功猎杀了一只大熊猫，史密斯大喜过望，但由于他得到消息时已是几个月了，等到他跑去一看，大熊猫已成一堆臭不可闻的烂泥。原因是保管不善，尸体腐烂了。

十余年的奔波，依然是两手空空。史密斯花尽了积蓄，依然行囊空空，还染了一身伤痛，最终只得靠亲友的接济勉强维持生计，整天浪迹在上海滩，苦度光阴。

1935年底，就在史密斯几乎无路可走的情况下，一个从美国来的探险家让他看到了希望，然而还没来得及开始行动，那人已躺在了病床上。

他叫威廉·哈维斯特·小哈克内斯，来自美国，死的时候年仅34岁。

罗斯福兄弟因为猎杀大熊猫，并带回了标本而名声大噪，成了美国人心中的英雄。他们还趁势出了一本书叫《追踪大熊猫》，挣了一大笔钱。美国人在他们终于有了大熊猫标本后，捉到活的熊猫就成了他们的目标。

一个成功的探险家往往能得到全世界人民的追捧。1934年底，威廉·哈维斯特·小哈克内斯告别新婚两个月的妻子，独自一人来到中国寻找大熊猫。他梦想做一个孤胆英雄。

1935年1月，威廉·哈维斯特·小哈克内斯抵达上海，但他的探险之路受到了民国政府的阻止，因为不同意给予签证，他被困在了上海。

就是此时，他认识了史密斯。史密斯在穆坪建立了营地，但几年捕捉大熊猫无果，手中又无钱，根本出不了门，只得待在上海。而威廉·哈维斯特·小哈克内斯手中有钱，但无签证，寸步难行。两人一拍即合，决定取长补短，合作探险。

几经折腾，威廉·哈维斯特·小哈克内斯还是无法取得继续探险的许可。

1936年7月，威廉·哈维斯特·小哈克内斯在史密斯的陪伴下，坐船经长江到了四川省乐山县（今乐山市），准备从乐山到雅安，再进入穆坪捕捉大熊猫。由于没有探险许可证，被阻止进入穆坪。9月，他们又回到了上海。

在苦苦等待中，威廉·哈维斯特·小哈克内斯旧病复发。

为了切除颈部和转移到躯干里的肿瘤，威廉·哈维

斯特·小哈克内斯已经做过几次手术。凭借着仅存的一丝力气，他给家里写了一封平安信，但只字未提眼下的糟糕处境。

在那个年代里，科学领域的探索者不必具备高学位，也不必经过严格的课程学习。威廉·哈维斯特·小哈克内斯和他志同道合的伙伴都是动物繁殖方面的业余爱好者。由于他们在常春藤院校接受过教育，有着扎实的基础知识，因此能与自然史博物馆工作人员和动物园的管理人员平起平坐探讨各种问题。资金不是什么问题，他们只需签下支票就可以支付探险的所有费用；或者，他们也可以利用自己的社会地位寻求资助。

威廉·哈维斯特·小哈克内斯算得上是一个职业的探险家，在到中国捕捉大熊猫前，他游历了很多国家，有着丰富的野外工作经验，也为美国多家动物园带回了不少动物。

但这次，他再也创造不了奇迹了。垂头丧气地从四川回到上海不久，威廉·哈维斯特·小哈克内斯再次病倒在床上。为了最为神秘的大熊猫，他曾苦苦追寻。遗憾的是，他至死也没有取得探险许可证，还未踏上那白雪覆盖的群山实现自己的梦想，就客死异国他乡。

威廉·哈维斯特·小哈克内斯睁着一双空洞的眼睛，带着无限的遗憾离开了人世。

史密斯的希望之光再一次幻灭。

第二节　一个疯狂的决定
——露丝决定到中国捕捉大熊猫

在太平洋彼岸，威廉·哈维斯特·小哈克内斯的妻子露丝正在一家咖啡馆和朋友们聚会，等待着丈夫胜利归来。几天后一个清冷的早晨，结束通宵派对回到家中的露丝等到了丈夫的消息，但不是丈夫的凯旋，而是他死亡的消息。

1936年1月，就在威廉·哈维斯特·小哈克内斯离世后4个月，他的探险申请才获得许可。

露丝得到了丈夫留给她的两万多美元遗产。两万多美元做什么？露丝内心积聚的郁闷心情转化为一种信念，一个决心——不让丈夫的梦想中途夭折。

大熊猫的行踪令人捉摸不定，以至于对一个西方人来说，如果有幸在野生环境里见过一头“活生生”的大熊猫，将成为一种无上的荣耀。

露丝的目标是捕捉一只大熊猫。

露丝是一个有名的服装设计师，经常参加上流社会的各种聚会，与各界名流打交道。眼下，她为了圆丈夫的梦，决定到中国捕捉一只大熊猫。

露丝果断地放弃了自己的事业。为了捕捉大熊猫，1936年4月17日，她只身登上到中国的客轮，开始了中国的大熊猫探险之旅。

露丝的亲人都觉得她疯了，一个只闻其名、不见其身

的大熊猫，让那些探险的男人干了好几十年，依然没有一个人捕捉回一只活体大熊猫。一个什么都不懂的女人去了能干什么？

然而谁也没想到，露丝从此改变了大熊猫的历史，也让大熊猫的族谱有了划时代的“NO.1”。

史密斯在上海码头接到了露丝。露丝此次大熊猫探险之旅的合作对象，选择的依然是史密斯。但几个月后，露丝不再与史密斯合作，因为她发现史密斯缺乏组织能力，不能确定工作方向，总是夸夸其谈，在四川寻找大熊猫10多年，竟然一无所获。她不想把时间和精力花在他的身上。

这时，美籍华人探险家杨杰克走到了她的身边。

杨杰克主动给露丝打电话联系，随后拜访了她，称可以帮助她捕捉到大熊猫，并将他的弟弟杨昆廷推荐给了她。看着这名儒雅而又羞涩的小伙子，露丝欣然同意杨昆廷加入到她的团队中。

除了要帮助露丝捕捉大熊猫，杨昆廷还有一个任务，他要为南京中央研究院射杀一只大熊猫做标本。

1936年9月27日，露丝在杨昆廷的陪同下，正式启动了在中国捕捉大熊猫的计划。他们从上海坐船向四川出发。10月11日，他们到了重庆，意外得知，有一支大熊猫捕捉队伍刚经过重庆，走在了他们的前头。领头的是一个叫杰里·拉塞尔的英国人，露丝从上海启程时，他还站在送行人的队伍中。露丝当晚在日记中写道：“有一点竞争让探险活动更加刺激！”

从重庆到成都，他们选择了坐车。

在杨昆廷的建议下，他们把捕捉大熊猫的地方定在雅安境内。到了雅安，有两个地方可捕捉大熊猫，除了往北到穆坪外，还可往南到栗子坪。栗子坪当年正是杨昆廷的胞兄杨杰克陪同罗斯福兄弟猎杀大熊猫的地方。

然而他们此刻面临一个难题。从成都到雅安每天只有一趟班车，而露丝雇佣的民工有16人，加上她随身携带的行李多达30件，根本没有办法搭班车。

露丝想了很多办法，比如租一辆车。可一打听，她傻眼了，因为从成都到雅安是一条政府控制的公路，没有政府许可，任何车辆都不能在这条路上行驶。

最后，他们决定到与穆坪一山之隔的瓦苏地区去碰碰运气。那里曾出现过大熊猫，有人在那里收购过大熊猫皮毛。

10月20日上午8时，露丝坐着滑竿向汶川进发。

大约走了10来天，他们经过了郫县、灌县、汶川县，边走边招募猎人，等抵达杨昆廷计划捕捉大熊猫的营地时，这只探险队伍的人数已达到了23人。

经过商量，他们把人分成三组，建立三个营地，分“兵”把守。11月4日，露丝到达由她负责的一号营地，开始了大熊猫的捕捉工作。

11月9日上午6时，露丝从睡梦中醒来，开始了一天的工作。他们到达这里已好几天了，白天都在森林和竹林里穿行，寻找大熊猫的踪迹。晚上，露丝用随身携带的机械打字机写日记。

虽然探险队手中有猎枪，但露丝不允许他们开枪射杀大熊猫，只能设陷阱捕捉。因为她“无法承受射杀一只大

熊猫之后带来的心灵痛楚”。

就在这天上午，他们正艰难地行走在崇山峻岭中时，林中突然传来一阵奇怪的叫声。

“这是什么声音？”露丝有些疑惑。

“小白熊的声音！”猎人叫了起来。

他们循着声音的方向跑过去，最终在一棵中空的树洞里发现了一只大熊猫幼崽。杨昆廷从树洞里面捧出了一只温乎乎、毛茸茸的小东西，确定这就是他们费尽千辛万苦寻找的宝贝——大熊猫。

当露丝把这个小家伙抱在怀里的时候，简直不敢相信，这个不到三磅重，还没有睁开眼睛的小东西，就是让西方人追逐了半个多世纪，丈夫拼了命要一睹真容的神秘动物。

事后，露丝描绘了自己在那一刻的心情：“没有任何童话比这幕情形更具梦幻色彩，没有任何虚拟昏暗迷宫比这幕情形更令人不知所措。”

激动之后，首要的问题，是给这只大熊猫幼仔取个名。

露丝望着蜷缩在杨昆廷腿上的大熊猫幼仔，在它的身上披着杨杰克未婚妻苏琳赠送给她的羊毛外套。露丝灵机一动，为这只大熊猫取名“苏琳”。在露丝看来，如果没有杨杰克、杨昆廷兄弟俩的帮助，她不可能如此顺利地捕捉到大熊猫。

此前，露丝还在担心，即使找到了大熊猫，又该怎么带着这种体态肥胖的动物旅行？成年大熊猫的体重可达400磅（约合180千克）。最后，她想出了一条妙计：“我希望找到一只婴儿熊猫……我为它准备好了奶瓶、橡胶奶嘴和牛奶。”

而他们捕捉到的正好是一只大熊猫幼仔，露丝准备的奶瓶、奶嘴和牛奶刚好派上了用场。

走出丛林的路与进山的路一样漫长而艰难，露丝努力让熊猫幼仔活下去。露丝夫妇刚结婚不久，丈夫就到中国捕捉大熊猫了，她没有生过小孩。后来她在写给美国朋友的信中坦言：“很遗憾，我对婴儿的知识有限，很多时候，我觉得那是我唯一没有经历过的事情。”

她完全凭着本能，每隔几个小时就给大熊猫宝宝喂一次奶，将皮毛之类的东西围在“苏琳”身边，让它睡得舒适。她雇用的苦力轮流提着“苏琳”睡觉的篮子。

第三节　不准大熊猫出境
——“两美元贿赂”出境的故事子虚乌有

看着这只大熊猫幼崽，露丝充满着幻想，她像很多美国人一样，喜欢在各种事情上夺得“第一”。她告诉杨昆廷，只要与大熊猫有关，哪怕再小的事情，也要当作“第一次”记录下来。

露丝随身带有一台机械打字机，只要一有空，她就敲打记录着她与大熊猫的点点滴滴。

在她的笔下，自己是第一个跟大熊猫共眠的女性，杨昆廷是第一个喂养大熊猫的中国人……

类似的“第一”还有很多。

露丝眼中的“第一”，大多过于琐碎最终成了笑谈。但作为送到西方国家去的第一只活体大熊猫“幕后人”，她占据了“第一”的位置。作为科学家研究的对象，首只活体大熊猫更显得弥足珍贵。以致在后来编写的“大熊猫族谱”中，排在第一个的永远是露丝送到美国去的这只大熊猫“苏琳”。

露丝怀抱着大熊猫幼崽从汶川返回成都，再从成都到上海时，她和她的宠物受到了贵宾一般的隆重欢迎，大熊猫“苏琳”成了上海滩的“超级明星”。

然而在出境时遇到了麻烦——大熊猫被拦住了。

今天有些文章中说中国海关人员不认识大熊猫，露丝以“哈巴狗”的名义和“两美元的贿赂”就大摇大摆地把大熊猫带走了——

而第一个把活体大熊猫带回西方的人，则是纽约时装设计师露丝。为了实现新婚丈夫的遗志，1936年11月，在用两美元贿赂了海关人员后，露丝用竹筐装着刚满月的大熊猫幼崽“苏琳”，以“随身携带哈巴狗一只”的名义顺利通关。

事实果真如此？经查阅当时西方人在上海办的英文报纸《字林西报》、英文期刊《中国杂志》以及露丝创作的书籍，事实并非如此。

就在露丝带着大熊猫从成都飞往上海的途中，一条由美联社记者采写的新闻稿向全球播发。

美联社11月17日报道：一位出生于纽约的美国探险家露丝今天从川藏边界携带一只活体大熊猫抵达上海。大熊猫是一种稀有的、外貌像熊的动物。

据悉，这是在亚洲这一地区捕获的第一只活熊猫。一位中国探险家陪伴着露丝，在川藏边界进行了这次艰难的旅行。

本来能否把大熊猫顺利带走，露丝一直忐忑不安，因为她到中国探险从没有申请过科学探险许可文件，自然就没有让大熊猫出境的许可证。如果一旦被海关查获，自己几个月来的努力将全部付诸东流。她央求好友，让新闻界不要追着她采访，她打算不声不响地把大熊猫带出境，“闷声发大财”。

哪曾想，露丝还没有下飞机，她捕捉到大熊猫的消息已传遍了全世界。

露丝担心的事果然发生了。

从成都返回上海后，露丝一直很低调，因为她明白自己捕捉大熊猫的活动并没有取得中国政府的探险许可，动植物出境检查也很严格，何况自己要带走的是一只活体大熊猫。

她悄悄地买了一张11月28日从上海起航到美国的船票，看看能不能蒙混过关。

露丝在等待登船的日子里，备受煎熬。好在有惊无险地挺了过去。

28日子夜刚过，露丝就到了码头，行李提前送了过

来，她只拎了一只柳条筐。就在摆渡船将要出发，把游客送上“俄罗斯女皇号”客轮时，几位中国海关人员走到了她的身边。

“听说你带着大熊猫？请让我们检查一下。”

露丝看了身边的柳条筐一眼，一句话也没有说。

海关人员相互交换了一下眼神，他们蹲下掀开了柳条筐上的毛巾，大熊猫正躺在里面酣睡。

“你和你的大熊猫被我们扣留了，请你跟我们到海关登记一下。”

从露丝带着大熊猫回到上海的那一刻，一场围绕大熊猫“去”还是“留”的无声战斗已经打响。

迫于西方国家的压力，民国政府只得妥协放行。

但尽管如此，直到最后一刻，南京中国研究院和海关一直没有放弃抗争，他们想把大熊猫留在中国。

几天后，露丝得到通知，允许她在12月2日搭乘“麦金利总统号”船返回美国，但要为“苏琳”办理一份健康证明，并缴纳大熊猫价值5%的罚金（2 000墨西哥币，当时市场上流通的货币，折合成美元不到50美元）。最后，海关给露丝提供了一张收据：“狗一只，价值20美元。”

也许就是这一收据，以致以讹传讹，最后演绎成“两美元贿赂，哈巴狗出境”的故事。

露丝上了船依然焦虑万分。她知道，只要轮船没有开动，海关人员随时都可以再次扣押大熊猫。

果然，就在客船就要出发的前一刻钟，一名海关人员径直走到露丝的身边，要求她出示出境许可证明。在露丝登船时，已经检查过一遍了。

刹那间，空气一下紧张起来，露丝感到呼吸十分困难。就在这时，岸上海关通知放行，海关人员这才很不甘心地离开。

就在露丝在海上航行的时候，杨昆廷在汶川射杀了两只大熊猫，并将其带到了上海。

露丝和大熊猫“苏琳”经过10多天的漫漫航行，12月18日抵达美国旧金山，22日到达芝加哥，在圣诞节前夜，终于到了纽约。

圣诞节当晚，纽约探险俱乐部热闹非凡，平日只让男士参加活动的俱乐部终于向一位女性打开了大门。因为她完成了很多男人梦寐以求的探险狩猎活动，捕捉到了一只大熊猫。探险俱乐部没有理由把露丝拒之门外。

他们在这里像欢迎国家元首一样，迎接露丝和她怀中那只不到半岁的大熊猫“苏琳”。

当露丝和大熊猫“苏琳”走进俱乐部大门的那一刻，整个俱乐部顿时沸腾起来，大家不约而同地跑过去，争相观赏大熊猫。

社会名流纷纷前来探望大熊猫“苏琳”，并向露丝致敬。其中有罗斯福的两个儿子小西奥多·罗斯福和克米特·罗斯福，1929年，他俩曾专程到穆坪猎杀大熊猫，未果，在返回的途中（今雅安市石棉县与凉山州冕宁县交界的地方）猎杀了一只大熊猫。

小西奥多·罗斯福抚摸着毛茸茸的大熊猫“苏琳”，眼中充满了怜爱。曾在中国猎杀过大熊猫的布鲁特·杜

兰、迪安·塞奇也跑了过来，希望自己能抱一抱大熊猫“苏琳”。

“苏琳”像温顺的婴儿，眨着黑漆漆的眼睛，安静地看着身边的陌生人，不时还张开小嘴巴，露出刚长出的一颗牙齿，十分惹人怜爱。

看着这些巨头聚在一起，敏感的记者也跑过来采访。

当记者问小西奥多·罗斯福怀抱大熊猫“苏琳”的感觉时，他沉默了好一会儿，才回答道：“如果要把这个小家伙当作我枪下的纪念品，那我宁愿用我的小儿子来代替！”

迪安·塞奇正顽皮地把脸贴在大熊猫“苏琳”身上，他也一字一顿地说：“人类的好奇心引诱人类犯罪。我再也不会射杀大熊猫了！”

当时，纽约动物学会下属的布朗克斯动物园却把大熊猫弓形腿和脚趾内翻的特征当成了佝偻病的表现，拒绝以2万美元的价格买下“苏琳”。1937年1月，“苏琳”不得已落户芝加哥的布鲁克菲尔德动物园。1937年2月18日，大熊猫“苏琳”终于在芝加哥动物园与望眼欲穿的公众见面。露丝从这笔交易中得到了8 750美元，虽然远远低于预期，但已足够让她的另一次搜索大熊猫之旅成行。

“苏琳”所展示的大熊猫之美征服了美国公众。再加之小西奥多·罗斯福的忏悔语录广为流传，从此，西方人再也没有人向大熊猫对准枪口。

第四节　最后的疯狂
——史密斯终成“大熊猫王”

随着露丝的成功，《中国杂志》对史密斯的报道几乎没有了，而对露丝和大熊猫“苏琳”的报道不仅多了起来，而且还给予了极高的评价：“中国乃至世界动物学探险编年史上一次史诗般的事件！”

史密斯在穆坪等地的丛林中穿行了10多年，没有捕捉到一只活体大熊猫，而初出茅庐的露丝首次进山就满载而归。以致媒体评价他们：“史密斯15年的猎杀，敌不过弱女子的一次出手！”

史密斯一看，肺都要气炸了。气急败坏的他先是召开记者招待会，编造谎言，说露丝在汶川草坡捕捉的那只大熊猫本该属于他，他早就发现有只怀孕的大熊猫待在树洞里等待产崽，他要等待它产崽后才去捕捉。而露丝买通了当地人，先行一步，抄了它的“老窝”，把大熊猫幼崽“偷走”了。

史密斯公开诋毁露丝没有奏效，他开始对大熊猫进行疯狂捕捉，他发誓：“我要捕捉更多的大熊猫来震惊世界，看谁才是真正的大熊猫王！”

在随后的两年时间里，史密斯先后在汶川一带捕捉和收购了12只大熊猫。此时，史密斯已患病多年，早已不适合野外工作了。但他什么也不顾，眼中只有大熊猫。

其中有4只大熊猫还没有被运送到成都就死了，8只被

送到了成都，在华西协和大学生活了一段时间后，史密斯计划把它们运到英国去，远离战争之地。1938年10月，史密斯带着8只大熊猫和几只金丝猴、岩羊等动物离开了成都。此时，日本正侵略中国，到上海的路已经切断。

史密斯病入膏肓，他患上了较为严重的肺结核，对收购回来的大熊猫，他也无力送到香港。最后，史密斯坐飞机到香港疗养，他的夫人押运大熊猫从陆路到香港会合。

大熊猫经贵州、湖南、广东后到达香港。在路上遭遇车祸，有两只大熊猫逃跑了。经过三周的颠簸跋涉，史密斯夫妇带着大熊猫终于登上了驶向英国的客轮。最后从香港登船时，又死了一只大熊猫。

经过三个多月的航程，在大雪纷飞的1938年圣诞夜，史密斯夫妇带着大熊猫到达伦敦。身患肺病已久的史密斯只剩下最后一口气了，当伦敦动物园的工作人员上船接收大熊猫时，只见史密斯呆坐在甲板上，怀里抱着金丝猴，看上去十分憔悴。

这一次运送大熊猫的活动，成了史密斯生命的绝唱。

几个月后，史密斯在美国的家中撒手西归，从此告别了“黑白分明”的大熊猫和“是非不清”的大熊猫江湖。死时，他只有57岁。

露丝带到美国的大熊猫“苏琳”，在一年多后的1938年4月1日，因误吞了一根棍子，导致咽喉感染患上肺炎而死亡。就这样，第一只出国门的大熊猫“苏琳”死了，死在了芝加哥公园冰冷的铁笼里。“苏琳”去世后被制成标本，陈列在芝加哥的自然历史博物馆里。

可怜的是，直到大熊猫“苏琳”死去，人们也没有搞清楚它的性别。由于当时人们对大熊猫了解甚少，动物园竟然用煮熟的白菜和胡萝卜喂养“苏琳”，更可笑的是，这只一直被认为是雌性的大熊猫，在死后一年科学家解剖时，才发现竟然是一只雄性大熊猫。

露丝以捕捉大熊猫的过程为素材，曾创作了两本书，一本是《淑女与熊猫》，另一本是《大熊猫宝宝》。她在书中写道：“大熊猫没有历史，只有过去。它来自另一个时代，与我们短暂的交汇。我们深入丛林追踪它的那些年，得窥其遗世独立的生活方式。我写的是那段短暂光阴的实录，而非回忆。”

大熊猫“苏琳”死后，露丝曾两度到中国寻找大熊猫。

为了证明没有杨昆廷的帮助她也能找到大熊猫。1937年12月，她在成都从猎人手中买了一只大熊猫，为它取名“美美”，1938年将其运至布鲁克菲尔德动物园和大熊猫“苏琳”为伴，动物园本想让这两只大熊猫交配产子。

1938年，露丝再次来到四川。此时，史密斯已高价收购了几只大熊猫。当她看到史密斯所圈养的大熊猫状况惨不忍睹时，她写信给朋友说：“他把它们养在脏兮兮的小笼子里，任由烈日暴晒，没有遮蔽，没有自由活动空间。他只专门大批捕猎大熊猫，完全不顾它们的死活。”

作为第一位将活体大熊猫运到西方的女性探险家，在与大熊猫“苏琳”朝夕相处中，她对大熊猫产生了深深的感情。露丝开始思考自己跑到中国来捕捉大熊猫，到底是

对还是错，她感觉到被捕获的大熊猫命运堪忧。

在杨昆廷的帮助下，露丝又得到了一只成年大熊猫和一只幼崽。野生成年大熊猫显然不像当初“苏琳”那样好对付，它不停地撞击笼子，并且不吃不喝，很快奄奄一息。

一天晚上，突然发狂的大熊猫挣脱笼子向森林逃去。因担心大熊猫在野外伤人，杨昆廷、露丝便一路追了过去。最后在暴风雨中，杨昆廷开枪将大熊猫射杀。

看着大熊猫倒在自己面前，露丝十分伤心。“再也不能让大熊猫受到伤害了！”

于是，露丝护送另外一只幼年大熊猫回到山林，让它重归自由。她在放归地守候了好几天，确定它不会再回来，也没有人上山捕捉它，这才离去。

后来，露丝在日记中写道：“这只白黑半白的毛球小子只回头看了文明世界一眼，然后就拔足狂奔，好像地狱所有的鬼魅都在追着它。”

将大熊猫放归后，露丝完成了她的自我救赎，此后她再也没有到过中国。

从此，露丝心灰意冷，她生命中的最后岁月是在孤独和潦倒中度过的。露丝在探险中用尽了丈夫留下的遗产，所幸出版发行了名为《淑女和熊猫》《大熊猫宝宝》两本畅销书，用稿费勉强支撑自己的生活。1947年，露丝在匹兹堡一家旅馆去世，年仅46岁。1997年，人们在宾夕法尼亚州一个公墓发现了露丝的墓，于是替她立了一块碑，写上“大熊猫夫人露丝·哈克尼斯”。

第五节　杨氏兄弟回忆录
——我们是如何捕捉大熊猫的

杨杰克，本名杨帝泽，是20世纪前期中国最优秀的探险家之一。在世界探险家行列中，中国人的面孔比较少见，但杨帝泽和他的弟弟杨昆廷在这个行列中丝毫不逊色于那些西方的先驱者。

1910年，杨帝泽出生于美国夏威夷。他的祖籍是广东省香山县翠亨村，后来其祖父追随孙中山，携家眷前往夏威夷。

由于受辛亥革命的影响，杨氏祖父率家人在1914年返回祖国。在返回中国的途中，杨帝泽的弟弟杨帝霖出（即杨昆廷）生在船上。

回国后，杨帝泽便开始了在中国的生活和学习生涯，比他小4岁的弟弟杨帝霖，后来成为其事业上的重要助手。

杨帝泽后来在纽约大学学习，毕业于该校新闻系，而且娶了当地的华侨美女陈苏琳（婚后改名杨苏琳）。在校期间，杨帝泽一直在中国驻纽约领事馆从事翻译工作，所以当罗斯福兄弟俩计划到中国猎捕大熊猫，需要翻译人员时，领事馆便把他推荐给了罗斯福兄弟。

杨帝泽、杨帝霖兄弟有很强的爱国心，杨帝泽曾参加“一·二八”淞沪抗战，兄弟二人在抗日战争时期，都在军委会战地服务团工作。

1937年12月南京沦陷前，杨帝泽是最后一批撤离的

人员之一，他去而复返，专程去博物馆取出了一面中国国旗——因为这是他超越其他国家探险家第一个登上贡嘎山时，插在峰顶的那面旗帜，那是一个中国人永不会服输的标志。

不过杨帝泽的成就主要不在军事而是在探险上。他是最早对雅鲁藏布江和青藏高原进行考察的探险家，长期在西康等地活动，经常出入大熊猫的发现地穆坪；他是最早登上贡嘎山的人（当时贡嘎山一度被误认为是世界第一高峰，杨帝泽等人登顶测量后才发现是错的）。

更让人称奇的是，兄弟俩都参与了西方人在中国猎杀、捕捉大熊猫的活动。西方人在中国猎杀的首只大熊猫，杨帝泽是向导；西方人在中国捕捉第一只大熊猫，杨帝霖是帮手；全球首只有名字的大熊猫“苏琳”，用的正是杨帝泽妻子的名字。在杨氏兄弟的帮助下，大熊猫“苏琳”走出国门，是世界上第一只人工饲养和公开展出的大熊猫。“苏琳”用它的憨态征服了美国国民。从此，世界开始对大熊猫这一物种有了真实的认识。

对很多人来说，探险家是一个充满风险而又浪漫的职业，但有一个事实无法回避——探险家也要首先解决吃饭问题。

杨帝泽家本来颇为富有，他的父亲回国后在武汉开设了一家汽车配件公司，主要为在中国的外国人提供服务。但1927年的北伐战争中，湖北的北洋军在败退时劫掠了他的家，使其生活顿感艰难。杨帝泽的探险活动显然得不到家中多少资助，于是他从19岁时便开始为自己的事业挣钱。

1928—1929年，杨帝泽为美国罗斯福兄弟的探险队担任向导，挣了近3 000美元，在当时算得上是一笔巨款。

但这样的机会可遇而不可求，杨氏兄弟主要的资金来源是为欧美各大动物园与博物馆提供动物标本和捕捉展出用的野兽。

杨氏兄弟曾为美国布鲁克林菲尔德动物园、美国自然博物馆等单位提供过包括雪豹、扭角羚、藏熊等各类动物标本，在今天，这可能面临动物保护组织的起诉，不过在当时这被视为自然科学工作的一部分，是合法行为。

杨氏兄弟还以低价或捐赠的方式向国内的相关博物馆提供标本。杨帝霖晚年接受采访时说："当时无非是想为自己的国家做点儿事情。"

1935年，杨氏兄弟得到了一笔中央研究院的新订单，要求他们提供鸟类标本和活体。为此，杨帝泽再次前往四川和云南，以打箭炉（今康定）、泸定、穆坪为基地，开始了长达二十天的搜猎工作。

采集标本的工作十分辛苦而且危险。杨帝霖回忆："一天晚上，五个手持大刀的土匪钻进了我们的营地。我不知道狗为什么没有叫，他们一定是给它吃了什么。借着反光，我看到了其中一个并立刻开了枪。杰克醒了，厨师也醒了，每个人都醒了，我们把他们吓得开始后退。这时，勇敢的厨师开始大喊——'不许跑，我看到你们了，敢动就杀了你们。待在原地不许动！'这样，有三个土匪没敢动，被我们抓住绑了起来。我们的厨师拿着枪守着他们直到天亮，然后我们把他们交给了地方政府，投进了监狱。"

在这样令人心悸的插曲中，他们抓到了几十只所需要的鸟类，有的鸟类性子很野，会撞死自己，所以只有其中一半活着。

杨帝泽带着活鸟去了上海，准备做标本的死鸟，则留在泸定县城，并安排专人进行照顾和后续处理。等到杨帝泽从上海返回时，他发现所有准备制作标本的鸟儿都不见了，说是被人吃掉了。

杨氏兄弟还为美国博物馆搜集了不下4张大熊猫皮毛和骨头，为中国收集了两套大熊猫标本，一套赠给了南京中央研究院自然博物馆，另一个赠给了位于上海的皇家亚洲学会博物馆。

杨帝泽的传奇不仅是探险、捕捉大熊猫，他还是一个反法西斯的和平战士。在日军攻陷南京的前三天，还有约2 000箱文物尚未转移，杨帝泽等人想尽一切办法，把南京城内能调动的卡车全部调用，经过36小时的抢运，终于把这批文物安全转移。

日军偷袭珍珠港之后，美国对日宣战，杨帝泽被征召入美国陆军服役，被派往美军驻昆明的指挥所工作。日本投降后，他以美军人员的身份参加国共的调停工作，调停失败后，随马歇尔返回美国。

改革开放后，时任全国人大常委会委员长的叶剑英发出邀请函，邀请杨帝泽及其家人以贵宾身份回中国大陆任何地方访问。杨帝泽先后于1982、1984、1986、1987年4次回中国考察参观。

杨帝泽在晚年撰写了一部回忆录《饮水思源》。1989

年在台湾出版发行。书中有一章专门写了大熊猫。

我们冒险探寻的金羊毛（希腊神话传说中的稀世珍宝）是大猫熊。在1929年以前，这种体积与形态犹如小灰熊的动物，无论死的活的，都未曾为外界看到过。我们投身荒凉高原深谷和高耸的竹林，以探寻这种动物。

罗斯福兄弟向我说明，在他们一行中还有赫伯特·斯蒂文斯先生。此人以前在印度大吉岭拥有茶园，是一位著名的昆虫学家。我们从缅甸北部进入中国。

他们经云南渡过长江，进入四川省凉山州木里县，经九龙、康定，最终抵达目的地——穆坪。

我们收集大型哺乳动物，在1929年3月14日获得惊人的成功，地点是在打箭炉以北数十英里处的穆坪地区。

那天，当我们追踪稀有的——一种奇怪的动物，半似山羊、半似羚羊（当地人称为野牛），体积约如我们落基山的大角（一种动物）时，罗斯福兄弟碰到一批金丝猴，而金丝猴在我们的'通缉名单'上占第二位，仅次于大猫熊。任何博物馆都没有得到过完整的金丝猴类标本。他们很幸运，能捉到9只，首先在美国芝加哥菲尔德博物馆造成美好的产居地组合，以便展示。这种令人奇怪的原始动物重约20千克，雌性略小，它们有着金毛构成的长披肩，长达一英尺以上，脸部呈蓝色，扁鼻子伸向前额。

在罗斯福兄弟所著的《追踪大熊猫》一书中，记载着

他们的日记片断。

在《饮水思源》一书中，杨帝泽详细地记叙了他们从美国出发，到中国一路追踪大熊猫的全过程，并引用了罗斯福兄弟撰写的部分内容。

我们对金羊毛的追寻，至此愉快地结束。

我与罗斯福兄弟在此行中共处很久，使我有充足的机会吸收他们的一些经验，了解他们的个性的魅力。这次远征完成后的时期内，他们继续给我指导。后来。小西奥多·罗斯福率领第一步兵师参加二战，在诺曼底登陆海滩时牺牲，并被追晋为少将。克米特·罗斯福在二战期间牺牲，他在阿拉斯加担任陆军情报部少校。他们的兄弟罗斯福·昆汀是美国陆军航空兵团的飞行员，在第一次世界大战中殉职。小西奥多·罗斯福的儿子在随美国代表团访问重庆，勘察华南航线时，所乘飞机在广州附近坠毁，机上人员全部遇难。

小西奥多·罗斯福在穆坪追寻大猫熊时，对于美国政界情况一直很关注。胡佛总统当选，他们很高兴。1929年4月，一位当地信差在中国四川雅安收到一封发给小西奥多·罗斯福的电报，那是在他把那只猫熊装袋数日后。那封电报上说了胡佛总统的新内阁成员名单。

无论怎么想，我们成功地追寻到一只完整的大猫熊标本之后，大众对这种可爱物种的眷爱应当有一个高潮终结。是我们大错了，这件事引发了一连串的野地远征，由博物馆和动物园赞助，他们渴望得到已不再神秘的大猫熊的皮和标本。这件事也为图利的各国籍野外生物商人开启牟利途径。帝霖和我为美国博物馆收集了4副猫熊的皮毛和骨头，也为我们自己收藏了两个标本——其一后来赠送给了南京中央研究院自然史博物馆，另一赠送上海皇家亚洲学会博物馆。对猫熊的屠杀持续不断，诸如费城自然科学学院的布鲁克·杜兰和美国自然史博物馆的狄恩·萨基等人的大名，开始出现在报纸上的头条新闻里，报纸大肆报道这些人士探索猫熊的新闻。

有一篇文章暗示说，露丝带到美国的那只大猫熊，可能是杨氏兄弟从那些与美国野生动物商史密斯有合约的当地猎人那里偷来或买的，地点是在史密斯划定的为他个人牟利的特别地区。

我们要特别说明的是，远在史密斯到达中国之前，杨氏兄弟就居住在中国的中心地带，孩童时期，每逢学校放假，我们就深入内陆漫游，有时一去就是数周。年龄稍长后，我们就带着来复枪、晴雨表、指南针到大猫熊栖居的地带。

中国产的金丝猴和大熊猫有着相同的背景，说不定它的背景更多彩多姿，更复杂。金丝猴也是阿尔芒·戴维最先报道的。有关它的一切，鲜为人知。直到1929年才有了罗斯福兄弟的幸运发现和意外成就。

帝霖和我在穆坪地区追踪出没无常的雪豹、野牛、贝母鸡时，会看到一群金丝猴从树顶下来，走到山谷的溪边找水，一只吊在另一只的尾巴上，排成一条锁链。一只喝够

了，就会攀过猴身组成的锁链，让下一只金丝猴下来饮水。

纽约动物园生物学家乔治·史查勒博士说：我们对金丝猴仍无研究。它的历史未曾有人写出。据我短暂的观察，不论谁首先发现它们的秘密，它们必定会给他一个知识宝藏，它们在树枝上展现的那无与伦比的美丽，在向它们求知的命运跳跃之时，造成我们的悬念。

除了大熊猫之外，杨氏兄弟在穆坪猎杀了9只川金丝猴。川金丝猴也是阿尔芒·戴维在穆坪发现的新种。在《饮水思源》一书中，除了介绍他陪同罗斯福兄弟猎杀大熊猫、金丝猴的过程外，还对露丝捕捉大熊猫与史密斯的指责做了解释。特别有意思的是，他还讲述了金丝猴命名背后的故事。

从此，穆坪、雅安、西康与杨氏兄弟结下了不解之缘。

1931年底，杨帝泽再一次到了雅安。和他同行的还有三位美国青年，穆尔、波德塞尔、埃蒙斯。他们组成了一支“西康探险队”，剑指贡嘎山。打前站的杨帝泽在雅安建立了大本营，因为这里有外国人开办的医院，可以为他们的探险提供医疗救援。

他们之所以选择贡嘎山，是因为约瑟夫·洛克1930年10月在《国家地理杂志》上发表了一篇颇具诱惑力的文章《贡嘎荣光》。而在西方普遍认定珠穆朗玛峰海拔不可能超过9 000米，而又希望追寻新的世界最高峰的背景下，像贡嘎山那样高耸独立又缺乏精确测量的山峰自然受到更多探险家的追捧。

杨帝泽等人探险考察贡嘎山的目的有三个：第一，对贡嘎山主峰和临近山峰进行精确测量；第二，侦查山体，寻找登山路线并尝试进行首次攀登；第三，采集当地的一些动植物标本，特别是鸟类和大型猎物。

1932年6月，他们从上海出发，乘上汽船“宜昌号”到重庆，改陆路抵达乐山，再经雅安前往康定。

杨帝泽写道：

当年10月28日，我们站在了贡嘎山之巅，那是一个椭圆形的平台，东西长约20英尺。在55英尺外，有一个类似大小的南北方向的椭圆平台，他们走向第二个平台。那才是贡嘎山的最高点。

从峰顶下望，真是觉得天下渺小，而下间的景色，壮观瑰丽。向西望去，可见贡嘎山许许多多的山峰和邻近的山脉，那些山脉的峰顶，早已被登山者征服，也在我们的视线中显得矮小。

向东望，可见云层所覆的成都平原，其间点缀着几座岩岛。向南望，看到一些为雪所覆但美丽的山峰。在那些山峰之外，向西藏方向望去，是绵长的山脉，其中有些山脉是白色的。在西南方，有三座高山，西方，有一座高山。

我们在峰顶山上拍了二三十张照片，并把中美国旗在峰顶升起。

在杨帝泽的笔下，贡嘎山就是一个360度的观景平台，只不过这个观景平台太小了。25年后，1957年6月13日，中

国探险队史占春、刘连满、刘大义、师秀、国德存、彭仲穆六人登上贡嘎山，由于顶峰平台太小，他们只得挤在一起才能站稳。

杨帝泽等人完成了贡嘎山的首次登顶。遗憾的是，在下山的时候，埃蒙斯感到脚痛难忍，这才发现他的脚已经冻伤了。艰难地走到康定后，杨帝泽立即发电报到雅安，与美国浸礼会布道团的克鲁克医生联系，请他安排医生立即到康定急救。

克鲁克放下其他工作，马上从雅安赶到康定。从雅安到康定，最快也要走3天。克鲁克赶到康定后，立即为埃蒙斯检查治疗。由于康定医疗条件较差，无法做手术，再经过8天的行程，他们将埃蒙斯转移到了雅安，在克鲁克开办的医院里接受治疗，住院一个月。由于冻伤时间过长，埃蒙斯的脚趾全部切除。

将埃蒙斯安顿好后，杨帝泽和穆尔再一次从雅安返回贡嘎山，他们开始了环绕贡嘎山打猎之行。后来，杨帝泽记下了这次“打猎”的收获。

在当地猎人的协助下，我猎获了不少动物，包括蓝羊、斑羚、野猪、麝香鹿、猴子、黑熊，还猎获了一只活的西藏白耳雉，那是一种大型的黑白鸟，中国人称为“马鸡”。穆尔还捕捉到了38种鸟。

从康定到雅安后，他们把行李和标本装上一条竹筏，经青衣江到乐山，再坐船返回上海，一部分标本赠送给了南京中央研究院，另一部分带回美国，结束了这次几次往返经过雅安的探险工作。

他们此次首登贡嘎山的最大贡献，就是成功测量了贡嘎山海拔（7 587米，因可能存在少量误差而发表为7 590米），为贡嘎主峰高度之争画上句号。

贡嘎山考察，虽然让埃蒙斯有了永远的伤痛，10个脚趾都留在了雅安，但他们收获颇丰。后来，杨氏兄弟一次又一次地来到这里，在西康的崇山峻岭中，采集了无数的动物标本。

《申报》的《图画特刊》在1936年6月18日曾以整版的封面图片报道杨帝霖拍摄的“西康狩猎”照片，有今雅安市天全县独木桥以及贡嘎雪峰等照片，表明他的西康狩猎之行是经天全二郎山到康定的。

曾三赴西康探险之美籍华人杨帝泽、杨帝霖，去年复受旧金山加州生物学院之托，前往西康收集博物院标本，上月中始毕功返回，所获鸟兽标本甚多，尚在整理中。此行上年8月由沪起程，10月经雅安抵打箭炉。

同年《良友》杂志第11期也刊登了杨帝霖撰写的《西康狩猎记》一文，文中有一段猎杀大熊猫未果的描写，写得妙趣横生。

我们最热切要得到的就是大熊猫。当地人叫它白熊。现在上海亚洲文会博物馆可以见到不完整的标本。它不是

冬眠的熊类，也不是食肉的猫，是亚洲最稀有的兽。也可说是全世界最宝贵的几种兽之一。

联系上下文，估计杨帝霖准备经今天的甘孜州九龙县转赴今石棉县栗子坪（1929年其胞兄杨帝泽陪同罗斯福兄弟猎杀大熊猫的地方）时，在沙坝、洪坝（今雅安市石棉县松林河的上游、九龙县境内），他们偶然听到了“白熊”的消息。

他们说白熊是食铁的动物，在洪坝曾发现过。那里曾有一个樵夫斫柴时用力过大，柴刀斫入树身，他回去想另找刀斧把刀取下。再返该地时，发现有一只白熊正在嚼那把柴刀。第二次，在洪坝发现它跑入人家厨房去把铁锅拿走了。这当然是谎言，但他们（指当地人）真的把它当作神兽。

因为它出现在洪坝几次了，我们便往洪坝去。我们过了一个山口，风速每小时80英里，雪打在脸上真的有点痛，马倒了三匹，隔风服的兜帽打在耳旁的声音急如机关枪。

下到一万尺的地方开始有竹子了。事情终是这样的，湾坝又听说许久没有发现过白熊，要在洪坝阴谷中才有。我们回到洪坝，又听说这里有，于是决定自己到洪坝的最深谷去。我们分两批人，三天的食粮已经很够背负了，加上子弹和零碎东西，总共有40斤。帐篷也不带去，每人带了张可以当雨衣也可以做顶的帆布。

细竹开始繁荣，下到阴森的谷11 000尺了，再到12 000

尺时，那些细竹密得蚊子都飞不过去。在那里，我们歇了第一晚。月亮圆得可爱，风也轻松，四周都是雪，一切都是银白色的，多安逸的世界。大自然的寂静不时被雪豹的叫啸打破，我也不停地探探袋里面的手枪。

清晨，我已经被埋在粉雪中。昨夜下了小雪，看着寒暑计（气温表）在零下24度。从热被窝里爬出来是多难舍啊，但此时是猎兽的好气候，在雪地上正好跟踪白熊。四时五十分，我握着半明的电筒出发，七点钟才在细竹林的深处发现它的足迹。我低着头爬着，像游泳一般地两只手排开密密的竹枝前进。竹叶上的积雪倒下来，我成为雪人了。越追越近了，因为踪迹明显得很，又跟了200多公尺，它像发觉有人在追它，脚步放得阔了好多。十点钟了，它好像很生气，竹子咬断了很多，几次我溜过，那些断竹险些儿将我的眼珠刺破。后来终追到它，听取它发气叫喊的怪声，我估计此时只距它十来公尺，但竹叶是那么密，连前面一尺内也看不清楚什么。我在竹林当中，万多尺高的地方，空气渐渐稀薄，呼吸渐觉困难，我再不能追了，我已倦得爬都爬不动了，而且已过午时，我还要回营地休息哩。我想向四周放一排乱枪，或许会击中它，但又怕未击中它，明天它又不知会到哪一个山谷去了。终于舍了它回营，归途打了几只青猴。回到营地忽得到急讯，说明日清晨就要回根据地，因为匪已将大路阻断，现在只余小路，万一连小路都断了，那么我们就要费时地搬运我们的标本了。迫于无奈，我只有离开美丽的静谷，暂别了大熊猫。

我算是战败了，但我不失望、不灰心，我总要去找它的。

显然，杨帝霖没有杨帝泽的好运气，一场“追踪大熊猫”的结果，大熊猫没有追到，倒是“匪”追来了。另据《中国杂志》相关报道，此“匪”非匪，原来是中国工农红军二、四方面军长征经过甘孜，由于受到欺骗性的宣传，杨帝霖离开了这里。

《中国杂志》1936年4月号是这样写道：

第三次西康考察队的领导杨杰克才刚刚传消息到上海，说探险队的成员们目前正在返回上海。这份消息被包含在一封信中，而这封信则是从西康省会打箭炉传来的。尽管考察队成员在探险中遭遇了千难万苦，但此次探险考察似乎是成功的。当时，由于红军进入了这片区域，因此红军的武装活动便对探险考察工作造成了阻碍。于是，探险队成员就用笼子和盒子把活的和死的动物装起来带走了，在红军占领这片区域之前迅速离开，他们也不得不丢掉一些装备和器材。杨杰克和他的兄弟杨昆廷预计会在三周内抵达上海。

如果真是这样，红军长征路过这里，赶走了探险家，阴差阳错地救了大熊猫一命。

第六节　研究大熊猫有了中国人的声音
——中国科学家研究大熊猫的成果

随着露丝成功捕捉到首只活体大熊猫，《中国杂志》又为大“熊猫热”添了一把火。

《中国杂志》在1936年11月号刊发《西康大猫物狩猎》一文，作者依然是苏柯仁。

1869年，传教士阿尔芒·戴维首次发现了大熊猫。也是通过他，我们不仅了解到了汉藏边陲地区和四川西北部的穆坪土司，也了解到了中国西部的许多动物。他在这偏远地区所搜集的标本则被送往了巴黎。其中，哺乳动物由博物学家阿尔封斯·米勒·爱德华兹进行研究，他出了一本书，叫《对哺乳动物的研究》，其中就以许多彩色底片和插画对这些标本进行了描述；同时，鸟类标本则由阿尔芒·戴维自己研究，他也出版了一本书，名叫《中国的鸟类》，其中就有对他鸟类标本的描述和插图。这两本书在为我们研究华西地区，乃至世界其他国家的鸟类和哺乳动物时，奠定了坚实的基础，科学界得到了更多鸟类和哺乳动物的信息，这两部书是研究这类动物的经典之作。

在随附的示意图中（由已故的叶长青博士所绘制），我们可以看到穆坪土司的位置。它位于西藏边境商业重镇康定的东北方向，位于四川首府成都与康定之间。

苏柯仁担心读者不了解穆坪的位置，不仅发了篇“重稿”照片，还特别强调了穆坪的具体位置。在这篇文章中，苏柯仁还展示了自己对大熊猫的研究成果。

大熊猫是一种孤独的动物，它们只会在春季发情期的时候寻找自己的伴侣，而且它们出没的地方都有点偏远，

只会是华西地区高山茂密竹林里或是杜鹃花丛中。它们只吃竹子，且竹子的每一部分它们都吃；它们的头盖骨、牙齿和消化器官也都进化了，适应了这种特别的饮食方式。从我们所有的报告来看，大熊猫习性并不残暴。但是，当用狗狩猎熊猫，并使其陷入绝境时，大熊猫也会做出殊死搏斗，并奋力反抗。

英国人创建于1874年的亚洲文会上海博物院，在1924年前后开始以生态景箱形式陈列采集到的动物标本，其中大熊猫、小熊猫均在一个生态景箱中，大熊猫在下方，小熊猫在上方布置的树枝上。当时博物院面向公众开放，影响广泛。

1933年，在上海博物院重新开馆的那一天，此次特展中的“大熊猫景箱”就被放置在展厅入口处最重要的展位上，当时全世界对于大熊猫这种动物还知之甚少，能够拥有大熊猫标本的自然博物馆更是凤毛麟角。

在国人不甚了解大熊猫模样与习性的年代，亚洲文会上海博物院的这个大熊猫生态景箱一经出现，就受到了中外媒体的争相报道，成为当时上海滩的热点事件。大熊猫景箱就是由时任上海博物院院长的苏柯仁亲自制作，他根据长期的野外观察，将大熊猫、小熊猫这两种同属于喜马拉雅—横断山脉特产的动物一并展示了出来，不仅为整个生态景箱增添了些许故事性，还显示出当时野外动物考察的科学性。

亚洲文会上海博物院所用的生态景箱，是使用同期世界范围内最先进的自然博物馆标本展示法，这与院长苏柯仁同美国各自然博物馆保持着长期而密切的交往有很大的关系。亚洲文会上海博物院重新开馆之际，就展出了包括兽类、鸟类以及人类学在内的众多生态景箱，且配合有教育活动，使得博物院成为当时摩登都市中的“新鲜事儿”。

世界“大熊猫热”引发大量西方探险家来到中国，疯狂猎杀大熊猫，这让中国科学家坐不住了。他们一边呼吁保护大熊猫，一边积极进行科学研究。

1930年9月，中国著名实业家卢作孚在重庆创立了一所民办科研机构——中国西部科学院。成立的目标是开发西南各省丰富的自然资源，以造福于国家和人民。

在中国西部科学院成立之初，卢作孚招考了一批16～25岁的文化青年，组建学生队、少年义勇队，随同入川的还有南京中国科学社、北平静生生物调查所、中瑞考察团等的中外学者，在四川、云南等地进行动植物标本采集和社会调查，其中在雅安及周边区域进行的大量采集中，获得数万个动植物标本。

中国西部科学院生物研究所下设动物部、植物部。生物研究所1931年至1935年间开展的较大规模调查就有20余次，特别标明重点是考察宝兴大熊猫。《中国西部科学院二十年年度报告》中关于动物园饲养的动物名录有这样的记载：“猫熊，数量一，产地穆坪。”

若中国西部科学院动物园1931年养的“猫熊”被证实就是今天的大熊猫，那么国人或国内机构人工饲养大熊猫的历史至少推至1931年，比目前公认的1939年重庆北碚平

民公园（今北碚公园）和上海兆丰公园开始饲养大熊猫要早8年。经过考证，此处之“猫熊”为小熊猫。重庆动物园的胡洪光在《小熊猫在中国的饲养历史与现状》说，1936年，被称为“大熊猫王”的史密斯捕捉了2只小熊猫，在上海兆丰公园展出一年多，在国内尚属首次。据此，中国饲养小熊猫历史应该是1931年，不是1936年，而且最早的小熊猫来自大熊猫的最早发现地穆坪。

1930年12月19日，中国西部科学院派出郭卓甫、洪克昭与为美国芝加哥博物馆采集动物标本的特派员史密斯赴穆坪，就穆坪、鱼通、懋功等诸山详细收集至次年10月13日返院。史密斯的意图很明确，就是捕捉大熊猫。此行他们采集到兽类标本74件、鸟类标本102件、爬行动物标本10件、鱼类和两栖动物标本14件；采得活动物3只，饲养在博物馆的动物园内，其中就有采集至穆坪的小熊猫，但大熊猫标本和活体均没有采集到。

当时，还有两名上海《申报》的记者跟随采访。他们先期回到重庆，在重庆曾发表演讲，讲了两件让中国人汗颜的事：

外国人手里有详细的地图，他们可以“按图索骥”，避免了瞎跑乱撞，但中国人手中没有地图；询问当地的物产，教堂的神职人员能准确地说出来，而穆坪的“治安官”说不出来。

在《民国时期中国西部科学院档案开发》（2018年11月由西南大学出版社影印出版）一书中，中国西部科学院移交给中国西部博物馆的标本中有“白熊皮”，登记的收录时间是1933年。当时人们还习惯称大熊猫为“白熊”。当年，中国西部科学院在宝兴采集标本，除白熊皮，还收到了雪豹、金钱豹、青猴子、小猫熊等动物标本。

在“白熊皮”中，特别注明：

下体灰白，腹侧灰黑，下尾简白，全长150cm。四肢、肩部及头额中央毛色棕黑，其他各部分毛色均为白色。采集地点：宝兴。

这一“白熊皮”是如何成为中国西部科学院的？馆藏标本更多细节，如采集时间、采集制作人等均不得而知。这一档案资料的发现，表明中国西部科学院是国内最早开展大熊猫标本采集的机构，有可能是最早拥有大熊猫标本的国内科研机构之一。

北平静生生物调查所是近代中国建立较早、最有成就的生物学研究机构之一，1928年2月28日成立于北京，是现今中国科学院动物研究所和植物研究所的前身。其主要创办人为中国著名动物学家秉志和植物学家胡先骕，以建所前去世的中国生物学研究的早期赞助人范静生的名字命名。

静生生物调查所成立后，先后与中国西部科学院合作，在四川、云南等地采集动植物标本，曾到宝兴、天全、芦山、汉源等地。

夏元瑜迁居台湾前任过原北京动物园园长，他在台湾当过大学教授，做过电视名嘴，他在其1978年撰写的随笔

《一错五十年——为猫熊正名》中说："我国北平的静生生物研究所在一九三三年时从西康采了一只大熊猫回来，我仔细看过它的头骨，可惜当时照的相全没有带出来。"

但夏元瑜之说为孤证，虽然有一定可信度，未见更多资料记载。

无论是中国西部科学院，还是静生生物调查所最早拥有国内第一具大熊猫标本，其标本的产地同世界第一具大熊猫标本的产地相同，均是四川省雅安的穆坪。

重庆自然博物馆研究研究馆员侯江在《科学的殿堂 传奇的故事——中国西部科学院八十年历史寻踪》中说，史密斯1938年11月在宝兴捕获的一只大熊猫，于1939年8月11日送给了重庆北碚平民公园饲养展出。

但这只大熊猫不久后死去，被中国西部科学制作成标本收藏。1944年12月诞生于重庆北碚的中国西部博物馆（重庆自然博物馆的前身、中国西部科学院及其博物馆是重要发起单位），是我国早期展出大熊猫标本的机构之一。当年动物标本共陈列于7个房间，其中一间为大熊猫和小熊猫的展室。1947年出版的《中国西部博物馆概况》这样说：

白熊（大熊猫）及小红猫熊（小熊猫）为川康特产，名传全球，本馆所藏二者之剥制标本，装置完整，姿态生动，今春特辟专室陈列，按照白熊之自然生态环境，配合竹林山坡，景况逼真，后壁用油画配置远景。

除此外，还有一间解剖陈列室，用于陈列动物的骨骼和内脏，“内以白熊之全副骨骼及脑标本最名贵”。

中国科学家是何时开始对大熊猫进行科学研究的？

中科院植物研究所研究员胡宗刚先生提供了北平静生生物调查所专家彭鸿绶先生写的《大熊猫之新研究》一篇影印件。据胡宗刚先生考证，这是中国科学家撰写的第一篇关于大熊猫科研论文。

彭鸿绶，著名动物学家，原中科院昆明动物研究所研究员，滇金丝猴的发现者。1940年6月，他参加了静生生物调查所西北资源调查团赴西北的考察，在考察期间与大熊猫“美丽邂逅”，便写下了这篇论文，发表在《静生所汇报》（1943年新一卷第1期）。

1940年6月10日早晨，前往西北地区的自然资源勘探考察队抵达了黄河的上游流域。

这里，黄河连通了扎陵湖和鄂陵湖（扎陵湖和鄂陵湖位于黄河源头的今青海省玛多县境内，距玛多县城40多千米，是黄河源头两个最大的高原淡水湖泊，素有“黄河源头姊妹湖”之称）。在南方和东南方向渡过了几条小溪流之后，我们遇到了一大片沼泽区域。突然，我们的导游兼保镖发出了一声尖叫。在我们前行的东南方向大概2 000～3 000米的位置，有一只长相奇怪的野兽。我马上拿出了望远镜朝远处往去，看到了那只野兽和它旁边的两只幼兽。

“大熊猫！大熊猫！快看，它是多么漂亮啊！”我这

时忍不住叫了出来。

同伴听到了我的尖叫声后，马上就朝那个方向望去。那时，我们在黄河支流的这头，大熊猫出现的方向在那头，我们不得不骑马靠近河岸边，而这时，我也很幸运能够多看了几眼这只稀有的动物。无疑，由于我们发出了声响，大熊猫妈妈听到后就迅速带领其幼崽向相反方向逃离。在它们离开的时候，大熊猫妈妈也显得十分悠闲，甚至还吃了一些植物。这些植物种类有很多，但主要还是龙胆根、鸢尾花、番红花、枸杞和细簇草等。这些植物在这片区域大量存在，所以很显然也成为大熊猫的食物。特别是细簇草，它在蒙古和青藏高原上生长茂盛，被认为是饲养这两地牲畜的上等饲料。在这些大熊猫吃过植物之中，它们总体上是吃叶子，根茎，球茎和植物的其他部分。大熊猫妈妈的毛发很白，当阳光照下时，它的毛发甚至白得刺眼；但从背后看去，这一幕又十分美丽，看起来就像是一坨奶油球上面带一个黑点。大熊猫身上黑色的毛发在上半身肩膀周围的中间位置，下半身则在两条后腿的位置；通过这样的特征，即使人们距大熊猫位置较远，也能辨认出来。

我们向远处继续前行，来到了鄂陵湖附近。在这里，我们看到了许多羚羊、野驴、西藏蓝熊等动物悠然自得。这些动物在外貌上根本无法和大熊猫相媲美。两只幼年大熊猫的颜色要更白一点，它们跟随着自己的母亲，在后面吸取乳汁，看起来就像小猪或是初生牛犊一样。在我们将要渡过一条小溪的时候，有两头蓝熊出现在小溪对面，挡住了我们的去路。这两头蓝熊后来开始往回走，在我们面前炫耀它们的美丽。

这时，我们的导游和保镖们放声大叫：“别把这两只熊吓住了！”于是它们加快速度，立马逃走了。

从文中得知，彭鸿绶是在青海的鄂陵湖边发现大熊猫的，大熊猫正在湖边饮水。更神奇的是，他看到的不是一只大熊猫，而是三只大熊猫，即一只大熊猫，带着两只大熊猫幼崽。

从今天野外大熊猫分布来看，除四川、陕西、甘肃外，其他地方都没有野生大熊猫。中华人民共和国成立后，也没有在青海发现过野生大熊猫。当年，青海也应该不会有野生大熊猫出现。另外，从大熊猫的生活习性来看，大熊猫产仔多为一胎，如果是双胞胎，它会遗弃一只，只带一只。“一拖二”的奇观，更是少见。

彭鸿绶看到的是大熊猫吗？如果不是大熊猫，那么又是什么动物？

其实，彭鸿绶也不敢完全肯定他所看到的就是大熊猫。文中他提出了几个“疑点”：

1. 在靠近青海省中部位置，北纬34.7度，东经104.8度，邻近扎陵湖和鄂陵湖的区域，我们发现了一只大熊猫和两只幼崽。有人目击且说大熊猫吃枸杞、鸢尾花、龙胆草、番红花和细簇草等。我们导游和保镖们也说，大熊猫有时也吃鱼类、鼠兔和其他的小型动物。

2. 在几个方面上，这些发现是相当重要的：（1）大熊

猫分布的位置朝北移动了4个纬度，朝西移动了4个经度；（2）大熊猫的食物从禾本科植物增加到了鸢尾科植物、龙胆科植物、茄科植物甚至哺乳动物；（3）大熊猫的栖息地从四川西部和西康北部的山地地区变成了西藏高原地区，从针叶林森林地区变成了草原地区。

3. 人们发现大熊猫的习性有点像红熊猫，也有点像西藏蓝熊，大熊猫的习性处于这两种动物之间。波科可和随后的学者也对大熊猫进行了个体生态学的观察，研究并比较了这几种动物的形态学。

4. 关于大熊猫是否是西藏高原的土生动物，这点仍有待研究。

也许正因为如此，这篇大熊猫的发轫之作，加之是用英文写的，自然就被今天的研究者主动“屏蔽”了。但不管怎么说，这篇论文的划时代意义是无可辩驳的。

有“中国解剖学的先驱”之称的卢于道（1906—1985，曾任上海市政协副主席、九三学社中央委员会副主席），是《科学画报》的创始人，1947年他在《科学画报》上撰文《行将绝迹的大猫熊》，呼吁保护大熊猫。他曾解剖过大熊猫，写过一篇《大熊猫的脑》，发表在1943年出版的《读书通讯》（第79—80期）。

大熊猫脑之初步报告：

大熊猫为中国四川之特产，其形如熊，脑形状亦近似。普通之熊脑，额叶特别发达，视区不善发达。颞叶则较劲猫狗脑为更发达。显然其脑形态表示其为高等食肉类，详细研究尚待进行。

中华人民共和国成立后，1957年7月，卢于道在《解剖学报》（第二卷第3期）发表了《大猫熊脑子之外形》一文，不仅有“详细”的研究成果，还讲述了解剖标本的来源。

抗战期间，前中国科学院生物研究所在重庆北碚时，北碚公园所饲养的一头大猫熊（俗名大熊猫）死了。他们将这头死了的大猫熊送到所里来，因此我们有了这个机会，取出其脑子来做外形观察，这是很稀有的材料。

根据作者的观察，整理当时札记，做下列几个部分的一个报告：一是大脑两半球，二是脑干，三是小脑。

面对西方人对大熊猫的疯狂猎杀，1947年，卢于道在《科学画报》上公开呼吁“保护行将绝迹的大猫熊”！

在文中，他写道：

大猫熊，面似猫而非猫，体似熊而非熊。这种动物为中国特产，产在成都西面大雪山，除此地以外世界各地不产的。

从前，中国科学不发达，连产在本国的动植物古生物，都要劳外国科学来越俎代庖真是惭愧。例如二十年前，美国自然历史博物馆考古学家奥斯邦（H.H.Osborn）氏，他派遣蒙古采集大队，来此地采集大批现已绝种的数百万年前恐龙的骸骨。他们采集了大批珍贵标本，要运回美国。那时中国科学刚刚有一点起来了，于是，有的科学

家请他们不要全部运出去，留一部标本在中国，让本国亦保存一份。为了此事，奥斯邦大发脾气，我们被他骂了一阵。他说科学是国际性的，这些标本是供科学研究的，我国既然没有科学会研究，为什么不让他们把标本带到美国去研究呢？这种行为是小气，是阻碍科学。我们受不了这么责备，就让他们带出国去，让蒙古恐龙的骸骨亦留美去了。说起来惭愧，自从那时起，我国虽有了考古学家，有了新的发现，如云南的禄丰龙；但是直到今天还没有一个像美国自然历史博物馆那样的博物馆。

蒙古恐龙骸骨是死的珍宝；现在我们还有一个活宝贝，那就是四川大雪山的大猫熊。

大猫熊，西文名曰The Giant Panda，科学名曰Aeluropus melanoleucus。它和狗、猫、熊等同属食肉类，并且还有两颗犬齿，可是它根本不吃肉，只吃竹和笋子。英美科学看中了这种古怪奇珍的动物，三番四次到中国来捕捉；好不容易捉到活的了，用轮船飞机运回去。因为英美不产竹，乃喂以营养上品鸡蛋牛奶，偏偏这种怪动物不会享福，都是不久就死去了。

这种猫熊，住在高山上，性情非常和善，从不伤人，遇人就互让各走各的路，因此有“喇嘛”之称。可是你如果犯了它，它究竟有多大威力，倒亦不敢说。因此要捉到活的，倒亦不易，除非一枪打死。去捉活的之时，往往先取小的，而后用小的引大的出来，在途中乃设阱，它陷在阱里就被捉住了。本地人看见了，都要念一声“阿弥陀佛”。现英美都缺此动物，因此随时都想再到中国来捉几个。可是据本地人说，现在已少见这些“喇嘛”了。我政府听见了，于是亦下一道命令，说是只许四年捉一对，以示保护之意。从此大猫熊有法律保护了。可是虽有法律保护，在不久的将来，恐仍有绝种之虞！

从这三篇文章的标题来看，有一个有趣的现象，即大熊猫、大猫熊名称混用。

除了科学家开始研究大熊猫外，大熊猫也进入了中国艺术家的视线。

当年史密斯历尽艰难送到英国的大熊猫中，一只名叫“奶奶”的大熊猫不幸罹患肺炎，两周后便病逝了。剩下的4只大熊猫，一只叫“小开心”，被一个德国动物贩子买走，辗转于德国的各大动物园，最后又卖到了美国；其余3只大熊猫的名字是“贝贝”“小笨蛋”和“小生气”。

负责管理伦敦动物园的伦敦动物协会把收购的这三只大熊猫“贝贝”“小笨蛋”“小生气”分别冠以中国朝代的名字——“唐”“宋”和“明”。

1939年12月18日，“宋”因病去世，次年4月23日，“唐”也追随“宋”而去，动物园里孤零零地留下了年纪最小的“明”。玛格丽特公主和她的姐姐伊丽莎白（即后来的英国女王），也现身于数千名群众的行列中，一同观看首次出现在英国本土的大熊猫。

大熊猫“明”很快成为当时伦敦的明星，它的形象频繁出现在英国的卡通片、明信片、玩具、报刊中，甚至连刚刚起步的电视节目在都留下它的倩影。1940年，德国对

英国展开了史无前例的狂轰滥炸。大熊猫“明”的出现为紧张的空气注入了一丝难得的轻松与欢快，这对于惊魂未定的英国儿童尤为宝贵。

在观看大熊猫“明”的观众中，还有一位中国诗人、作家与艺术家蒋彝。他是江西九江人，在20世纪30年代离开中国到了英国。他得到动物园园长维弗斯的特别关照，允许在白天静静地近距离观察大熊猫，甚至动物园晚上关门也不走。后来他以大熊猫为主角写下两本感人的童话书，其中一本是《明的故事》，讲述大熊猫“明”到伦敦的旅程。在这个故事里，蒋彝提到了大熊猫的外交官才华，他写道：“明是中国的真正代表。它天真善良又好客，跟中国人一样。它很有耐心，就好像所有的中国人一样。它择善固执，中国人也是一样。它打算下半辈子都住在这里，与英国人成为永远的朋友。希望它们可爱逗趣的模样能给英国的小朋友带去欢笑。”

蒋彝先生以作家的敏锐眼光，看到了大熊猫背后所代表的中国人的品德，择其善者而从之，执其毅者而守之。成为用传统中国画画法画大熊猫的第一人，伦敦评论家因此称他为“熊猫人”。

英国艺术家的眼光也盯上了大熊猫“明”。英国著名摄影家伯特·哈迪拍摄了一张传遍全球的照片，照片中，大熊猫“明”似乎在摆弄三脚架，为摄影师的幼子迈克拍照，其神情之认真，令人忍俊不禁。

后来战火越烧越旺，1940—1941年，德国飞机对伦敦等16座英国城市进行狂轰滥炸，4万多名市民死亡。大熊猫

“明”被转移到英国东部的惠普斯奈德动物园，但仍被经常带回伦敦“会会朋友”。大熊猫“明”像是黑暗中的一束暖阳，温暖着战争中的人们的心。

不幸的是，大熊猫“明”没有见到战争胜利的那一天。1944年圣诞节后的一天，它病因不明地离去了。那天，正如它到英国的那一天，天空飘着雪花。

大熊猫“明”的去世引发了全英国的哀悼，《泰晤士报》专门发了“讣闻”——

它曾为那么多心灵带来快乐，它若有知，一定也走得快快乐乐。即便战火纷飞，它的离去依然值得我们铭记。

值得欣慰的是，随着蒋彝作品的流传，大熊猫“明”的故事越传越远。

70多年过去了，大熊猫“明”再次亮相伦敦。2015年，伦敦动物园收到一份特殊的礼物——一尊大熊猫“明”的雕塑。这是中国日报社联合中国人民对外友好协会等单位赠送给英国人民的。

当年到中国猎杀（或捕捉）大熊猫的西方人，巧取豪夺，把大熊猫带到了西方世界，这是对中国资源的掠夺和对中国人民缺乏尊重的表现。但客观地讲，这也扩大了大熊猫在世界的影响，从而提升了中国的对外影响力。时过境迁，今天的大熊猫已成为世界濒危动物的旗舰物种，全世界人民热爱大熊猫，体现了对动物无国界的关爱之情，加深了中国和世界人民的友谊。

第七节　首开大熊猫“国礼”先河
——向美国和英国赠送大熊猫

随着民国政府对大熊猫的保护，到中国来捕捉大熊猫的西方人明显减少了。但面对西方人民对大熊猫的热爱，民国政府开始向西方国家赠送大熊猫。

1941年12月，太平洋彼岸的美国人民，几乎在同一时间收到了来自东方中国、日本两个国家的“礼物”：大熊猫和炸弹。

1941年11月16日，这艘名为“柯立芝总统号”的美国邮轮，从菲律宾马尼拉起航，目的地是美国旧金山。在这艘邮轮上，载着中国特殊的“国礼”——大熊猫。这两只大熊猫以“和平大使”身份，远离故土，踏上了漫漫旅途。

11月18日，“柯立芝总统号”邮轮起航的第三天，日军以第六舰队27艘潜水艇并载有5艘特种潜水艇组成的先遣舰队，分别从横须贺、佐伯湾出发，分3路直扑夏威夷，担负侦察监视和截击美舰队的任务。11月26日，以第一航空舰队6艘航空母舰为基干组成的突击舰队，从单冠湾出发，沿北方航线隐蔽开进，赴瓦胡岛北面预定海域，担负空中突袭珍珠港的任务。

12月7日，“柯立芝总统号”还在太平洋上横渡，美国人民正翘首盼望大熊猫的到来。这时，日本的“礼物”送到了美国。当日7时至8时，日军在两个小时内出动350

余架飞机偷袭珍珠港美军基地，炸沉、炸伤美军舰艇40余艘，炸毁飞机200多架，毙伤美军4 000多人。美军主力战舰“亚利桑那”号被1 760磅重的炸弹击中沉没，舰上1 177名将士全部殉难。

日本偷袭珍珠港的“胜利”，加速了日本军国主义灭亡的命运。美国国会随后通过对日宣战决议。美国完全投入二战，将其强大的国家机器转入了战时的轨道，从而彻底扭转了二战局面。

12月25日，航经夏威夷的“柯立芝总统号”邮轮幸运地躲过了炸弹，到达美国旧金山，30日抵达纽约。两只大熊猫的到来，无疑是送给美国人民的一份特别的圣诞礼物。当时的报道称：“这一对大熊猫先后经历了3万英里的长途旅行，未受战事影响，活泼依旧，唯日常需用竹叶喂饲，颇为不易，动物园当局对此感到相当棘手。”

温顺可爱的大熊猫，历来是和平和友谊的象征。而大熊猫“参加”抗日战争，其意义依然是和平和友谊。

在中国抗日战争时期，美国联合救济中国难民协会在美国发起救济中国难民运动，提供医疗器材、药品、食品等援助。

1941年3月，该协会发起募捐运动，自3月1日至4月3日，已收到各方捐款近1 500万美元。该协会与赛珍珠女士发起的中国灾难救济会，也同时收到大批捐助品。

在此情况下，蒋夫人宋美龄女士决定赠送一件珍贵而具有中国特色的礼物表达感谢之意。正当她与宋霭龄物色礼物时，有一天从收音机里听到一则美国新闻，大熊猫

“本度拉”死亡后，美国人民为之悲痛不已。于是她们决定赠送珍奇的中国大熊猫。这个决定，创下了中国以政府名义向外国输出大熊猫的先例。

宋美龄一面通过外交途径向美方传达了这项决定，一面积极寻觅合适的大熊猫。捕捉大熊猫的任务落在了成都华西协合大学教授、博物馆馆长葛维汉的身上。

提起葛维汉，广汉三星堆的发掘和推广传播与他有极大关系。葛维汉主持的三星堆发掘，使沉睡数千年的古蜀三星堆文明终于揭开了神秘的面纱，以其无比璀璨的身姿逐步展现在世人面前，被称为20世纪人类最伟大的考古发现之一。

葛维汉不仅在文物考古方面有极高的造诣，在民俗学、生物学等方面也有极高的造诣。对动植物标本的收集，他也有极大的兴趣。在中国工作期间，几乎每年暑假，他都要外出旅行考察，甚至在今天的宜宾建立起了考察大本营。

1924年，叶长青撰写的《穆坪：大熊猫之乡》一文在《中国杂志》发表后，穆坪进入了葛维汉的视线，他曾专程到穆坪考察大熊猫，并成为最早拍摄穆坪照片的人之一。

1929年6月14日—8月14日，葛维汉曾在穆坪进行夏季探险考察。他还在雅安和雅安周边的峨眉山、瓦屋山等地考察，并多次经雅安到今甘孜州旅行，采集了大量的动植物标本。

早在1923年夏天，葛维汉就在雅安、康定一带采集动植物标本。

到雅州（雅安）时，我们路过了一些美丽的农田，我在那射杀了几只漂亮的鸟，把这些鸟剥皮后，便把鸟留在雅州，等太阳把鸟晒干。我也注意到中国人很喜欢猎枪子弹空弹壳，所以我偶尔也会将空弹壳给摆渡者，但条件是摆渡者要把我送过河。有一次，船上有两个摆渡人，我就给了他们两个空弹壳，但他们在分配问题上吵了起来；最后，其中一人把弹壳全抢了，然后跑了，而另外一个人则马上以最快速度追了上去。

在雅州，我拜访了当地长官陈沙林（音译），他热情地接待了我，赞扬了我的探险精神。他向我保证，会负责我全程的安全。第二天，我便动身了，向八个驿站距离外的打箭炉进发了。

在从雅州出发后的第三天中午，我就攀上了第一个关口（按照正常行程推测，3天时间可以到达的地方，估计是今汉源县和泸定县交界处的飞越岭）的顶点。我朝西望去，看见了我人生中迄今为止最美丽的画面。河流将山谷雕刻得形状各异，远处的高山被白雪覆盖，这些山高耸壮观，甚至不亚于喜马拉雅山。

我对自己说："就算这次探险我什么都没有发现，但仅仅就是这样的景色就已经让我感觉值了。"

葛维汉曾在《华西边疆研究会》杂志上发表过一篇《世界屋脊的采集之旅》，讲述的就是他在雅州——巴塘一带采集动植物标本的过程。

1930年7月5日，终于成功抵达了雅州。我们在雅州找到了克鲁克博士和一群外国人，这群人中包括：莱斯利·基尔伯恩博士、马丽特博士、克鲁克博士的太太、特克斯顿女士和斯特里特女士。他们都准备去打箭炉，而我这边有4个负责陷阱安置的中国人，2个猎人和1个动物标本剥制师。因此，我们便把队伍合并成一支一同探险，我们两队后来有3周时间都呆在一起。

我们在7月7日从雅州出发，7月10日到达了清溪县。但是那天下了暴雨，河水也因此变成了汹涌的洪流，把桥给冲跑了，我们所以也在汉源耽搁了一天。到了第二天，我们又继续出发了，并在7月15日抵达了打箭炉。

我们所采集东西的数量可能超越了往年的任何一次夏季采集，我们此次总共采集了一百三十箱的标本和手工艺品，其中昆虫标本就采集了大约一百箱。

这次采集之旅，叶长青也在这支队伍中。

对于此次的成功探险，其中大部分应归功于叶长青先生，他曾说过这样的一段话："我们跨越的地区是未经勘探过的，也几乎是无人所知之地。总之，这一条路线是边境地区海拔最高的一条路线，而且至少有两个山口的海拔高度是西藏地区中海拔最高的地方之一，几乎很少有记录说旅行者在如此高海拔地区驻扎。这里的路线是世界上最糟糕的一个地方。"

对于我来说，这一次的旅途让我终生难忘。在旅途中，我同叶长青先生增进了友谊，和藏族群众进行了大量的交流，看到了许多高山和草原的美景，这些经历让我倍感愉悦，受益匪浅。

后来，葛维汉发现在与宝兴一山之隔的汶川也有野生大熊猫，他便把目光盯在了汶川，因为与穆坪相比，到汶川的路要好走得多，路程也要近一些。当他接到捕捉大熊猫的指令时，他早已在今阿坝州汶川县西南的草坡乡山中捕获了一只大熊猫，养在成都华西协合大学校园内。

葛维汉率领20名经验丰富、年轻力壮的猎户，费尽心力，于当年9月在川康交界处再次捕获一只大熊猫，并由西康运回成都。两只大熊猫刚好一雄一雌。

9月23日，美国动物学协会派纽约动物协会会长蒂文飞往重庆，接收大熊猫。10月30日，蒂文飞抵成都。11月6日中午，蒂文和葛维汉两人护送两只大熊猫由成都飞抵重庆。两只大熊猫分装在3尺长、1尺半宽、2尺深的木笼内。当木笼抬下飞机时，摄影记者纷纷按下快门，记录下这珍贵的镜头。

两只大熊猫，雄的比雌的大些，脸上茸毛是黑白色，两只小圆眼炯炯有神，身上的毛黑色较多而不甚光彩。葛维汉告诉记者，大的重60磅，小的重42磅。

葛维汉还向记者展示了两大包竹叶和一大捆活竹苗，两包竹叶是途中吃的，一大捆活竹苗要带到美国去种植。

1941年11月9日，宋氏两姐妹代表民国政府，在重庆广播大厦主持隆重仪式，宣布“亲善大使”大熊猫将作为国礼赠送美国。

宋霭龄通过广播向美国朋友们说明，奉送这一对温顺

可爱的大熊猫，希望除了它们是珍奇动物外，更具有其他的意义，就是借此表达对美国的友谊；同时，也为美国联合救济中国难民协会为中国所做的种种热忱的努力，略表感谢之意。

宋霭龄认为，大熊猫作为礼物，有几个理由：第一，它是中国特产的物种，是中国特有的礼物；第二，礼物应该是一样珍奇的东西，大熊猫正好符合这个条件；第三，这是一件令人愉快的礼物；第四，中国战时的首都重庆就很邻近大熊猫的产地。

宋霭龄、宋美龄还举行了茶话会，招待了中外来宾及记者，蒋介石等要人出席了茶话会。在特殊时空背景下，赠送大熊猫自有其明确的外交意义。

果然，大熊猫受到了美国人民的热烈欢迎。

1942年1月5日出版的《时代》杂志“自然科学”专栏以“护送熊猫”为题，讲述了两只中国礼物大熊猫的故事。

1月12日，《生活》周刊通过《婴幼大熊猫在白朗克斯动物园初次露脸》一文，将其列为该周5个主要事件之一，并刊登了一幅倚门而坐若有所思的大熊猫的照片。图片说明为：

一头婴幼大熊猫，为中国政府赠送美国孩童的两头之一，在白朗克斯动物园初次露脸。

距珍珠港事件发生不过1个月，美国《时代》和《生活》两大杂志不约而同地报道了中国赠送大熊猫的消息。

封面人物与专栏主题文章的相互照应，有意无意间传递出中美两国共同勾勒的一幕和善画面。透过大熊猫的可爱形象，让美国人更了解中国的抗战，了解和平与友谊的意义，进而伸出友谊之手。

1942年3月30日，美国联合救济中国难民协会为大熊猫举行周岁庆祝活动，现场情景十分热烈。4月29日，全美儿童为大熊猫命名竞赛揭晓，雄性大熊猫定名为“潘弟”，雌性大熊猫定名为“潘达”。

当年，宋美龄、宋霭龄宣布赠送美国大熊猫之时，正是日本筹划偷袭夏威夷珍珠港海军基地之际。炮弹与大熊猫，战争与和平，形成极鲜明的对比。

2005年，时任宝兴县副县长王先忠创作出版了《话说国宝大熊猫》一书。他感到遗憾的是，“抗战大熊猫”的故事没有写进书中。在他看来，大熊猫在战火纷飞的岁月里，扮演了一种没有硝烟、柔性诉求的角色，这在中国抗日战争史上是一个有趣而值得研究的课题。

日本偷袭珍珠港，太平洋战争爆发，“飞虎队”从缅甸移师中国昆明，中美两国军队共同抗击日本法西斯侵略，而第二中队熊猫队的“大熊猫胸章”更是中美合作的标志。

抗战胜利后不到两个月，即1945年10月4日，雄性大熊猫“潘弟”罹患腹膜炎，不治而亡。1951年10月31日，雌性大熊猫“潘达”也在布朗克斯动物园去世。

大熊猫“潘弟”和“潘达”走了，但战争与和平的传奇故事至今还在流传。

曾承担国家社科基金西部项目“近代国人在康区游历考察研究”的四川省旅游学院教授向玉成考证，罗斯福的两个儿子射杀的大熊猫是西方人首次亲手猎获的大熊猫。

“《追踪大熊猫》这本书在西方影响很大，激起了许多西方人亲手猎取大熊猫的强烈兴趣。此后，西方不少探险家都来到了这一地区。他们的目标只有一个，就是猎取大熊猫。”向玉成说。

向玉成的研究成果表明，仅在1869—1946年间，国外就有200多人次前来中国大熊猫分布区调查、收集资料，捕捉、猎杀大熊猫或购制大熊猫标本。1936—1946年的10年间，从中国运出的活体大熊猫共计16只，另外还有至少70具大熊猫标本存放在西方国家的博物馆里。

后来由于民国政府加强了对大熊猫的保护，西方国家通过猎杀取得大熊猫越来越难了，但民众渴望见到大熊猫，万般无奈之下，英国政府曾向中国请求赠送大熊猫。1946年，民国政府在汶川捕捉了一只大熊猫，赠送给了英国。

下篇

文化大熊猫（1949—2019）

伴随着“生物熊猫”在雅安的发现，“熊猫文化”也在这块土地上起源和发祥。

1949年10月1日，中华人民共和国成立，中华民族翻过了屈辱的一页，中国人民站了起来。

大熊猫也迎来了新生。从建立自然保护区保护到列入世界自然遗产保护地，从物种保护到大熊猫国家公园保护，从“生物熊猫”到“文化熊猫”，大熊猫成为中国名片，荣耀世界。

大熊猫不仅是中国的国宝，也是一项与全世界人类息息相关的珍贵自然遗产，它有着无与伦比的科学、经济和文化价值。

第一章　国礼大熊猫

如果要选择一种动物来为中国代言，除了大熊猫，我们别无选择。

中国送给世界的礼物，不论如何精彩，总会有人说："我并不喜欢。"唯有一种礼物例外，那就是大熊猫。

大熊猫没有孔雀惊艳，没有长颈鹿独特，没有企鹅憨态可掬，却是地球上最符合人类审美的动物，没有之一。

中华人民共和国成立后，大熊猫肩负着"和平友好使者"的身份，作为"国礼"被送出国门。从20世纪五十年代到八十年代早期，我国先后送出去24只"国礼"大熊猫。

令人吃惊的是，"国礼"大熊猫大多来自同一个地方——四川省宝兴县。24只"国礼"大熊猫中，有17只来自雅安市宝兴县，1只来自雅安市天全县。

在"国礼"如此众多的背后，到底隐藏着什么秘密？

第一节　24只“国礼”大熊猫
——其中18只来自雅安

半个多世纪以来，“大熊猫外交”都是中国外交的一种独特方式。从1869年大熊猫第一次去到欧洲国家令欧洲人为之疯狂，到1972年抵达美国掀起参观热潮……“国宝”大熊猫能够发挥的作用，往往不亚于一名外交官或政治家。

大熊猫真正作为最高规格“国礼”始于1941年，宋美龄向美国赠送了一对大熊猫，以示对其救济中国难民的谢意，这是中国现代历史上首次“大熊猫外交”。此后，中华民国国民政府于1946年向英国政府赠送了一只大熊猫。

中华人民共和国成立后的首次“大熊猫外交”是在1957年，接受这份大礼的是苏联。1957年，“平平”“碛碛”成为第一对作为国家礼物送出的大熊猫到苏联，两年后，“安安”顶替退回的“碛碛”，又作为“平平”的配偶送到苏联。

而对于友好邻邦朝鲜，中国则在1965年至1980年间先后赠送了5只大熊猫。

早在中国与西方关系尚未打开时，就曾有一个鲜为人知的“大熊猫外交”故事。1956年至1957年，美国佛罗里达州迈阿密稀有鸟类饲养场、美国芝加哥动物园先后两次致信北京动物园，希望“以货币或动物交换中国的一对大熊猫”。其中一位名叫安东·福里门的迈阿密鸟类饲养场主席在信中这么写道：“我极感兴趣的是雪豹、云豹、西伯利亚虎、西伯利亚赤胸雁、蒙古马和其他你们国家出产的各种哺乳动物和鸟类，更不用说，我最感兴趣的大熊猫。”

据北京园林局1956年的资料表明，北京动物园当时只有3只雌性大熊猫，而这3只大熊猫全部来自夹金山。其中2只已预定送给苏联。当时，美国为首的西方国家对中国实行经济封锁，此时中国答应美方的要求几乎是不可能的。但中国外交部出于增进中美人民友好交流的考虑，数度斟酌后，通知对方：“原则上可以交换，双方互派人员到对方动物园访问并领取交换的动物。”

坚持直接交换而不通过第三方，是中方当时的唯一要求。可当时的美国政府并不“领情”，尽管美国动物园求之若渴，但仍“不同意直接与中国进行动物交换”，大熊猫最终没能在当时突破国家关系的藩篱走出去。

除了美国，当时英国、荷兰等也向中国提出了类似要求。1959年，联邦德国哈诺佛州动物园园长克洛斯·缪勒多次来信，甚至提出希望亲自来华捕捉2只大熊猫和3只羚羊并以外汇购买。在当时，这样的请求可谓“大胆”。但中方以“皆属稀有的珍贵动物且不易捕捉”等理由婉拒。

时移事异，曾经为得不到熊猫而沮丧的美国人和德国人并没有遗憾终生。1972年，随着中美关系破冰，乒乓外交挑开大幕，大熊猫“玲玲”和“兴兴”被赠送给美国，这是1949年以后，国宝大熊猫第一次被送到西方国家。

“玲玲”和“兴兴”被送到美国，那可是熊猫外交史上最轰动的一笔。

周恩来总理在招待尼克松的宴会上，把熊猫牌香烟递

给尼克松夫人，问她："喜欢吗？"尼克松夫人有些尴尬地说："不吸烟。"

周恩来总理笑着指着烟盒上的熊猫图说："我问的是，你喜欢这个吗？你们把两头麝香牛送给中国人民，北京动物园也送两只大熊猫给美国人民。"

尼克松夫人一听，惊喜地对尼克松叫道："天哪！你听到了吗？大熊猫！周总理要送大熊猫给我们！"

大熊猫"玲玲"和"兴兴"同样来自夹金山，其中"玲玲"就是宝兴人王兴泰在夹金山蚂蟥沟救护的，"兴兴"是宝兴县盐井乡村民丁洪、马勇救护的；后来送给日本的"兰兰"是宝兴县盐井乡村民张晓光救护的，"康康"是宝兴县陇东乡村民徐洪章救护的，"欢欢"是宝兴县硗碛藏乡村民杨明才救护的……

尼克松带走大熊猫同年，中国还向日本赠送了一对大熊猫"兰兰"和"康康"，当时中国与日本已开始"邦交正常化"。随着中国与欧洲国家关系渐趋缓和，1973年，中国向法国赠送一对大熊猫"燕燕"和"黎黎"；1974年，赠送联邦德国一对大熊猫"天天"和"宝宝"；又送给英国一对大熊猫"佳佳"和"晶晶"……

在这些大熊猫出国的背后实际上是一张中国外交路线图。可爱的大熊猫能够发挥的作用，往往不亚于一名外交官或政治家。

当年许多大熊猫抵达当地后都得到"国家元首的待遇"。如大熊猫"宝宝"运抵联邦德国时，受到了红地毯的接待；"兰兰"和"康康"乘坐的飞机一进入日本领空，就有一个战斗机编队护航……

据外交部解密档案显示，中华人民共和国成立后，只有一只大熊猫不是以友好象征走出国门，那就是“姬姬”。

1958年，奥地利一个专门经营动物的商人海尼·德默以3只长颈鹿、2只犀牛及河马、斑马等动物，与北京动物园换得1只大熊猫，后来被伦敦动物园花了1.2万英镑买去，就是“姬姬”。其实，这只名叫“姬姬”的大熊猫，就是从苏联退回来的那只大熊猫“碛碛”。

1965年，“姬姬”发情，狂躁不堪，英国向中国求援，被中国拒绝。

1957年至1982年，我国先后将24只大熊猫分别赠送苏联、朝鲜、美国、日本、法国、英国、墨西哥、西班牙、联邦德国9国。

每只“友好使者”大熊猫的背后，都有一段关于中外和平友谊的佳话。

1983年7月21日，大熊猫“玲玲”在华盛顿国家动物园生下幼崽，但幼崽只活了3个多小时就死了。为此，当时的世界野生生物基金会发表了新闻公报，并在基金会格朗总部降半旗全天致哀，这在世界上还是第一次。

1992年12月31日，大熊猫“玲玲”在华盛顿国家动物园平静地死去，美国各大电视台都在当天的晚间新闻中播放了这一消息。《华盛顿邮报》和《华盛顿时报》都在第二天的头版刊登了“玲玲”去世的消息和其生前的巨幅照片。

随着大熊猫生存环境的恶化，并且担心国内大熊猫数量本已非常有限且日渐减少，自1982年后，中国停止了向

外纯政治性的赠送大熊猫。许多国家纷纷通过各种方式邀请中国大熊猫去“访问”，中国也先后组织了数十次“大熊猫访问团”。美国洛杉矶奥运会期间，国际奥委会就特邀了一对中国大熊猫前去展出。

20世纪90年代初，越来越多的环境保护组织等对大熊猫租借持抵制态度。在各方的努力下，中国停止了商业目的的熊猫出租。1994年，成都大熊猫繁育研究基地的两只熊猫第一次以“科研交流大使”的身份出国，旅居日本白浜山野生动物园。此后，日本和歌山，韩国首尔，以及美国亚特兰大、华盛顿、孟菲斯等的动物园都开始与中国进行长期的合作研究。

2007年9月12日，国家林业局宣布“中国不再向国外赠送大熊猫，但仍可以与国外开展合作研究”。当时的英国《卫报》曾报道：“中国历史悠久的‘大熊猫外交’传统画上了句号。但显然，‘大熊猫外交’并没有画上句号。”

第二节　宝兴县城里有块牌子
——“北京动物园宝兴园林局”

1954年初夏，宝兴县城里出现了几个说普通话的外地人。

他们是从北京来的，千里迢迢走进还不通公路的宝兴县，目标很明确，在这里设立“野生动物收集站”，把珍贵的大熊猫送到北京去。

随后，他们在宝兴县城旁边的两河口竖起了一块牌子“北京动物园宝兴园林局”，并很快建起了一个小院子，院子里面建了不少的圈舍。

王洪阁是带队的负责人。王洪阁曾撰文介绍，1953年北京动物园成立时动物种类很少，国内的珍稀野生动物更是凤毛麟角，为了国际友人和国内游客能在中国首都北京看到“国宝”大熊猫，根据动物园掌握的资料，他们决定到四川宝兴县境的崇山峻岭中探寻大熊猫的踪迹，并捕捉几只到北京动物园。

这次行动的开展还有一个重要原因，那就是开展“大熊猫外交”，让“国礼”大熊猫作为和平友好使者，敲开中国通向世界的大门。

“一是大力宣传保护野生动物的知识；二是只准捕捉，不准伤害；三是保证人身安全。”王洪阁等人出发前，动物园领导反复叮嘱。

当时，宝兴县还不通公路，他们辗转到达雅安后，步行三天到了宝兴。在两河口原农场筹建饲养基地，向当地群众宣传保护野生动物的知识，组织狩猎队上山，一边调查大熊猫的活动区域，一边组织狩猎。

当年“野生动物收集站”的成员有王洪阁、崔国印、袁永江、李长德等人，后来何光昕也加入了进来，还先后在本地招入了王兴泰、卫登仁、夏永兴、高如福、姜廷彬、李武科、王帮均等几位巡山工人。

“野生动物收集站”主要雇请当地猎人帮忙捕捉大熊猫、小熊猫、羚牛、金丝猴等。我们每年向国家林业部申请捕捉指标，经审批后，按照下达捕捉的种类和数量进行捕捉。我们最先是雇请猎人，后来直接招人，先后招收了多名工人。

我们以山林为家，以日月为伴，整天在深山密林中穿行，一旦发现大熊猫的身影，就悄悄靠拢，伺机捕捉。而大熊猫十分敏捷，在人们还未合围前，早已逃之夭夭，躲入密林中。纵然狩猎人员形成了合围之势，由于有“不准伤害”的禁令，手中的枪支成了“烧火棍”。大熊猫“有恃无恐”地挥动着巴掌，在重重包围圈中如入无人之境，屡屡上演强行突围的好戏。

我们在动物园中见到的大熊猫总是神态憨厚、温情脉脉，野外的大熊猫可没那么娇憨、温顺，“逼急的兔子要咬人”，何况大熊猫不是兔子，它是“猫”更是“熊”。看到“不速之客”闯入自己的领地，大熊猫们个个张牙舞爪，尤其是它们的脚掌和牙齿，何其了得，如蒲团似的脚掌扫过来，可以把碗口粗的小树扫断，手臂粗的木棒，一口可以咬成两截。大熊猫发起怒来，人们根本不敢靠近。

后来，大家想了一个办法，只要发现大熊猫，就放猎狗把它往大树边撵，逼它上树。只要大熊猫上了树，狩猎人员就在树下张网以待，让它自投罗网。这样，捕捉到的大熊猫不仅毫发无损，而且也保证了狩猎人员的人身安全。只是苦了在树下守候的狩猎人员，有的大熊猫上了树，可以在树上待好几天。“我不下来，你能把我怎么样？”大熊猫不动，狩猎人员也不动，他们只得风雨无阻地守候着，有时断粮了，就吃野果，煮野菜充饥。

再后来，我们发现大熊猫喜欢吃猪骨头，于是就在大熊猫出没的地方安放有机关的木笼子，在笼子里面烧猪骨头。闻香而来的大熊猫只要钻进木笼子，就被关了起来。

从1954年到1975年北京动物园“野生动物收集站”撤走，该站先后从宝兴共运走活体大熊猫78只，还有小熊猫、羚牛、雪豹、绿尾虹雉等其他野生动物。除少数大熊猫是当地群众在野外发现救助送来的外，大多是狩猎队捕捉的。经过精心饲养，捕捉的大熊猫全部成活，陆续送回北京，除供北京动物园展出外，还向国内其他动物园送去了30多只。

时隔多年，宝兴人民依然忘不了从宝兴县“毛泽东思想广播站”传出的不同的寻常声音——“请崔国印听到通知后，火速到县革委！”

崔国印是谁？紧急通知他到县革委干什么？平时播放最高指示的高音喇叭，突然间变成了“寻人通知”，听到广播的人们面面相觑。

在这“寻人启事”的背后，有着一个“大熊猫外交”的故事。

1972年2月，美国总统尼克松访华，中方决定送一对大熊猫给美国人民。此时，有关部门已选中了一只早些时候从宝兴县送到北京动物园的大熊猫“玲玲”，另外还得紧急从宝兴县调运另一只大熊猫“兴兴”。北京动物园管理

科科长崔国印立即启程赶赴宝兴。

对于宝兴这片土地，崔国印并不陌生，他曾在这里工作多年。因中美会谈提前，从北京出发的崔国印还没到达宝兴，通知他提前启运大熊猫的专电已到宝兴，宝兴县只得派人四处寻找崔国印。

以前通讯不发达，山区找人“出门靠喊”是件很正常的事。久寻无果，但启运一事迫在眉睫，县革委决定紧急启动“毛泽东思想广播站”，顿时全城的高音喇叭都在呼叫崔国印。崔国印刚下车，就听到呼叫，一路飞奔到了县革委，接受了当晚启运大熊猫送到双流机场的紧急任务，次日8时，大熊猫“兴兴”顺利登机飞往北京。

1979年，蜂桶寨国家级自然保护区成立，“野生动物收集站”完成了历史使命，北京动物园宝兴园林局撤销。

虽然北京动物园“野生动物收集站”在宝兴狩猎大熊猫已是一段尘封的历史，但谁也不可否认，宝兴大熊猫对中国外交的重大贡献——“大熊猫外交”，雅安18只大熊猫作为“国礼”，肩负重任，从这里离开大山，漂洋过海，为中华人民共和国敲开了通向世界的大门。

1961年7月9日，《北京晚报》以《入深山捉珍禽异兽——北京动物园狩猎队活动片断》报道了在“四川夹金山捕捉扭角羚”的过程。

捕鸟不易，擒兽更难。“猎手”崔国印讲述了他们在四川省夹金山一带捕扭角羚的经过。

扭角羚在当地号称“金毛野牛”，大的体重千余斤，性情凶猛异常，见人侵犯就发狂似的追，追着了就用角挑，很难捉活的。崔国印曾进山捕捉过一次，用的是摆阵下套擒拿的办法。有几次他发现了扭角羚，但这种家伙中了圈套后拼命挣，劲大的把绳套拉断逃走，劲小的没能挣断绳子倒把自己勒断了气。一个活的也没抓到。

再度进山，狩猎组想了新办法：他们在扭角羚每年可能出来舔盐粒的山岩上，围木圈设“机关”。这山岩海拔三千多米，单把木料运到这人迹罕至的陡峭岩顶上，就费了几番周折。最难熬的是把圈筑成后，下好盐粒，隐蔽等待野兽上钩的日子。有一天，出现了十只扭角羚，来了就圈进门舔盐粒，他们心里一喜；但一看，“机关”失灵了，闸门高高悬着不下落，大伙又舍不得用枪打，只能眼看着这些送上门来的宝贝扬长而去。

狩猎组再次修理了圈门“机关”，然后又等啊等，直熬了近一个月的时间，才再次出现了一头扭角羚，它刚刚踏进木圈，就成了笼中之物。

后来，狩猎组选好了两头大小一般、一雌一雄的扭角羚，准备运到北京动物园。

经过多方查询，还找到了北京动物园向中央林业部狩猎处写的申请，其上注明抄报：对外文委宣传司，抄致：四川省林业厅。

我处为了国际交换动物需要和充添动物园展览品种以及科学研究之用，拟搜集和捕捉一些动物。今年的搜集动

物中包括大熊猫6只和金丝猴10只。根据有关部门口头指示和对外文委（64）联宣致字第893号文指示的精神，今年可能赠给朝鲜和法国大熊猫以扩大影响，因此需要提前储备动物。另外，我处拟驯养大熊猫2只，金丝猴10只作繁殖和生态、生理研究之用。具体搜集和捕捉计划如下：

一、我园自行捕捉和搜集部分

1. 捕捉和搜集数量：大熊猫6只（送朝鲜2只、法国2只、繁殖用2只），小熊猫10只（国际交换用），金丝猴10只（繁殖研究和备作国际交换用），羚牛4只（繁殖研究和我园增添品种），苏门羚4只（我园增添品种），岩羊4只（我园增添品种），毛冠鹿4只（我园增添品种），金猫2只（我园增添品种），云豹2只（国际交换用），斑羚4只（我园增添品种）。

2. 捕捉地区仅在四川省宝兴县境内，以捕捉大熊猫、羚牛和金丝猴为重点。另外拟在雅安专区内通过有关部门代为收购金猫、云豹等动物。

二、申请林业部狩猎处代为收集部分

1. 搜集地区和动物品种

西北地区（青海、新疆、甘肃、内蒙古西部）：雪豹6只，猞猁4只，兔狲4只，野牦牛4只（青海），野骆驼2只（内蒙古西北部），野驴4只（青海、新疆），海狸10只（新疆），野马（了解生存情况），白马鸡20只（青海）。

东北地区：豹4只，猞猁2只，貂熊2只，豺4只，梅花鹿2只（野生的），白鹳20只，白枕鹤10只。

四川地区：各种鹿2—10只，云豹4只，华南虎4只，雪豹4只，金猫4只。

福建、广东、广西地区：云豹4只，华南虎4只，金猫4只。

2. 动物健康条件：我处搜集的动物作为国际交换和展览之用，因此必须是四肢完整、健壮、无残缺的，否则，捕到后不能用，造成损失。

3. 动物交换办法：西北地区委托西宁兰州动物园代办；东北地区委托哈尔滨动物园代办；福建地区委托福州动物园代办；广东地区委托广州动物园代办；广西地区委托南宁动物园代办；四川地区交拨或联系地点，拟设在雅安，届时我处派两人驻雅安办理。

4. 收购价格：因为地区不同，价格也不一致，我处意见最好由当地狩猎管理组织规定价格，如偏远地区狩猎组织照顾不到，暂时可采取“临时议价”的办法。俟条件成熟后再制定统一的收购价格。

以上意见可否？请批核。

1964年7月13日

同年10月20日，北京动物园向四川省林业厅提出搜捕动物计划的申请。

四川省林业厅：

我园为国际交换动物和充添动物园展览品种以及科学研究之需要，拟今年在你省搜集和捕捉一些动物。根据国务院林谭字287号指示精神，属第一类禁猎野生动物我园已向林业部申请，对第二类禁猎野生动物我园计划在你省搜

捕的有：云豹四只，雪豹四只，华南虎四只，金猫四只，各种鹿2—10只，盘羊2只，斑羚5只，兰马鸡10—20只，白马鸡10—20只，金鸡20—40只，银鸡30—50只，原鸡10—15只，白腹锦鸡20—40只，灰斑角雉20—40只，血雉4—8只，虹雉6—10只，长尾雉20—40只等动物。其捕捉的地区我园仅在宝兴县及其邻县部分地区，同时也和雅安专区有关部门联系代收四肢完整健壮、无残缺的金猫、云豹、雪豹和鹿科动物。其收购的价格暂时以“临时议价”的办法办理。特此请你厅批核。

（此件已于9月19日送至林业厅一份）

1964年10月20日

交换组

1964年1月27日，中、法两国政府发表联合公报决定建立外交关系。联合公报宣布：“中华人民共和国政府和法兰西共和国政府一致决定建立外交关系。两国政府为此商定在三个月内任命大使。”法国是西方国家与中国建立大使级外交关系的第一个资本主义大国，中法正式建交，不仅打破了战后西方世界对中国的外交封锁，亦为资本主义国家同中国在和平共处五项原则基础上，超越社会制度和意识形态利益建立平等的外交关系，提供了一个良好的范例。从北京动物园提交的申请中得知，当年中国政府打算向法国赠送大熊猫，北京动物园提出捕捉计划。

第三节　大熊猫“平平”的传奇故事
——首只进京大熊猫摇身一变成“国礼”

1953年5月，雅安市宝兴县和平乡两个民兵风风火火跑到乡政府报告：“山上下来两只花熊。”

乡政府工作人员赶紧跑到现场，只见村上数十个大人、小孩正对着两只向树林深处奔跑的大熊猫追赶、吼叫。

大熊猫一大一小，也许是一对母子或父子。大的那只熊猫已接近树林，小的则有点力不从心，被抛在后面。这时又有10多个身强力壮者加入到追赶行列中，声势更大，那只小的大熊猫慌乱中只得爬到一棵树上躲藏。

众人亢奋，伴随着叫喊声，泥巴石块便向树上投掷，大熊猫手足无措，一不留神竟抱着脑袋从树上跌落下来，被围观者逮了个正着。

乡政府工作人员立即让村民用背篓把这只大熊猫背到盐井区公所，打电话向县政府报告，县政府又向雅安行署报告，雅安行署又向西康省政府报告，最后报告到了中央，等待指示。

中央有关单位专门咨询了北京动物园专家后，形成了三点明确的指示意见：大熊猫的住地必须消毒；不要再让人去围观惊扰它；不能给它吃肉食，可以提供竹笋、牛奶等食品。

20世纪50年代初，我国还处于计划经济年代。按规定，不同级别的干部有不同的生活标准，在当地级别最高

的是县委书记，可以享受中灶伙食待遇，每月14.5元。国家给这只大熊猫定的伙食标准是每月90元，相当于6个县级一把手的伙食标准总和，这在当时近乎天文数字。

后来，乡政府工作人员到区上汇报工作，顺便去看了一下喂养在县政府大院里的这只大熊猫。它正在房间里呼呼大睡，房间用石灰水进行了一番粉刷消毒。因为逮着它的季节笋子已长成了竹子，当地没有牛奶，县上还专门派通讯员翻山越岭，步行两天到雅安市区购买炼乳罐头，供它享用。据临时负责饲养它的炊事员介绍，大熊猫对炼乳很感兴趣，胃口不错，这头大熊猫在被捕获后体重增长了5千克左右。

没过多久，中央又下达了新指示，要求把大熊猫送到北京。宝兴县的任务是负责把它送到成都。那时宝兴县没有公路，从宝兴县到雅安市区全靠步行，翻山越岭经过芦山县，走两三天时间才能走到雅安。几个民工七手八脚捆好了一架滑竿，买来一个大背篼算是大熊猫的卧榻，他们准备像以前抬地主老爷一样把大熊猫抬到雅安市区。

从宝兴到雅安将近100千米，幸好此时大熊猫还是幼年，三个成年人轮流抬着这只五六十斤的大熊猫，只用了两天就走到了雅安市。

那时，从雅安到成都虽有一条破旧的公路，但汽车很少。西康省政府决定让宝兴县护送人员继续将大熊猫抬到成都，并向他们交代注意事项，强调安全第一，千万不能让大熊猫跑掉了。

走到成都时，北京动物园的工作人员已在四川省政府等候，听取了捕捉这只大熊猫的经历后，立即对大熊猫的身高、体重进行了一番检查。

大熊猫在送到成都后的第二天就在新津机场登上一架军用运输机到了北京，周恩来总理还专程去北京动物园看过这只大熊猫。北京动物园领导请周总理为大熊猫取个名字，周总理问这只大熊猫是在哪里捕获的，回答说“宝兴县和平乡”。周总理想了想说：“那就叫平平吧。”

1954年，宝兴县永兴乡又捉了一只大熊猫送到了北京，周总理给它取名“兴兴”。

1955年，宝兴县硗碛乡又给北京动物园送去了一只大熊猫，取名为“碛碛”。

对首只进京的大熊猫“平平”，新闻媒体给予了极大的关注。《人民日报》1956年7月30日刊发了一组题为“平平日记”的新闻图片，报道了大熊猫“平平”的一天。

1957年，苏联最高苏维埃主席团主席伏罗希洛夫访问中国，请求中国政府赠送一对大熊猫给苏联人民。随后，作为友好邻邦的中国政府决定以国礼形式，将一对大熊猫送给莫斯科国家动物园。1957年5月18日，大熊猫“平平”“碛碛”从北京被送到了苏联莫斯科国家动物园。“平平”“碛碛”是中华人民共和国成立后首次走出国门的“国礼”大熊猫。不久“碛碛”被怀疑是雄性，不能和“平平”配对，被还回中国。

俄罗斯《绝密》杂志披露了大熊猫“平平”在苏联莫斯科动物园里的生活往事。

到莫斯科后，“平平”被安置在野生动物岛上。据动

物园工作人员回忆，“平平”非常温顺可爱，从未向饲养员发起过攻击。“平平”吃完饭后喜欢休息和睡觉，当它被激怒或饥饿时，会发出不太强烈的声音，有点像绵羊的叫声。天气热的时候，“平平”喜欢洗澡，把整个身体泡在水里。莫斯科的夏天很热，阳光强烈，冬天又很冷，加上当时条件也不好，所以“平平”遭了不少罪。

但总的来说，“平平”的待遇还不错，每年5—10月，它被放在一片露天空地上，接触天然的水和泥土，旁边还有一个凉爽的遮阳洞，天热时，它就长时间地待在里面。在其他几个月内，它就住进一个封闭的房间，室温保持在12—16度之间。

“平平”每天的伙食也很丰盛：2000克米饭或牛奶煮的燕麦粥，100克白糖，400克果汁，500克竹子芽和竹叶，2个鸡蛋，还有它喜欢的果汁、甜茶、胡萝卜、白桦树和柳树的嫩枝叶。

虽然得到精心照料，但“平平”在莫斯科只活了3年多，1961年就去世了。科学家分析，“平平”早逝的原因，在于苏联饲养员缺乏照料大熊猫的经验，同时对于长期生活在野外的“平平”来说，莫斯科的气候与四川老家差别太大了。还有一个原因就是“平平”来到莫斯科时还未成年，与成年大熊猫相比，它到国外的适应能力肯定要弱一些。

“碛碛”被退回后，1959年8月，中国政府又给苏联莫斯科动物园送去一只大熊猫，名叫“安安”。1964年，莫斯科动物园迎来建园100周年，作为庆典内容之一，大熊猫“安安”的形象被印上邮票。

在苏联饲养员索斯诺夫斯基的《莫斯科动物园的宝贝们》一书中，有关“安安”有如下记载：

> 最初，“安安”非常不习惯苏联人的食物，除了竹子以外，几乎什么都不吃。这可让动物园的工作人员发愁了，因为全苏联几乎找不到像样的竹林。最后，在政府官员的帮助下，他们在黑海附近的苏胡米和巴统两座城市发现了竹子，人们将新鲜的竹子砍下来后装上飞机，运到莫斯科动物园供“安安”享用。

由于花费太高，工作人员找到植物专家，希望他们能在本地种植竹子，结果价钱比空运还要高。无奈之下，工作人员只好慢慢培养“安安”入乡随俗，在它的食谱上列出一大堆美味，包括米粥、水果、蔬菜、甜茶等，并尝试用桦树、柳树和椴树的鲜嫩枝叶来代替竹子。

最终，“安安”适应了苏联食物，逐渐长大，并且忘记了竹子的味道。据说，同期生活在伦敦的大熊猫“姬姬”也学会了吃香蕉、橙子、白面包、凝乳和鸡肉等食物。后来，“安安”长到150千克，身高1.5米。

“安安”性格非常温顺和善，当工作人员抚摸或梳理它的毛发时，它非常喜欢，静静地享受。不过，当它生气或不高兴的时候，会用锋利的爪子抓来抓去。最初，“安安”生活在野生动物岛上，1962年，动物园为它专门盖起一幢带有两个房间的别墅，并命名为“竹苑”，“安安”在那里生活了10年。

第四节　飘扬在地球上空的“熊猫旗帜”
——大熊猫“姬姬”的“诗与远方”

1955年初夏，从北京动物园出发的探险队来到了夹金山深处，他们的目标很明确，要为北京动物园带回山林里的珍禽异兽。不久，大熊猫“碛碛”就被送到了北京。之所以取名“碛碛”，就像“平平”那样，是纪念它被捕捉的地方，“平平”在和平乡，“碛碛”是在硗碛乡。

两年后，这两只来自同一个地方——四川省宝兴县，又在同一个地方——北京动物园生活了两年。

作为肩负着重任的外交使者，中国和苏联都希望它们能孕育出爱情结晶。心急火燎的苏联人看着两个小家伙过了半年还没动静，就武断地认定“碛碛”和“平平”都是雌性熊猫，而且将“碛碛”退回给了中国，中国又送去了另一只叫“安安”的雄性熊猫。但这其实是历史和我们开了一个天大的玩笑，由于当时科研水平落后，分不清没有成年的小家伙的性别，被认为是雌性的“平平”其实是个雄性，而被认定为雄性、被退回中国的“啧啧”才是雌性。

“安安”和“平平”就这样成了大熊猫外交史上最啼笑皆非的“包办婚姻”，结果不言自明。三年后，因为水土不服，“平平”早早地夭折了，享年5岁。直到死后解剖的时候，人们才搞清楚它的性别。

我们不禁感叹，如果当时能够不那么自以为是地分开

“碛碛”和“平平”，这对共患难的青梅竹马的小家伙，或许能够水到渠成。

1958年5月，一船非洲大型哺乳动物抵达中国，这船动物中有3只长颈鹿、2只犀牛、2只河马和2只斑马。把这些动物带到这里的是一个叫海尼·德默的奥地利年轻小伙子，他很有探险精神，从肯尼亚出发，在经过了几周的旅程后，把这些动物一路带到了中国。那么他想干什么呢？

芝加哥动物学会一直在物色大熊猫，准备拿出巨资来购买大熊猫，于是就给海尼·德默说，如果他能找来一只大熊猫，芝加哥动物学会愿意支付25 000元美金。海尼·德默和他的妻子于是带着那些大型哺乳动物，从肯尼亚出发，经印度、泰国和中国香港，最后抵达了中国北京。北京动物园相当欢迎这批外国动物。

据海尼·德默后来的回忆：“北京动物园园长十分友善，他让我自由地从3只大熊猫中选一只带走，他真的是太大方了。”

9名非洲的“客人”就这样换走了“姬姬”。

海尼·德默在大熊猫馆中住了几天，才最终做了决定。他写道：

我观察了一整周这种稀有的动物，我的目的并不只是选一只带走，而是尽可能在短时间内学习其行为。大熊猫相当狂野，而且根本不习惯受到人类的掌控。

我坚信，圈养的年轻动物应该得到一种类似于母爱一样的情感，因此，当我在非洲刚抓住幼兽时，我会立即

找一个非洲的小男孩，让他每天都照顾这只幼兽，给它喂食，陪他玩耍。

但是，海尼·德默在北京是找不到非洲小男孩的，所以他自己就要扮演这代理母亲的角色。当他首次进入某个大熊猫的笼子里时，中国的饲养员都感到十分惊恐。他写道：

我必须尽快从笼子里出来。但没多久，一只叫作“姬姬”的年轻大熊猫开始接受了我，它的心灵受伤了，而且它也希望有人能够接触它。我甚至认为它会把我当成好朋友的。

当海尼·德默准备将大熊猫带到美国时，他遭遇了美国政府方面的阻拦。美国政府对中华人民共和国进行封锁，一切源自中国的东西都不能进入美国，大熊猫也不例外。

《泰晤士报》报道：“又一名去美国的‘移民’被美国政府部门挡在了国境之外。”

海尼·德默和大熊猫就这样成了冷战政治的牺牲品。

“姬姬”又一次踏上了前往异国他乡的道路，去不了美国，海尼·德默只得带着它到欧洲，“姬姬”这一走再没能回到故乡。

命运之神又一次和“姬姬”开了个玩笑，曾经定下娃娃亲的“碛碛”和“平平”重逢了，不过时过境迁，物是“猫”非，“碛碛”已是“姬姬”。1958年5月，在运输途中，海尼·德默向苏联申请，希望能让“姬姬”在莫斯科停留10天，经过休整后再运往奥地利。不到半年，“姬姬”再次回到了当年它和“平平”居住的莫斯科动物园。在那短暂的十天里，它们有没有隔着铁笼倾诉着离别之苦呢？

离开了苏联后，德国的法兰克福动物园给“姬姬”提供了一个临时的住所。

“姬姬”只好开始了流浪，海尼·德默带着它去欧洲各个城市演出，法兰克福、哥本哈根、柏林，每到一地，“姬姬”都吸引无数的粉丝，每一个城市都为它的到来而沸腾，可哪里才是最后的家呢？

在伦敦动物园，海尼·德默制造了更多的“噱头”，其目的就是为“姬姬”造势。曾有一次，由于“姬姬”要在摄政公园的临时住所待上几天，于是海尼·德默就带上“姬姬”去参加黑猩猩茶会（黑猩猩穿上人的衣服当服务员）。此次茶会有摄影小组进行拍摄，而在拍摄过程中，“姬姬”翻越了场地中那低矮的栏杆，走向了摄影小组。海尼·德默很清楚地知道摄像机还在工作，而“姬姬”在不停地咬摄像机，于是他也很快地追赶上去，去阻止“姬姬”。几天后，“姬姬”又跳出了围栏，顽皮地在兴奋的游客间穿行，还曾把一名女游客推开，把女游客的腿都弄伤了。虽然像这样的“恶行”在新闻中报道了，但却吸引了更多的游客。

后来，“姬姬”来到伦敦动物园，该动物园是世界上最早的也是最优秀的动物园之一。原计划“姬姬”只在这里停留3周，可后来一住就是14年。1958年9月26日，对大

熊猫有着深深情结的英国人一咬牙用1.2万英镑买下了“姬姬”。除了新家，它也有了一个更为人熟知的新名字——“Chi Chi”。

“Chi Chi”在这里享受着所有动物加在一起都无法拥有的待遇，拥有着无数的粉丝，而其中之一就是皮特·斯科特爵士。皮特·斯科特在1961年和一批环保主义者共同筹建了一个非政府的国际性机构——世界野生动植物基金会（后更名为世界自然基金会，即“WWF”），筹措资金，保护全球的濒危物种。起初大家叫这个新组织“拯救世界的野生动物”，不久后，他们发现叫“世界野生动物基金会”要简单明了一些，所以也因此确定了下来。有关其标志的问题也提了出来——标志的意义应该不言而喻而且还要克服所有的语言障碍，最重要的是，可以随尺寸轻易地放大缩小。

“世界野生动物基金会”的标志草图是以伦敦动物园内的“姬姬”为原型画出来的。

斯科特对着“Chi Chi”，随手用钢笔画下了一张素描：黑白相间的毛色，憨态可掬的神情，特别俏皮可爱。最终，“Chi Chi”的形象成了世界自然基金会的会徽。在1961年7月17日，召开的野生“世界动物基金会”第七次筹备会议上确定了下来。随着世界自然基金影响力的日益扩大，这只微抬起头、半带疑惑望着人类的大熊猫形象，也一天天变得深入人心。

在伦敦动物园里，“Chi Chi”简直是集万千宠爱于一身，它想要什么就有什么。小“Chi Chi”渐渐长大了，也逐步显现出那日益强烈的青春欲望。它开始定期地发情，表现郁郁不乐，也不爱吃东西。有一天，它甚至突然对年轻的管理员克里斯托弗·马丹发起了攻击。很明显“Chi Chi”需要一个伴侣了。伦敦动物园曾向北京方面求援，但被拒绝了。唯一的希望就只有在莫斯科动物园的“安安”了。

“安安”是当时中国和朝鲜之外仅有的一只雄性大熊猫，就是顶替“碛碛”的那只。

英国方面向莫斯科动物园提出建议，希望让两只独居的成年异性熊猫“交流一下感情”。

经过长达一年半之久的高级别谈判，出于对世界珍奇物种的科学保护考虑，分属两个阵营的英国和苏联终于达成了协议，同意两只大熊猫进行联姻，两国政府专门就这对“孤男寡女”的相亲相恋问题签署了详细的协议。当时新闻界将此事称之为“一次重大的外交突破”。

1966年3月，“Chi Chi”乘坐客机前往莫斯科，客机机身上印着“熊猫专机”几个字的英文单词。当飞机到达莫斯科舍列梅奇沃机场时，这里已经有200多人在等待，其中包括英国驻苏大使、苏联文化部官员、动物园工作人员以及大量新闻记者。有一位记者在当天的报道中写道：“我曾经去过世界上的很多机场，但从没有任何一位元首或国王受到如此热烈的欢迎。”

人们可能不愿相信，这只大熊猫，正是9年前被他们冷漠退回中国的“碛碛”。

1966年3月31日，这两只大熊猫终于被放在一起了，但隔了一道栏杆。起初它们都很紧张，待逐渐适应后，“Chi

Chi”被送到“安安”的房间里。两只大熊猫凝视了一下，随后“安安”到处“巡查”，在一个树桩上面舔了一下，留下了自己的记号。

“安安”紧张地看着“Chi Chi”，然后开始在原地慢慢地转来转去，最后大胆地向“Chi Chi”走了过去，“Chi Chi”也慢慢地安静下来。

这时，“安安”突然就朝“Chi Chi”猛扑了过去，对着“Chi Chi”龇牙低吼并咬住了“Chi Chi”的后腿。随后，“Chi Chi”以后背着地的姿势倒了下去，而“安安”就骑到了“Chi Chi”身上，咬它的肚子。就在这时，动物园员工打开了水枪，把“安安”驱散开了。

1968年8月，“安安”又从莫斯科前往伦敦动物园与“Chi Chi”试亲，“同居”9个月，这次情况更加糟糕，两只大熊猫一见面就大打出手，“婚房”变成了战场，最终工作人员不得不将它们分开。

苏联方得出了一个结论：“由于‘Chi Chi’同其他的大熊猫分离得太久了，它似乎已经在大脑中‘印’上了对人类的性意识。”

也许错过了青梅竹马的“平平”之后，“Chi Chi”的心里就再也没有别的大熊猫进来过吧。

1972年的3月，“Chi Chi”生病了，人们开始关注其健康问题，大量的粉丝来信堆满了动物园的邮箱，动物园新闻处的电话也被快那些担心“Chi Chi”健康的人们给打爆了。

由于“Chi Chi”的身体状况越来越糟，人们也为它的死亡做好了准备。到了7月中旬的时候，“Chi Chi”病得特别重。7月21日，星期五，伦敦动物园刚关闭不久，“Chi Chi”疼痛难忍，对“Chi Chi”实行安乐死成为唯一的选择。安乐死是在次日凌晨3点整执行的。

1972年7月22日，一则消息让英伦三岛弥漫着悲伤的情绪——

“Chi Chi”去世了，享年18岁。

那个周末各大报刊哀悼大熊猫“Chi Chi”的离去：“它（Chi Chi）赢得了全世界上百万人的欢心。”

一年后，“安安”也在莫斯科动物园去世。

第五节　赠美大熊猫的生命绝唱
——“玲玲”和“兴兴”的故事

1971年7月，美国基辛格博士秘密访问中国，除谈国家大事之外，还提出请求，希望中国送给美国两只大熊猫。1972年2月，尼克松总统首次访华，签署了具有历史意义的中美上海联合公报。两国领导人兴高采烈祝贺之时，尼克松又正式提出希望中国馈赠大熊猫。周恩来总理决定将来自宝兴的大熊猫“玲玲”和“兴兴”赠送给美国人民。这一年，被美国定为“大熊猫年”。

1972年的4月，来自宝兴县的两只大熊猫“玲玲”和“兴兴”踏上了美国的土地。“玲玲”是宝兴县农民王兴泰在夹金山蚂蟥沟救护的，“兴兴”是宝兴县盐井乡农民丁洪、马勇救护的。

大熊猫“玲玲”和“兴兴”从北京出发，经巴黎最终

抵达美国。运送时，它们分别装在两个金属板条箱内。具有讽刺意味的是，这两只大熊猫的入境点是杜勒斯（Dulles）国际机场，而这个名字正是取自于那个在1958年禁止“姬姬”进入美国布鲁克费尔德动物园的长官的名字。

1972年4月20日，美国国家动物园把大熊猫到达美国的消息公之于众，那天也成了著名的“熊猫日（Panda Day）”。动物园先举办了一场新闻发布会，尼克松太太也来了，她戴了一个画有世界野生动物基金会熊猫标志的徽章，一张这两只大熊猫的照片和一本其他大熊猫的相册。当天超过20 000名市民参观了大熊猫，大熊猫抵达后的首个周末，大约有75 000名游客蜂拥而至，把动物园围得水泄不通。

“江山代有才人出，各领风骚三五年。”当时没有任何人会想起“Chi Chi”，尽管伦敦动物园内的“Chi Chi”当时还活着，但它的人气已经大不如前了，人们的兴趣从欧洲飘过了大西洋，转移到美国的大熊猫身上去了。当时，“玲玲”和“兴兴”称得上是杰出的大熊猫，如果人们去华盛顿而没有去观赏大熊猫，那么就不能算是一次完整的旅行。

当“玲玲”和“兴兴”抵达华盛顿时，一名年轻的生物学家德芙拉·克莱曼来到了它们身边。在接下来的一个月里，德芙拉·克莱曼开始观察起了这两只大熊猫，她全身心投入到大熊猫的研究中。她首先安置了一套系统，用来监控和记录大熊猫的行为和日常活动。不久，她发现了“玲玲”发情的明确信号。

两只大熊猫刚抵达美国，公众信件也挤爆了动物园的邮箱，都在询问什么时候才能把这两只大熊猫放在一起，什么时候让它们交配，什么时候产仔等问题。

1975年春季，大熊猫又度过了一次毫无成效的发情期。人们寄希望于1976年能得到一只大熊猫宝宝，就可以“碰巧”地赶上美国发表“独立宣言”200周年纪念日。

这是一个奢望。由于观察上的失误，直到“玲玲”的发情期快要结束之时，两只大熊猫才被放到一起，这自然徒劳无功。

1979年，饲养员每日工作清单上又添加了一项工作，收集大熊猫留下的尿液，通过荷尔蒙的变化，从而更加有效地检测“玲玲”的发情期是什么时候开始的，在它的发情期开始之前，其尿液中的雌性激素会突然出现一个峰值。

他们还发现大熊猫有一套十分独特的叫声——主要是短又尖的咩咩声和鸟叫声，而这一声音正是“玲玲”在邻近发情期时所发出的声音，而“兴兴”在听到此声音后也发出了自己独特的声音作为回应。

“玲玲”和“兴兴”没有发生过交配行为，他们决定给大熊猫实施人工授精。1981年，美国迎来了另一只雄性大熊猫——“佳佳”（由伦敦动物园暂借给美国）。民众便把希望寄托到了“佳佳”身上，希望它是一个更加适合“玲玲”的伴侣。然而它们首次见面就打了起来。

两个大熊猫完全处不到一起去，而且由于“玲玲”遭受了重伤，也无法去尝试给它实行人工授精手术。

人工授精的事，不得不再等上一年。

后来“佳佳”返回伦敦，在它返回之前，人们对它实行了电极射精法，并冷冻了它的精液。1982年，当“玲玲”进入发情期的时候，“佳佳”的精液被放入“玲玲”体内。不久，“玲玲”出现了一些可能是怀孕的迹象，开始搭建它的巢穴，把苹果和胡萝卜抱在怀中，就像在照顾小宝宝一样。很遗憾，这一切迹象后来被证明是一场假怀孕，因为雌性动物在假怀孕期间也会展示出怀孕期才具备的行为和生理迹象。

1983年，当“玲玲”又进入发情期的时候，人们的热情高涨了起来，克莱曼和一名志愿观察员观察到“兴兴”和“玲玲”的第一次交配。此次交配是这两只大熊猫在进入美国国家动物园十年来的首次交配，但它们交配的时间较短。

随后，他们还使用了一组“佳佳”解冻后的精子，为“玲玲”进行人工授精。不久后，“玲玲”的身上有了怀孕的迹象。

当“玲玲”体内的黄体酮数值不断攀升并保持较高水平时，动物园的员工就和志愿者们一同开展了一项24小时的观察，通过闭路电视来监视“玲玲”的一举一动。

1983年7月20日午后，“玲玲”用竹子搭建自己的巢穴。

当晚7点，“玲玲”开始产仔，第二天凌晨3时许安全产下幼崽。新出生的大熊猫宝宝没有任何动静。饲养员观察了半天，沮丧地拿起电话，准备向德芙拉·克莱曼报告这一噩耗时，只见“玲玲”用手肘碰了一下小宝宝后，幼崽的胸口就开始起伏起来了。

“玲玲”展示出了所有能称作是“模范母亲”的举动，它用舌头舔了幼崽并轻轻地把它抱在怀中。但不幸的是，这只幼崽在几个小时后，毫无征兆地停止了呼吸。

动物园的工作人员全都赶了过来，当人们看到“玲玲”在接下来的一整天中，都把这只毫无生气的粉色幼崽尸体抱在怀中，并不停地舔着这只幼崽时，很多的人都哭了。甚至当人们成功地把幼崽尸体从“玲玲”手中拿走后，它又拿起了一个苹果，抱在怀中摇晃了几天。

后来，对幼崽尸体进行了剖检，发现其死于支气管肺炎。

7月21日这天，当时的世界野生生物基金会不仅发表了新闻公报，其设在瑞士的“基金会”格朗总部还降半旗全天致哀，这在世界上还是第一次。

1984年，“玲玲”产下幼崽，在出生时就死了。

1987年，“玲玲”产下一对双胞胎，也没坚持多久就死去了。

1989年，“玲玲”又生下一个孩子，但这只大熊猫宝宝就像它的第一个哥哥一样，在出生的头一天因为就得了支气管肺炎而死亡。

这位悲壮的母亲先后生下5个孩子，但没有一个成活下来。1992年12月31日下午3点，“玲玲”走完了23年的生命历程，离开了这个世界。仅仅过了几个小时，全美国各大电视台便播放了“玲玲”去世的消息。第二天美国的两家报纸——《华盛顿邮报》和《华盛顿时报》，同时在头版刊登“玲玲”去世的消息及其生前的大幅图片。为了“延

续”“玲玲”的生命，科学家还从“玲玲”的卵巢中抢救出100多个卵子，冷冻起来以备后用。

“兴兴”因年迈出现肾衰竭，身体十分虚弱，很少活动。1999年12月28日上午7时，“兴兴”被实施了“安乐死”，它的生命也走到了尽头。

美国国家动物园之友会执行主任菲尔兹在事后发表的一项声明中说：“我们怀着巨大的悲痛报告‘兴兴’的去世。就像宠物是人们家庭的一部分，‘兴兴’是我们的一部分，更是这些年来照顾它的饲养员和志愿者们生活的一部分。与这样一个受人喜爱的动物分手是痛苦的，但安乐死最符合‘兴兴’的利益。”

对于“兴兴”的离去，专门负责饲养“兴兴”的管理员莉萨·史蒂文斯说：“我们感到无穷的悲痛，同时有着巨大的空荡感，如同现在的熊猫屋一样空荡。”

动物园的大熊猫屋里已无大熊猫身影，有的只是大熊猫生前玩耍的照片和动物园工作人员所写的颂词，以及摆放的两朵红玫瑰。

颂词写道：“‘兴兴’是中华人民共和国赠送给美国人民的友谊与和平的礼品。它和雌熊猫‘玲玲’于1972年4月16日一同抵达。我们都将思念它。”

第六节　把后代留在墨西哥的大熊猫
——“贝贝”和“迎迎”的海外家族

1975年，在中墨建交后的第三年，中国政府在墨西哥总统埃切维利亚的请求下，向墨西哥政府赠送了一对大熊猫“迎迎”和“贝贝”。这是墨西哥第一次拥有自己的大熊猫。

1975年9月10日，“贝贝”和“迎迎”跨海越洋来到了万里之遥的墨西哥，不仅谱写了中墨友好的佳话，而且还诞生了一家大熊猫“海外家族”。

雌性大熊猫“迎迎”来自雅安市宝兴县。30多年过去了，这对当年深受墨西哥人喜爱的高产大熊猫夫妻早已离世，它们的孩子“秀华”和“宣宣”，以及第三代“欣欣”如今幸福地生活在墨西哥城最大的动物园——查普特佩克动物园。

始建于1923年的查普特佩克动物园是拉丁美洲唯一一家拥有大熊猫的动物园。为了让在异国生活的大熊猫适应墨西哥的气候和饮食，该动物园的饲养员和科研人员做了大量的努力：在动物园内种植了三种竹子供大熊猫食用。为了防止竹子开花造成大熊猫断炊，在墨西哥城的另外两大动物园——圣胡安·阿拉贡动物园和科约特动物园也分别种有不同种类的竹子备用。

动物园为大熊猫提供的日常菜谱是苹果、米饭、胡萝卜、竹子、少许牛肉和富有墨西哥特色的仙人掌叶。公园还在大熊猫馆设有一间实验室和活动监测室，24小时跟踪大熊猫的行为和生理指标变化，三个实验员每人负责一只大熊猫。大熊猫的居住环境优雅，室内有冷暖空调。

良好的生活条件及饲养人员和科研人员的用心照顾，令远在异乡的雄性大熊猫“贝贝”和雌性“迎迎”成为在

中国以外最高产的大熊猫夫妻。“贝贝”和“迎迎”共孕育了7个孩子，4雌3雄，可惜的是它们的第三代只有“欣欣”。“贝贝”和“迎迎”生前在墨西哥十分受欢迎，接待的游客不计其数。

墨西哥城三大动物园总园长、曾经担任查普特佩克动物园园长的费尔南多·瓜尔说，虽然大熊猫已经形成耐寒怕热的习性，但只要修建配有空调的熊猫馆，保持经常通风，再加上富有经验的技术人员指导，大熊猫的生存和繁衍应该不成问题。

保护濒危动物是全世界人民的责任。墨西哥公园同美国圣迭戈动物园为保护大熊猫等稀有动物，近年来进行了良好的合作，他们的目标是大家一起努力，为这些濒危动物的生存创造必要的条件！

墨西哥本来是没有竹子的，为了保障这些“东方来客”适应墨西哥的气候和饮食，饲养员和科研人员在动物园内种植竹子，每天从15千克竹子中精选约10千克竹子供大熊猫食用。

“贝贝”和“迎迎”在墨西哥时一共生育了3只大熊猫宝宝，“朵蔚”是中国境外第一只人工饲养条件下出生并存活的大熊猫。

1981年7月21日，“迎迎”和“贝贝”的第二个孩子诞生了。一年前“迎迎”和“贝贝”有过一个孩子，但出生后不久就夭折了。墨西哥人民把对大熊猫全部的爱都倾注在了这个刚刚出生的小生命身上，希望它能够顽强地活下来。动物园还发起了一场全国范围内的征名活动，让墨西哥百姓来给这个顽皮又可爱的大熊猫宝宝起名字。最后，一个4岁半的印第安男孩在无数的参与者中胜出，他给大熊猫宝宝起的名字是“朵蔚”。孩子的理由很简单：“在家里，爸爸妈妈都叫我‘朵蔚’，我像爸爸妈妈爱我一样爱这个大熊猫宝宝，我也要叫它‘朵蔚’。”“朵蔚”是生活在墨西哥奇瓦瓦州的一支印第安部落的土语，意思是“小男孩”。虽然饲养员们过了很久才发现“朵蔚”其实是只雌性大熊猫，但是“朵蔚”这个名字得到了大家的公认，也就没人在乎它本来的意思了。

1987年，“迎迎”和“贝贝”生下“双双”。3年后，它们的孙女“欣欣”来到这个世界上。查普特佩克动物园先后饲养过8只大熊猫。除了“贝贝”和“迎迎”外，其他6只都是它们的后代。

在20世纪80年代至90年代，“朵蔚”都是查普尔特佩克动物园的头号明星，它也是那个年代整个墨西哥最耀眼的动物明星。来动物园的参观者都要与它合影，媒体争相报道它的故事，作曲家为它写歌，歌星为它献歌，它憨态可掬的样子经常出现在报纸、电视、广告和孩子们图画课的画板上……

1993年11月16日，“朵蔚”去世。很多墨西哥人都流下了眼泪。动物园将“朵蔚”的遗体做成了标本，与它父母的标本摆放在一起，永久陈列在动物园里。

在“迎迎”和“贝贝”的后代中，现在还有两只雌性大熊猫生活在查普尔特佩克动物园里，一只是“朵蔚”的妹妹“双双”，一只是“朵蔚”的女儿“欣欣”。“朵

蔚”的另一个妹妹“秀花”以27岁的高龄去世。

2012年，中墨达成协议，由中方向墨方提供大熊猫精液，为“欣欣”进行人工授精。这让查普尔特佩克动物园再次看到了希望。但最终没有成功。

墨西哥城查普尔特佩克动物园仅有的两只雌性大熊猫在等待合适伴侣到来的过程中，已渐渐老去。

随着互联网发展，查普特佩克动物园同世界各地交流熊猫饲养繁育经验，其中包括中国、美国、西班牙等国家，建成世界各地大熊猫动物园饲养共享数据库。

第七节　最后的“国礼”大熊猫
——“天天”“宝宝”赴西德

1979年10月，应联邦德国施密特总理的请求，中国政府决定向该国赠送一对大熊猫。

以往的“国礼”大熊猫，都是从北京动物园选送并起程出发的。而这次选送任务落在了成都动物园工作人员的头上。成都动物园接到通知后，立即按国家有关部门交办的遴选和护送赠德大熊猫的要求开展工作。

西德一家有影响力的画报社和一家图片社就曾向新华社约稿，要求提供这一对大熊猫的全部图片档案资料：从捕捉、“选美”，直到“新郎新娘”喜结连理的全过程。后面的部分都还好办，但“捕捉”部分难住了新华社，毕竟两只大熊猫早已捕捉，无法“回放”捕捉过程。征得西德方同意后，新华社决定补拍这一部分的照片。最后任务落在了新华社四川分社摄影记者金勖琪的头上。

金勖琪接到拍摄大熊猫的生存环境、习性和被人们怎样饲养的任务后，二话没说，她和大熊猫科研人员深入海拔2 900多米的夹金山寻找野生大熊猫。

“这是我第一次到那么高的地方，下着那么大的雪。他们在那儿找到一只熊猫，我拍照有时候会摔跤，摔了跤后要赶快爬起来，我到那儿看见熊猫后刚把相机拿出来，它‘哇’的一声就对我叫，很凶的，把我吓一跳。我第一次接触熊猫的经历就是这样的，后来我们就跟它一起回了成都。”金勖琪回忆。

在夹金山上，金勖琪终于拍到了捕捉人员利用木笼诱捕大熊猫、抬运大熊猫的全过程。

送往西德的大熊猫最后选中了成都动物园的一只雄性大熊猫和重庆动物园的一只雌性大熊猫，它们分别出生于四川宝兴县和天全县，出生时间都是1978年9月前后，根据它们的出生地，分别被命名为“宝宝”和“天天”。

“天天”被选上后，于1980年1月20日被移送到成都动物园与“宝宝”生活在一起。此后，动物园安排了最富经验的兽医和饲养员对两只大熊猫进行精心养护，两只大熊猫健康活泼。

1980年11月3日，联邦德国驻华大使修德专程赴成都接收这对大熊猫，同日举行交换仪式。11月4日上午，“宝宝”“天天”在四川省林业厅野保处处长胡诗秀、成都动物园园长丁耀华、四川省外办翻译丁庆生等3人的护送下，在北京转机飞赴德国。

为安置大熊猫，汉莎航空公司在客机尾部隔离了两个比较宽敞的空间。丁耀华根据两只大熊猫的喜好，分别配制了不同的“航空食品”，有竹子、玉米面和奶粉的混合调制食品，还搭配了甘蔗、苹果等。

经过22小时的飞行，飞机到达联邦德国。“宝宝”“天天”受到隆重的迎接，柏林街头到处张贴着熊猫的画片和广告，儿童玩具和一些商品的商标上也出现了大熊猫。联邦德国媒体总动员，报纸上整版介绍它们的旅途经历、生活习性，生物学家撰写介绍大熊猫的科普文章。电视上，大熊猫更是耀眼的明星，德国人第一次从屏幕上欣赏到大熊猫的风采。德国人为欢迎这对大熊猫，特地将随行人员入住的宾馆改名为“大熊猫宾馆”。

柏林动物园做了充分的准备。此前，他们曾经派员到当时已有大熊猫的美国、英国、墨西哥、日本等国家动物园学习取经。动物园还花费了70多万马克新建了350多平方米的熊猫馆舍，有卧室、餐室、游戏场和饲料间，安装有调温设备。动物园每4个星期从法国南部购买品质上乘的竹子，储存在大型的冷藏箱内，以保证大熊猫天天能吃上新鲜竹子。“宝宝”和“天天”对环境、食物十分适应，丁耀华等人在德国才停留十来天，它们的体重便增长了两千克。

11月8日，施密特总理和夫人来到了柏林动物园看望大熊猫。“宝宝”和“天天”表现得特别热情、活泼，施密特夫妇不时被逗得哈哈大笑，不断赞赏：“真好，真好！”

施密特儒雅、随和、幽默，被称为德国最有魅力的领导人之一。或许是大熊猫给了他的好心情，在接待室，他跟中国护送小组的人们谈笑风生。他招呼客人坐下后，随即打开一个布包，里面是一只精致的烟斗，还有铁签子、铁钩子等一应俱全的工具，他拿起烟斗又是捅，又是钩，又是擦，又是吹，像是在进行艺术创作。他手里忙着，嘴里问着，话题始终不离大熊猫。这位叱咤风云的政治家，一个“生活化”的动作就拉近了主客之间的距离，施密特此刻犹如邻家大叔一样亲切可爱。

施密特夫人是位生物学家、环保科学家，那天她一直笑意荡漾，在大熊猫面前，犹如慈母面对自己的孩子。施密特开玩笑说：“以后你就是大熊猫的干妈了！”又引起在场人的一阵大笑。

因大熊猫结缘，丁耀华一行与德国同行们结下了深深的友谊，动物园各部门派人轮流陪同他们参观访问，并邀请中国客人参加家宴。

30多年里，大熊猫“宝宝”在柏林动物园经历了一场又一场“悲欢离合”的故事。

“宝宝”和“天天”，青梅竹马，远渡重洋，一起来柏林动物园安家落户。德国老百姓对两个“友谊使者”爱得不得了。柏林人还为“宝宝”取了德语名字，意思是“小宝贝”。

两只大熊猫朝夕相处不到四年，1984年，“天天”因病毒感染夭折了。为了给“宝宝”寻觅佳偶，柏林动物园费尽了心思，甚至不惜“千里联姻”，把“宝宝”送到英国伦敦动物园相亲。谁知两只大熊猫一见面就大打出手，相亲之旅告吹。

1995年，时任柏林市长的迪普根在访华时，亲自将租借来的雌性大熊猫“艳艳”带到德国。可是“宝宝”和“艳艳”也一直没擦出火花。虽然借助了人工授精等科技手段，但让它们“留下后代”的愿望最终仍落空。

2007年，22岁的“艳艳”因肠胃阻塞死亡。“宝宝”又孤单了，30多年来，它一直是柏林动物园的“镇园之宝”，为柏林动物园吸引了无数的游客。

2012年8月22日早晨，“宝宝”突然离世。

至此，中国赠送出去的所有“国礼”大熊猫，全部已成往事。

第二章　明星大熊猫

凌晨的夹金山，满天星斗。

站在夹金山之巅，眺望星空，想着大熊猫。除了“国礼”大熊猫外，从雅安的大山中走出去的大熊猫，犹如繁星点点，在世间光彩熠熠。

第一节　在桃子坪捕捉大熊猫
——成都动物园与第一只大熊猫“桃坪”

1953年1月17日，一只野外大熊猫在四川灌县（今四川省都江堰市）玉堂镇被发现，并被救护至成都市百花潭公园。该大熊猫是中华人民共和国成立后第一只被救护的熊猫个体，从此，我国开启了大熊猫救护之路。

1953年建成开园的成都动物园，给无数成都人留下难以忘怀的欢乐时光。走进成都动物园，憨态可掬的熊猫、威风凛凛的猛虎雄狮、古灵精怪的猴子、狒狒，让前往游玩的人流连忘返。

很少有人知道，1953年成立的成都动物园，是从私

人别墅变身动物园的，现在的成都动物园拥有3 000余头动物，成为西南地区最大的动物园这中间的历史。它的园址，也从百花潭公园一路辗转，最终落户成都北郊。

在娱乐项目极度匮乏的年代，成都动物园几乎每引进一种珍稀动物，都能在市民中引起轰动。20世纪40年代，少城公园（今人民公园）曾经开辟了两三亩地养了几种动物，作为民众教育馆，据说是卢作孚任馆长。因管理不善，里面的动物死亡殆尽，最后不过残存着几间破损的栏舍。

1952年秋，宜宾地区的农民抓到一只金钱豹，专门送到少城公园。这头猛兽的到来，让这处原本有些冷清的所在开始游人不绝。当时的成都市政府有关领导决定修一座专门的动物园。

1952年秋，成都动物园开始筹建，园址就选在百花潭。百花潭在历史上是一个著名的文化和风景胜地，在“诗圣”杜甫的诗中就曾多次咏及。20世纪40年代，川军将领邓锡侯在当时尚属郊区的百花潭修建了防空洞和一些建筑，以避日军的轰炸，老百姓称为“邓家别墅”或“邓家花园”。

中华人民共和国成立初期，政府对这类公共事业投资甚微，动物园只能勤俭建园，因陋就简，围墙是竹篱笆，部分兽舍也是茅草房。之后，陆续在百花潭公园内修建了横跨锦江的入园浮桥、鹿苑、猛兽舍等设施，并陆续从全国各地收集动物。

当时动物园的工作人员也很少，开始时只有丁耀华、贺正源、常庭训、黄成久等几个人。年仅24岁的丁耀华担任动物园的第一任园长。

成都动物园的第一批动物来得相当艰难。除了那头金钱豹，剩下的动物就靠其他动物园赠送或者是四川各地捕获的野兽。1953年2月，成都动物园的第一任园长丁耀华一行到北京西郊公园学习管理动物园的经验。3个月学习期满，西郊公园友情赠送了梅花鹿、狼等动物。装载动物的车队路过石家庄，又在当地抓了几只稀奇的野鸡凑数。这批动物乘车到了武汉，又乘船到重庆，再请“棒棒军”爬坡上坎把动物们抬到菜园坝火车站。一下火车，又用架架车拖到百花潭。与此同时，从武汉等地引进的非洲狮等动物也先后辗转抵蓉。

在动物园筹建期间，工作人员就面向社会征集动物。那时生态环境好，动物资源丰富，老百姓纷纷将捕捉到的动物送来，陆续征集了箭猪、野猫、雕、鹰、蛇、黄鼠狼和小熊猫等动物。

1953年10月1日，成都百花潭动物园正式开园，飞禽走兽样样齐全，门票只需5分钱。10月4日星期日，竟然有18 000多人到动物园“看稀奇”。当时排队买票的队伍，一直从百花潭公园排到散花楼甚至城墙角下。

1966年，有一头北京动物园的大象交换到成都展出。成都市民简直倾巢出动。动物园因为怕出现踩踏事故，还在墙上打洞疏散游客。

丁耀华曾经是一名军人，既有军人的豪爽，又有文人的儒雅。1949年12月成都解放，21岁的丁耀华随进军大西南的队伍进驻成都。脱下军装后，就在成都扎下根。

中华人民共和国成立初期，丁耀华曾参与接管成都文化系统的人民公园、望江公园、中山公园（后改名文化宫），担任过成都市图书馆的代理馆长。1952年秋，他奉命筹建成都动物园，从此他就将一生的黄金岁月贡献给了动物园事业。几十年的专业熏陶使他成为一名颇有造诣的动物专家，写出了不少科研论文和科普文章，被称为园林系统“一支笔”。

回忆起饲养大熊猫的这段历史，丁耀华颇为自豪，因为成都饲养大熊猫和动物园的筹建几乎是同步进行。据丁耀华讲，建立动物园是当时成都市主持日常工作的副市长米建书决策的。米建书说，四川动物多，可以搞个动物园，争取在1953年国庆节开园。

四川是大熊猫的故乡，国外曾先后有20多个采集队，从四川带走了16只大熊猫。国内除1946年民国政府送给英国的大熊猫“联合”曾在成都少城公园短暂停留外，国内其他任何公园、动物园均未有过。

正在筹建的成都动物园最想弄来展出的野生动物就是大熊猫。就在他们准备上山捕捉大熊猫时，一个电话打来了：“我们这里有只大熊猫，你们要不要？”丁耀华清楚地记得，那天是1953年1月12日，星期一。

打电话的是原灌县人民政府民政科的一个干部，说在灌县的漩口有4个农民抓住了一只“白熊”（即大熊猫）。动物园全体工作人员都十分高兴，他们知道大熊猫是中国特有的珍稀动物，当时全国尚无一家动物园有大熊猫，现在成都动物园一成立就得到这种珍贵的动物，可以说是开张大吉，于是马上做迎接的准备。

从灌县到成都有50多千米，当时虽然已通公路，但当地政府没条件动用车辆，只得靠人力运送。1月17日，4个农民用滑竿抬着大熊猫来到百花潭，这4人就是抓获大熊猫的农民。动物园职工热情地接待了他们，1月18日，动物园派人陪同4人游玩了春熙路，请他们观看了最新上映的电影《南征北战》。为了感谢他们，经请示文教局，发给了他们100万元（旧币，折合100元）作为报酬。

1月20日，4个农民返回灌县。

这是一只半岁左右的大熊猫，动物园将其安置在一处环境安静的茅草屋内，关在铁笼中饲养。

他们请来四川大学的教师马德，向他咨询饲养大熊猫的相关知识。马德是我国著名的动物学家，曾经在四川汶川县亲自参与捕捉过一只大熊猫，并于1946年护送这只名叫“联合”的大熊猫远赴英国。他们从马德那里知道了大熊猫是以竹子为主食的动物。但这只大熊猫却对竹子不感兴趣。据马德分析，大熊猫一般是七八月份出生，这只大熊猫只有半岁左右，尚处在哺乳期，还没学会吃竹子，动物园便给它喂食牛奶。

动物园安排贺正源、常庭训担任熊猫饲养员。贺正源原是人民公园的一名保卫人员，他有过饲养动物的经历。1952年秋天，人民公园收到宜宾老乡送来的一只金钱豹，组织上决定让贺正源兼任饲养金钱豹的工作。后来，这只金钱豹也随丁耀华和贺正源一起到了百花潭的动物园，成了动物园的第一只动物。

贺正源、常庭训虚心向马德等专家请教了大熊猫的饲养方法，并轮流日夜照管，观察它的活动规律，做了详细记录，这只大熊猫一直生长正常。

2月4日，大熊猫出现精神萎靡、食欲不振、流鼻涕等异常现象。动物园请来街道卫生院的一个黄姓医生来诊治后，这位医生并无治疗动物的经验，只能大概判断是伤风感冒，喂了些阿司匹林和苏打片等药物，病情并无起色，下午2时，大熊猫出现四肢瘫痪、呼吸困难的症状，于当天深夜1点40分死亡。看见一个可爱的生命消逝，大家都十分伤心。丁耀华立即给米建书市长和文教局领导做了汇报。米建书市长决定派丁耀华、贺正源、常庭训到北京学习动物饲养管理的经验；文教局负责人要求做好善后工作，并与华西大学自然博物馆联系，给死去的大熊猫的做病理解剖和标本制作。大熊猫标本制成后，曾借给南充师范学院（今西华师范大学）生物系展览，现在此标本仍保存在成都大熊猫繁育研究基地。

这只大熊猫在成都动物园生活了18天，为它取名为"大新"。当时动物园就只有这一只大熊猫，刚开始大家以"白熊""猫猫"等随口的名字称呼它。还来不及展出，这只大熊猫就死了。

对于它的死因，现在分析起来原因是多方面的：一是由于物质准备不充分，饲养条件简陋，更无相关的医疗设备；二是工作人员知识准备不够，对大熊猫的生活习性不甚了解；三是这只熊猫的捕获时机不合适，只有半岁左右，正处于哺乳期，过早脱离母亲，不能适应新环境，免疫力下降。这诸多因素导致它的夭折。

大熊猫在成都“得而复失”的消息传出后，引起了国内有关方面的极大关注。1954年，北京动物园组织力量到宝兴县建立“野生动物收集站”，捕捉到几只大熊猫运往北京展出，“终于使国人在自己的动物园里，看到了我国特产的珍稀大熊猫”。

成都动物园第一次人工饲养大熊猫虽然失利，但为以后的工作做了宝贵的铺垫。经过5年的准备，1958年底，经有关部门的批准，丁耀华等人到宝兴、天全等地大熊猫栖息地进行了一个多月的踏山调查，决定在天全县捕捉大熊猫。

之后，动物园组织了一支狩猎队，最终在天全县桃子坪捕捉了一只成年熊猫，取名“桃坪”。从此，成都动物园开始公开展出大熊猫，成都市民可以在这里观赏到珍稀大熊猫。

经过20多年的努力，1980年9月20日，成都动物园圈养的大熊猫成功人工繁殖。20世纪80年代，邛崃山系冷箭竹开花枯死，部分大熊猫因缺食饥饿而被救护后集中到成都动物园。1987年，为了加强对病饿大熊猫的救治管理，将大熊猫的教育展示功能与救护研究功能分离，强化大熊猫科学研究，提高大熊猫繁育水平，成都市人民政府决定建立成都大熊猫繁育研究基地，并与成都动物园实行一套班子，两块牌子。成都大熊猫繁育研究基地是在成都动物园饲养、救治、繁育大熊猫的基础上建立起来的。

1990年，成都大熊猫繁育研究基地与成都动物园分成了两个独立的实体单位。2014年10月1日，基地都江堰繁育

野放研究中心——“熊猫谷”对外试开放。2015年4月20日，“熊猫谷”正式对外开放。巧合的是，“熊猫谷”正是昔日救护大熊猫“大新”的地方。

1959年1月27日的《新民晚报》，上面有一篇《用肉饵捕获的大熊猫》，文章里没有明确的时间，也没有准确的地点。经考证，这只用肉饵捕获的大熊猫，正是丁耀华所说的曾在雅安天全县桃子坪捕捉到的大熊猫。文章是这样写的：

去年12月间，成都有一支狩猎队在桃子坪高山上捕获了一头大熊猫。这只熊猫有两百来斤，大约20岁。

狩猎队在山上寻找大熊猫，前后花了将近两个月的时间，在冰封雪拥的高山上，受尽了极大的艰难，有时无法生火，他们用雪混着玉麦馍馍，就当一顿饭吃了。

这次捕捉方法中，有一种是用肉作食饵来进行捕捉的，这是一个大胆的尝试。根据目前动物学家的结论：大熊猫是食肉动物中的素和尚，只吃竹子和笋子。但根据经验丰富的当地猎人说，用肉作食饵来捕捉更有把握。狩猎队相信群众的智慧。于是，他们决定采用这个方法。

捕获大熊猫的那天天气晴好，每一个队员像哨兵一样严密地监视着自己的警戒区。忽然有人发现前面五十公尺的地方，树枝在剧烈摇动，猎狗急吠的声音紧跟而上，转眼在二十公尺的地方，出现了一只雄鹿，正要举枪射击，猛听得另外一个队员在左侧面的半山上高声大喊：“捉住大熊猫了！快来人呀！”这一振奋人心的消息压倒一切，使大伙儿往山上跑去。经一看，真是一只大熊猫。登时，大家七手八脚，要去捆它。好厉害，绳子刚套上脚，它用那锋利的牙齿一咬，就立即断了。等到拖出木圈后，它就想逃走。这时，两个队员使尽全力，用了根很结实的木叉将它颈部叉住，正要上前去捆，哪知，它将头向上一昂，拿木叉的两人经不起这一震动，立即同时跌出一丈以外。这样，六七个人与大熊猫经过了两三个钟头的搏斗，才终于将它降服了。

降服后要运下山来，困难也很大。这时，天已黑了，路，不能说是路，只是兽径鸟道，不能抬，只能请它躺在木板上，一步一步地拉。从第一天黄昏时分，直拉到第二天东方发白才拉到山下。

“桃坪”（狩猎队给大熊猫取的名字）登上前往成都的汽车后，才开始吃东西。也许是因为它太饥饿了，什么牛奶、稀饭，到口便喝，有趣的是这个“素和尚”正是因为贪吃牛肉，才有机会远离深山到都市旅行。

（凌操）

第二节　首只人工繁育的大熊猫在北京诞生
——宝兴籍大熊猫创造的世界纪录

大熊猫繁育难，在人工饲养条件下尤其难。科学家为此努力了数十年，直到今天，一只大熊猫的出生都要成为报纸的头版新闻。

那么，世界上人工繁育的“第一熊猫”叫什么名字？

诞生于何时何地？恐怕知道的人并不多。资深大熊猫专家何光昕为我们翻开了一页尘封的历史。让人惊讶的是，人工繁育的第一只大熊猫的父母，还是来自于宝兴县的野生大熊猫。

1962年，何光昕从四川大学生物系毕业，被分配到北京动物园工作，见证和参与了一只叫“明明”的大熊猫诞生的全过程。

北京动物园是全国最大的动物园，当时有着全国最大的大熊猫圈养种群。20世纪60年代初，动物园着手大熊猫繁育试验，任务落到黄慧兰和欧阳淦两位女同志身上。黄慧兰夫妇曾经留学美国，在美国曾开办养鸡场，中华人民共和国成立后回国供职于北京动物园。欧阳淦是名年轻的技术员，毕业于武汉大学生物系。

繁殖试验在动物园西边的动物繁殖场进行。那里曾是皇家的“万牲园”，她们特意选择了一处环境安静、林木丛生、颇具野生环境状态的场所。

“明明”的父亲叫“皮皮”，母亲叫“莉莉”，分别于1959年和1958年在四川宝兴县捕获。1963年4月，“皮皮”和“莉莉”进行了自然交配。此后两位专家开始对“莉莉”进行专门管理和专题研究。同年9月初，“莉莉”食欲不振，且行为反常。专家们虽然精心照料，遗憾的是偏偏错过了观察分娩过程的机会。

9月9日，专家们惊奇地发现“莉莉”怀里有一个小“肉团”，他们大感意外。因为之前谁也没有见过初生的大熊猫，像大熊猫这样体型庞大的动物，幼崽应该有数千克重。然而他们看到的却是一个像剥了皮的耗子的小东西，通体半透明，重量不过二三两，以至起初判定是流产或早产，还让他们十分失望。

专家们便安排何光昕在一旁观察，准备趁“莉莉”不注意时，将“胚胎”捡走，以免污染大熊猫圈舍。然而让他们想不到的是，“莉莉”抱着它一刻也不放。何光昕只得带着被盖卷住进了大熊猫产房旁，守候着大熊猫。他的床距隔离大熊猫的铁栏杆只有两三米，睁眼就能观察到大熊猫“莉莉”的一举一动。

经过仔细观察，何光昕发现小东西开始动了起来，起初他以为是“莉莉”在动，后来，小东西还叫出声来，而且叫声越来越洪亮，动作幅度也越来越大，甚至还吃起奶来。他喜极而泣，忍不住大喊了起来：“大熊猫生的崽崽是活的！”

“第一熊猫”繁殖成功，自然让专家们十分重视，希望它健康成长，有一个光明的未来，于是给它取名为“明明”。

动物园决定安排人员入驻大熊猫产房，便于夜间监护大熊猫母子。何光昕有了观察经验，便主动要求值夜班。他的具体工作就是在夜间观察记录母子的行为规律，做投食换水等杂活。“莉莉”的母性很强，将“明明”整日整夜抱在怀中，不停地舔舐。何光昕经过观察得出结论，这是将母亲的体温传递给宝宝，并帮助宝宝血液循环。何光昕还发现一个现象，当“莉莉”睡觉时，总是将“明明”放在自己的鼻子下面，这是让呼出的热气使宝宝感到温

暖。“莉莉”因为护崽，警惕性很高，陌生人不能接近。但与何光昕相处熟了，它变得十分温顺，每当何光昕下班回到兽舍，“莉莉”都要走过来和他亲近。让何光昕欣慰的是，在他驻守产房的两个月期间，母子俩没出过意外。看着“明明”在自己的照料下慢慢长出绒毛，毛色由浅变深，开始遍地爬行，何光昕开心极了。

“明明”长大后，经检查是雄性，可惜的是它竟然是先天独睾。它没有后代。1985年“明明”转让到长沙动物园。1989年8月23日去世，终年26岁。

由于有了这段当“保姆”的经历，何光昕就与大熊猫结下了不解之缘。有趣的是，何光昕在北京动物园工作期间，曾被派到宝兴县野生狩猎站工作过一段时间，他的任务就是组织猎人为北京动物园收集大熊猫等珍稀野生动物。据《北京动物园志》记载，从20世纪五十年代到七十年代，北京动物园在宝兴县收集了大熊猫、雪豹、扭角羚、白唇鹿、绿尾虹雉等珍禽异兽，其中仅大熊猫就多达70多只。1975年，何光昕回到成都，在成都动物园先后任副园长、园长。他带领成都动物园科技人员进行大熊猫繁育工作，成绩斐然。

大熊猫“明明”的出生，在当时是一件不小的新闻。

《北京晚报》1963年11月23日第二版刊发了《人工饲养繁殖后代首获成功 动物园大熊猫产仔》：

［本报讯］世界闻名的我国特产动物大熊猫，最近在北京动物园产下一只幼崽。由于饲养人员的精心护理，大

熊猫母子生活正常，不久即可与游客见面。

这种珍贵的动物，在人工饲养下繁殖后代，在世界上还是第一次，对动物学界来说，具有一定的深刻意义。

在世界上，只有我国川西海拔两千至四千米高山的竹林地带产大熊猫，数量稀少。它既怕热又畏寒，食性独特，人工饲养比较困难。远在1869年，动物学界首次发现这种动物，并在1936年捕捉到第一只活的大熊猫，直到1949年，我国只在成都饲养过。中华人民共和国成立以后，北京动物园陆续饲养了十多只大熊猫，他们派人到产地做过调查研究，多方设法为它创造良好的生活条件。1963年北京动物园提出繁殖大熊猫的计划，进行了有关繁殖方面的专题研究，经过饲养、管理等各方面的共同努力，终于在北京动物园诞生了第一只大熊猫。

欧洲和美洲各大动物园先后饲养过十多只大熊猫，他们想了很多方法促其繁殖，都没有成功。

这篇新闻稿署名“动科”，并配发了“莉莉”母子的图片。

欧阳淦怀抱着这只人工繁育的大熊猫“明明”的照片，刊登在《民族画报》1964年第3期的封面上。

1978年9月8日，北京动物园大熊猫饲养专家采用人工授精技术，成功地繁殖出两次人工授精的大熊猫的幼兽“元晶”，其初生体重为125克。这是世界上第一次实现人工繁殖大熊猫，在国内外引起轰动效应。人工授精繁殖大熊猫为拯救大熊猫这个濒危物种带来希望，而且对其他濒

危动物的繁育也具有十分重要的意义。

“元晶”的母亲是来自宝兴县的野生大熊猫“涓涓”，它的父亲是来自宝兴县的野生大熊猫“宝宝”和甘肃省文县的野生大熊猫“楼楼”（通过连续两次人工授精）。

第二节　两只“三脚猫”的故事
——全球首例大熊猫截肢手术和天生断掌之谜

冰崖：“戴立”生死劫　截肢获新生

2001年早春时节，川西宝兴县夹金山上仍是呵气成冰。2月26日下午2点30分，在海拔2 000多米的锅巴岩附近修筑公路的民工们刚吃过午饭，正准备上工，忽然听见远处传来几声凄惨哀鸣，接着又是“啪”的一声响。“什么东西掉到崖下了？”“不好！那叫声该是大熊猫吧……”有曾听闻过大熊猫叫声的民工瞬间醒悟过来。

他们旋即放下修路工具，沿陡壁山路，攀灌木丛林至崖边向下探头一看：天啊！一只大熊猫幼崽直挺挺地躺在崖下公路上一动不动。众人慌忙跑下山来，只见它耳、尾、四肢都有大面积创伤，生命垂危。正当众人准备用车辆将它送到蜂桶寨自然保护区时，奄奄一息的大熊猫渐渐醒来，乘人不备夺路而逃，一头钻进山间丛林消失得无影无踪。

寒风中夹杂着雨雪，这只浑身受伤的大熊猫幼崽在荒山野岭中即使不会遇到其他动物的侵害，在如此恶劣的天气下也难以生存下来。报告上级后，一支由蜂桶寨自然保护区管理局工作人员、派出所民警、民工及周围村民们组成的临时搜寻队开始在大熊猫逃逸的山林间拉网式搜索，每隔两米一个人。是夜，路边点燃一堆篝火，大家轮流值班。

第二天一早，又开始更大规模地搜索。上午10时左右，有队员突然发现半山腰处有棵油松树枝在轻微颤动，上面似乎还有一团黑影，走近一看，受伤的大熊猫正用前肢抱着头，躲在树上瑟瑟发抖。

这棵油松左边是悬崖，右边荆棘丛生，队员们先是用一张大网将油松四周罩严实，随后爬上树将这只几乎冻僵，没有反抗能力的大熊猫抱了下来，它身上所流出的血已凝结成鲜红的冰珠。事后，参与救治的医生说，如果晚一会儿，或许它就冻死在树上了……

抢救！抢救！

这只仅有35千克重、大约两岁的雄性大熊猫幼崽全身有多处撕裂伤痕，右耳被咬碎成10多块，缺损面达三分之二，右后腿、尾部均有较大面积被咬伤，估计是在与豺、豹等猛兽殊死搏斗后坠崖的。宝兴县人民医院医生即刻对它进行救治，3月7日晚上19时30分，受伤大熊猫被转到四川农业大学兽医院。

川农大抢救小组诊断后发现，受伤大熊猫左后肢已严重感染化脓，胫骨露出两三厘米，受伤的尾巴和耳朵因发炎后瘙痒难忍，已被它用爪子再次抓烂，从X光片中还可清晰看到它左后肢腓骨已完全骨折，创口深六七厘米并且开始腐烂。专家小组反复会诊，认为若不进行截肢手术治疗必然会危及大熊猫的生命安全。

3月8日的手术十分顺利，医生在对从它被截下来的左后肢进行解剖时发现，发炎的骨头中间还缺了一大块，估计是大熊猫伤痛难忍自己啃掉的，连肌腱也完全被咬断。经一个多月的精心调养，伤口逐渐愈合，各项生命指标完全正常，这只大熊猫终于脱离了生命危险，但为它主刀的川农大兽医院刘长松院长开出了一张不同寻常的“出院证”：这只“三脚大熊猫”在野外独立生存能力已大大减弱，需要终生人工饲养。

蜂桶寨国家级自然保护区为这只大熊猫起了个洋气的名字“戴丽”，后改名为“戴立”。

2003年12月28日，“戴立”乔迁新居，独门独院的兽舍足有5 700平方米，“刚来时它只有57千克，体重明显偏轻，就像个发育不良的少年”，据保护区的工作人员介绍：“如今‘戴立’有90多千克重了，虽然比同龄大熊猫偏瘦些，但对于受过严重创伤的它来说已经很不错了。”

调整兽舍，给“戴立”的房内安排了个新伙伴，哪知它举掌便打，管理员赶紧将它们分开，细细观察发现，原来已满18岁的小伙子“戴立”心中“有了她”。得了“相思病”的它总是喜欢待在一个地方“登高望远”，那是隔壁“三号院”的大熊猫“月月”，但“月月”还芳龄未满……

截掉左后肢的“戴立”不能爬树，自然也不能进行自然交配，管理员看着它痴情的模样心生爱怜，便通过“人工取精”的方式，希望能繁殖出具有“戴立”基因的后代，以促进大熊猫圈养种群遗传结构的改善。

当歌星费翔听闻“戴立”的故事后不禁热泪盈眶，或许感动于人们对大熊猫的救助行为，也或许感慨于“戴立”曾经所遭遇的坎坷，他认养了这只大熊猫，并为“戴立”取小名为“翔翔”，一个“翔”字表明了他与它的关联度，也代表着他对“戴立”的祝福。虽然是只“三脚猫”，但能健康愉快地生活着，就是一种“飞翔”……

雪夜：“紫云”偷食被困　解救后过上新生活

2005年12月4日下午，夹金山下的宝兴县气温骤降，天空中飘起了雪花。一夜风雪，宝兴县中坝乡紫云村一社村民杨忠明睡得很不踏实，他总觉得自家院内有些异样的声音，随着响动声愈发变大，他起床拿手电筒走到室外，光照处有团黑乎乎的东西，是一堆还在冒热气的大熊猫粪便。

见怪不怪的杨忠明返回屋内继续睡“回笼觉”，次日清晨他发现屋檐下、柴棚里也有大熊猫粪便，就在他打扫后准备把这些粪便倒进屋后一个废弃的砖瓦窑内时，赫然看到一个黑白相间的庞然大物竟然躺在窑洞中，杨忠明吓得险些跌倒，定睛细看，一只大熊猫正在酣睡，旁边还有一堆吃剩下的猪骨头。

杨忠明赶紧扛来一扇门板挡住洞口，用木棒死死抵住。随即向村支书苟必江家跑去，苟必江立刻拨通蜂桶寨自然保护区管理局的电话。保护区中坝管护站员工舒锦峰和大水沟大熊猫野外救护站的冯旭、张先林等人带着铁笼赶赴现场时，已近中午12时。依然酣睡的大熊猫全然不知自己已惊动了众人。

根据以往经验，大雪天往山下走的大熊猫往往都是老弱病残者，它们试图到人住的地方寻找食物。考虑到大熊猫野性尚存难以接近，现场抢救队制定了两套方案：一套是将抢救铁笼安放在窑洞口，用长竿将绳子伸入洞内，套住其胸部牵拉出来，但绝不能套头容易窒息；另一套是将封闭的窑顶挖开塞入填充物，缩小其蜷缩的空间，一点一点将它逼挤出来。

苟必江马上组织起20多名村民开始行动，绳套刚刚伸进窑洞，惊醒后的大熊猫一掌扫来，竹竿顿时断成两截，反复多次都难以如愿。

实施第二套方案的问题在于由于窑洞已废弃多年，生怕打洞时弄垮窑洞压伤大熊猫，大伙儿只有用手一点一点往外抠土，谁知位置判断不准，挖出的洞口正对着大熊猫头部，显然不能倾泻泥土，于是大伙又抠出了第二个洞口。随着渣土缓缓倒入，大熊猫一点点退出洞口，当它发现洞口正张开着个铁笼时，立刻咆哮不止，无奈窑洞内泥土越堆越多，它被迫将身体蜷进铁笼。

大家刚松一口气，关闭笼门时，大熊猫再次挥舞起巴掌，笼口边的钢筋瞬间被打弯，村民们吓得四处逃散，抢救队员赶紧在笼口处又插入一排木栅把它围逼住，此时，夜幕已经降临……

当晚10点，终于将这只野生大熊猫救回大水沟保护站，队员们给它起了个好听名字——“紫云”。“紫云”71千克重，为成年雄性，年龄在10岁左右，它耳朵有缺损，鼻梁上也有陈旧伤痕。雌性大熊猫发情时，雄性大熊猫为争夺交配权要相互争斗，只有胜者才能独享爱情，而争斗时最容易受伤的就是面部，看来“紫云”也曾为爱情负过伤。然而令人惊讶的是，它的左后腿竟然没有脚掌，是先天缺失还是后天伤害致残？如果是先天缺失，10多年它是怎么走过来的？如果是伤害致残，又是受到什么伤害……这一切都是难解的谜团。

转至雅安“新家”圈养，“紫云”刚住进别墅时胃口不好，活动也少，甚至有点闹情绪。为了让它尽快恢复食欲，工作人员每天都配好上等的竹子，在用玉米、竹粉、黄豆、鸡蛋、大米做成的窝窝头，“星级大餐”让它渐渐胃口大开。比起山里的风餐露宿，“紫云”过上了饭来张口的幸福日子……适应了新生活的它只要一走出圈舍，就爬木架、玩塑料球，虽然腿脚依旧有些不灵便，但顽皮劲丝毫不减它玩的兴奋度……

第三节　百年风雨　“巴斯”传奇
——北京亚运会吉祥物“盼盼”的故事

2017年1月18日，福建省福州市大梦山的海峡（福州）熊猫世界再一次热闹起来，大熊猫“巴斯”的“粉丝”从世界各地赶来，共同为“巴斯”庆祝37岁的生日。

就在这一天，“巴斯”还收到了一份大礼——世界纪录认证有限公司为它颁发了“世界现存最长寿的圈养大熊猫”证书。

有着表演天赋的大熊猫“巴斯”7岁访美，10岁成为北

京亚运会吉祥物“盼盼”原型，11岁上“春晚”，18岁被提取体细胞进行“克隆”研究，37岁成为“寿星”，堪称“举世无双”……

“巴斯”创造了一个又一个无法复制的“传奇”，烙上了一枚又一枚无可替代的“中国印”。

2017年9月13日，大熊猫“巴斯”的生命走到尽头，在福州去世，享年37岁，为世界留下的一个“巴斯时代”。

1984年2月22日下午，家住宝兴县永富乡永和村的李兴玉上山砍柴。当她和邻居家小孩石家明背着柴火回家，途经巴斯沟时，突然看到激流中有一只大熊猫正在挣扎。“它看上去已经筋疲力尽。我们赶到河边的时候，它已经任由河水冲到中央，卡在两块大石头中间。”李兴玉不想看着大熊猫就这样死去，她解下捆柴的绳子，一头拴在自己身上，一头准备拴在树上，然后下河救大熊猫。此时，石家明飞快回家喊来母亲张天玉，母子俩拉住绳子一头，让李兴玉跳进刺骨的河水中。

巴斯沟的水冷得让李兴玉浑身发抖。但她坚持一步一步地接近冻僵的大熊猫。李兴玉轻轻地把它从冰水中抱起来，在张天玉母子的牵引下，艰难地走向河岸。

“上岸后我摸了它的鼻子，发现它还有微弱的呼吸，于是就点燃柴火，把它放在火边取暖。”时隔多年，李兴玉依然记得当年抢救大熊猫的事。

渐渐地，大熊猫苏醒过来，有气无力地看着解救它的人们。李兴玉从家里为大熊猫拿来了红糖和玉米面，见大熊猫清醒过来了，赶紧煮了一大碗玉米糊给它吃。

一只野生大熊猫哪能轻易吃人类给它的食物？“我就轻轻拍它的脑袋，告诉它，吃了东西才有力气回山上嘛！”李兴玉说，这只大熊猫很有灵性，“就像听得懂我说的话，果然张开了口，把我一勺勺喂它的一大碗玉米糊糊吃了个底朝天。”

这只被李兴玉救下的大熊猫，很快就被送到位于宝兴县的蜂桶寨自然保护区。临行之前，李兴玉依依不舍地送别。她跟在保护区管理干部高华康后面，一副欲言又止的样子。

最终她鼓起勇气问：“这只大熊猫，你们叫它什么名字？”

高华康告诉她：“大熊猫是你救的，你就是它的娘了。你的娃娃还得让你取名。”

“我们就是在巴斯河里救的它，就叫它‘巴斯’吧。一来以后不管它在哪里，都知道它来自什么地方！二来也祝愿它长得巴巴适适，将来有出息。”李兴玉说。

一个响亮的名字就这样诞生了。

后来，国家林业局专门给李兴玉颁发了一张大红奖状和300元奖金，以表彰她对大熊猫“巴斯”的救助。这张奖状，李兴玉视若珍宝。李兴玉家搬了几次，先是从永富乡巴斯沟搬到宝兴县城，后来又搬到了雅安市区，很多东西都丢了，但唯独奖状和当年抢救“巴斯”用过的绳子、面盆，她一直保存得好好的。

“当我想‘巴斯’的时候，我就把这几样东西拿出来，‘巴斯’仿佛就到了我身边。”后来，听说海峡（福

州）熊猫世界准备筹建“巴斯（大熊猫）博物馆”时，她二话没说，就把这三样东西捐献了出来，委托四川省大熊猫生态与文化建设促进会工作人员寄到福州。

海峡（福州）熊猫世界主任陈玉村收到后，觉得奖状过于珍贵，经过扫描复制后，又把原件寄还给了李兴玉，嘱咐她妥善保存。

“巴斯”为何会成为“表演全才”？

“从为了健康和科研服务，我们对每只大熊猫，都会进行适当的驯化。”海峡（福州）熊猫世界主任陈玉村如此解释。让大熊猫进行吊环、骑车等训练，可以强健身体；而训练对工作人员的服从，还能实现不麻醉就能输液治疗、做B超检查等。在此期间，工作人员发现“巴斯”对音乐特别敏感，于是有意识培养它的各种学习能力。在这里，“巴斯”学会了蹬车、举重、晃板等20多项表演技能，一举成为动物园的“表演明星”。

这位动物界冉冉升起的“天皇巨星”，很快就红到了美国。1987年7月至次年2月，“巴斯”作为“友谊天使”出访美国圣地亚哥市。在200天对外展出的日子里，这座城市沸腾了。当年曾陪同出访的陈玉村回忆：“半年多的时间里，居然有两三百万美国人前往参观，每天排队购票的长龙有1千米，而为了看它3分钟的表演，得排队5个小时。”当时一位美国老太太竟然急中生智，现场填写了一张10万美元的支票，高声嚷嚷是要给“巴斯”捐款，最终获得提前进入的机会。而“巴斯”前往洛杉矶机场离开美国的那天，沿途200多千米的路上，都是来送别的美国人。

1990年，中国首次举办亚运会。“巴斯”凭借自己的表演才能脱颖而出，成为北京亚运会吉祥物“盼盼”的原型。陈玉村回忆：“那时候，亚运冠军想和‘巴斯’合影，都得经过审批才行。”

携北京亚运会吉祥物“盼盼”之势，1991年，“巴斯”竟然登上了央视的“春晚”舞台。至今很多电视观众都还记得当年的这只大熊猫演员。

“‘巴斯’表演了投篮、举重等几个体育动作，惟妙惟肖，太萌了！”在春晚上，“巴斯”让更多的四川观众记住了它。因为它蹲在椅子上拿起电话“说”：“四川的亲人你们好，我在福州生活得很好，请家乡父老乡亲放心。祝家乡人民新年快乐！”

那年“春晚”以后，以“盼盼”命名的防盗门、玩具、火柴等也如大熊猫一样，风靡全国。

巴斯走进亚运会

1985年，在长春电影制片厂任美工的刘忠仁看到了征集亚运会吉祥物的启事后，决定应征。

当时，刘忠仁一家三口住的地方只有14平方米。一张小桌子，既是饭桌也是书桌，吃了饭，女儿还要写作业，只能等到女儿睡了，他才有画画的地方。可就在这张小桌上，刘忠仁的应征稿诞生了。

北京亚运会筹委会在征稿时规定用大熊猫做吉祥物。刘忠仁找了几张大熊猫照片，他一眼就看上了大熊猫“巴

斯”。在他眼里，“巴斯”很漂亮。

在构思时，刘忠仁发现，很多人画的大熊猫艺术品主要是表现大熊猫的憨态可掬。他觉得作为体育运动的吉祥物，光有娇憨可爱还不够，还要用大熊猫来表现体育“更快、更高、更强”的竞技精神。于是，他决定打破常规，创作出一幅拟人化的大熊猫图。

1984年，美国洛杉矶奥运会刚举办不久，洛杉矶奥运会吉祥物是迪士尼设计的举着火炬的老鹰“Sam”。他觉得很有意思，于是就画了一只举着火炬的大熊猫图。几易其稿，最终一个身着运动装的大熊猫出现了，只见大熊猫一手高擎火炬，一手举着奖牌，微笑着向我们跑来。为了增加色彩效果，刘忠仁还给大熊猫系上了一条红色的腰带，既有吉祥的寓意，也让仅有黑白色的大熊猫色彩丰富了起来。

这个活泼可爱的大熊猫造型一下就抓住了评委的眼睛，组委会给举着奖牌的大熊猫命名为“盼盼”。有了“盼盼”，还需要有一个“形象代言人”，大熊猫“巴斯”获此殊荣。

1990年，在北京亚运会举行期间，已成为明星的大熊猫“巴斯”来到北京表演，在另外一个舞台上为中国运动员“加油”。

北京亚运会是中华人民共和国成立后第一次承办的大型国际综合性体育赛事。北京亚运会在神州大地掀起了一股强劲的体育热潮，憨态可掬的吉祥物大熊猫“盼盼”，不仅征服了全国人民，同时也赢得了全亚洲人民的好感。

一股代表着中国的“盼盼”风甚至还吹到了世界范围，永远地印在了国人的记忆里。

我与病魔抗争，为大熊猫“终老”探路

在大熊猫专家眼里，大熊猫“巴斯”的聪颖固然可爱，但它屡胜病魔，更让人怜惜。

陈玉村说，“巴斯”一生总共经历了3次“死里逃生”。第一次是掉入冰河，是“妈妈”李兴玉救了它。而另外两次，先是因高血压导致血管破裂，后又因急性胰腺炎而生病垂危，幸亏它意志坚强，又得科研人员正确救治，“巴斯”这才从鬼门关逃了出来。

“巴斯能坚强地挺到今天，太不容易了……”陈玉村介绍“巴斯”三过“鬼门关”的经历时，哽咽起来。

2002年7月，在福州鼓岭避暑山庄，“巴斯”的血压高出正常值两倍，鼻黏膜血管破裂造成大出血，昏迷了1周，生命危在旦夕。在医护人员的奋力抢救下，“巴斯”最终坚强地挺过来，创造了生命奇迹。

“2010年6月，我们正在为‘巴斯’筹备30岁生日庆典时，它突发胰腺炎，再度生命垂危。”回忆起巴斯当时发病时的情景，陈玉村仍心有余悸。

6月1日儿童节这天，海峡（福州）熊猫世界里游人如织。然而，任凭孩子们怎么呼唤“巴斯”，“巴斯”都没有了往日的活泼，躺在草坪上没有力气站起来。

“‘巴斯’病重了！”陈玉村发现情况不妙后，立即向南京军区福州总医院求助。医护人员火速赶来与熊猫世

界的工作人员会合，共同救治“巴斯”。麻醉、采血、输液、监控心率和血压、观察呼吸和体温……

治疗期间，由于病痛，“巴斯”不断痛苦呻吟，让救护人员心疼不已，许多人都是含着泪水在救护。

然而，经过几天的治疗，“巴斯”情况依然没有好转。陈玉村和熊猫世界的员工一刻不离地守在“巴斯”身边，晚饭都顾不上吃，经常输完液后已是凌晨，但大家都不知疲倦。

病中的“巴斯”没有食欲，为了给它喂药喂饭，饲养员用手指撬开它的牙齿，从牙缝里一点一点塞进去，它吐出来，又哄着它再塞进去，每喂一次得花近两个小时，喂完一顿饭，饲养员经常是满头大汗，累得腰都直不起来。

“‘巴斯’，挺住！”“‘巴斯’，加油！”在海峡（福州）熊猫世界的许愿墙上，前来看望“巴斯”的游客写满了鼓励和祝福的话语。

一周时间过去了，“巴斯”的身体和精神状态终于有所好转，能起身散步了。

陈玉村早已过了退休年龄，但他继续与“巴斯”为伴。“‘巴斯’对我来说太重要了。从某种意义上讲，可能比儿女都要重。只要‘巴斯’能多活几年，我愿意拿自己的寿命来交换。我最大的愿望是每天起床睁开眼睛就看到它，我会一直陪着它到最后……”陈玉村说。

陈玉村用30多年的光阴默默守护大熊猫“巴斯”的事迹感动着亿万网友。2017年1月21日，由新华社举办、国内首个以基层人物为报道和评选对象、由网友通过互联网新媒体评选并传播的品牌公益活动“中国网事·感动2016”年度网络人物评选结果在北京揭晓，10位“草根英雄”中，就有“熊猫爸爸”陈玉村。

组委会给“熊猫爸爸”陈玉村的颁奖词是这样写的：

“几十年来，他同照顾自己永远长不大的孩子一样，与大熊猫无语相伴。73岁高龄的他，仍然工作在一线，想陪大熊猫走到最后。

一生只做一件事，一生陪伴一只‘猫’，陈玉村这般执着，如此平凡。平凡到了极致，就是大美。‘熊猫爸爸’陈玉村实至名归。”

北京亚运会吉祥物大熊猫“盼盼”手持金牌的画面给全世界人民留下了深刻的印象。

2017年，“盼盼”的原型“巴斯”已37岁高龄。野生大熊猫的平均寿命一般只有10多岁。大熊猫的生理年龄1岁相当于人类4岁，照此计算，“巴斯”已活到“148岁”了。这是一个“逆天”的生命奇迹。

2015年11月28日，在“巴斯”35岁生日这天，前来探望的游客已将它的“家”包围得里三层外三层。“巴斯”靠着树干坐在地上，看上去动作有些迟缓，它一会儿扭扭脖子，一会儿拍拍自己圆溜溜的肚皮，还不时向游客挥手，娴熟地展示自己20年前的“招牌”动作。

岁月如梭，从青丝到白头，李兴玉也到了古稀之年。她有4个子女，她一直把“巴斯”当作自己的第5个孩子。

儿行千里母担忧，“巴斯”离开家乡后，李兴玉通过各种渠道关心着“巴斯”的点点滴滴。2005年11月，在“巴斯”25岁生日之际，李兴玉第一次到福州与“巴斯”重逢。“那时，我看到‘巴斯’的精神状态还很不错，我真的很高兴！”

2010年11月，李兴玉又去了一趟福州，第二次看望“巴斯”。

李兴玉第三次去福州看望女儿“巴斯”时，她已是70岁的老人了。她带去了家乡的鲜竹叶、苹果、奶粉以及当年抢救“巴斯”用过的草绳。

在“巴斯”生日庆典活动上，李兴玉被安排在主席台上就座，并向她授予“巴斯救主”和“巴斯功勋”奖章。

这一切在李兴玉看来都没有她要做的事情重要。她要去看看女儿“巴斯”。

李兴玉再也坐不住了，她从主席台上悄悄溜了下来，艰难地挪动着病腿，要去看女儿“巴斯”。

李兴玉隔着馆舍玻璃，轻轻地呼唤起来：“‘巴斯’‘巴斯’，妈妈又看你来了！”

“母女连心”，灵性的“巴斯”似乎听见了李兴玉的呼唤，它缓缓地爬到了门边徘徊，“瞪”着一双大眼睛凝望着“妈妈”。

“巴斯”老了，动作迟钝缓慢。李兴玉暗自伤感：“‘巴斯’，你老了，我也老了，我们都老了，我们都要好好地活着……”

“带‘巴斯’就像带小孩。”陈晓玲从台湾赶过来，讲述了她和大熊猫“巴斯”的故事。

陈晓玲是“巴斯”的第一任饲养员，也是它的健身教练。作为“巴斯”最亲密的“朋友”，陈晓玲每次回福州都会去看望“巴斯”。回忆起当年饲养“巴斯”的情景，陈晓玲笑了起来：“它不乐意的时候，会生气，所以我们要对它非常有耐心，像带孩子一样，等它气消了，再来安抚它，再和它好好说。”

两年多的时间又过去了，37岁的“巴斯”依然住在海峡（福州）熊猫世界里，每天仍有不少游客专程前往探视。“巴斯”的可爱一如既往，虽然年迈，但它偶尔会吐舌“卖萌”，继续为游客“制造”着欢乐。

“巴斯”37岁的生日庆典，72岁的李兴玉再也走不动了，她只得流着眼泪，在家里守候着电视机，看着电视节目中的“巴斯”，只见她双手合十，对着遥远的东方，向女儿“巴斯”默默祝福。

“巴斯”拥有一片独立的“花园别墅”。每天“巴斯”会在清晨时分到院里的水塘遛弯，再吃早餐。然而“岁月不饶人”，年迈的“巴斯”如今走几圈就会气喘吁吁，肠胃也大不如前。为此，工作人员为它配备了专门的“老年餐”和各种药物及营养品。

那“巴斯”的伙食开得如何呢？陈玉村说，主要还是会让它吃竹叶。年老的“巴斯”牙齿磨损厉害，已经不愿啃很硬的食物。为此，饲养员会挑选最新鲜的竹子，细心剔去细杆，把竹叶切成细丝，以保证它进食后易于消化。如果不吃竹叶，“巴斯”的消化道得不到刺激，便会拉肚

子。幸运的是，在饲养员精心照料下，它还能拉出成团的大便。为了营养均衡，科研人员给它制定的食谱上还有苹果和萝卜等果蔬，而这些都会严格称重，并切成丝后才给“巴斯”食用。根据它的身体状况，还会不定时搭配窝窝头，而老年大熊猫需要的营养品，比如钙、卵磷脂、蛋白粉等，都会加入其中。“巴斯”的饮品也有讲究，为了补气健脾，工作人员给它喝的水中加入了枸杞、红枣等药材，尽量给“巴斯”进行全面食补。

年龄渐长的“巴斯”不再有年轻时的活力。陈玉村说，它现在吃一顿饭，要花半小时左右。而且眼睛也越来越花了，饲养员不得不靠击掌来帮它明确方向，并且在它进食后引导它到户外行走健身。

44岁的施飞宁“走”后，曾在施飞宁身边当助手的罗伟铭成了“巴斯”的“御用主管”。每天早晨8点，罗伟铭就穿上工作服，换上雨靴，戴上橡胶手套，来到“巴斯”的身边，开始他一天的工作。

来到园里，罗伟铭总是先在一旁默默观察“巴斯”的精神状态。鼻子是不是湿润，眼睛分泌物会不会过多，粪便是否正常——通过一系列的观察，这位“奶哥”可以准确地判断出“巴斯”的身体状况。

因为年迈，“巴斯”无法进行大幅度运动，在它的活动场里，并没有设置供玩耍嬉戏的铁架。“巴斯”每天的睡觉时间达到21个小时，活动时间不到1个小时，每当“巴斯”运动量不够时，罗伟铭都会拍掌，引着它在活动场内散步。

在“奶哥”眼中，上了岁数的“巴斯”要比其他大熊猫“淡定”许多。“身边突然吵闹起来的时候，其他大熊猫会吓得躲起来，但是‘巴斯’只会竖着耳朵、转转眼睛，机警地观察一下，又继续干自己的事儿。”罗伟铭说，“‘巴斯’毕竟是见过大场面的。”

因为患过白内障，“巴斯”的右眼植入了晶体，而左眼几乎失明。好在“巴斯”与饲养人员长期生活在一起，彼此间很熟悉了，多数的时候，罗伟铭依靠声音就能与“巴斯”交流。

2017年9月初，“巴斯”以37岁高龄取得吉尼斯“世界上现存最长寿圈养大熊猫”证书，就在人们盼望着它向“最长寿的大熊猫世界”新纪录（2016年10月16日，在香港海洋公园生活了17年的大熊猫“佳佳”离世，终年38岁，它是全球最长寿的圈养大熊猫）发起挑战时，9月13日，“巴斯”悄然离世，享年37岁。

2018年9月13日，在“巴斯”逝世一周年之际，海峡（福州）大熊猫研究交流中心举行“‘巴斯’未曾离去”活动，宣布“巴斯”文化建设工程启动，用虚拟影像技术与人工智能技术，令巴斯“复活”，在虚拟时空中永存。该工程由联合国教科文组织、福州市人民政府、福建省对外文化交流协会、海峡（福州）大熊猫研究交流中心等单位发起，将以“新文化 新共享”为核心使命，借“巴斯”文化与精神搭建中国与国际文化交流的平台，实现中国文化的世界共享。

据介绍，“巴斯”文化建设工程包括举办“巴斯”

文化论坛、“巴斯”绿色品牌对话会、大熊猫“巴斯”文化行者、“巴斯”“新国宝”等品牌活动，最终达到传承“巴斯”文化理念，推动“巴斯”文化跨行业、跨国界伸展。同时，还将成立巴斯文化促进会、巴斯文化交流中心、巴斯文化公益基金等机构，还将改造“巴斯”故居，规划构建“巴斯”地标建筑等。

由笔者创作的《和平使者熊猫巴斯》一书，作为“巴斯”文化建设的第一项工程也在当日首发，该书由福建人民出版社出版发行，以中英双语、图文的形式描写大熊猫“巴斯”独特而富有传奇的一生。

虽然“巴斯”走了，但它会一直留在于人类共同记忆之中。伴随着中国经济实力的强大，“巴斯”还将成为中国品牌走向世界的“中国印”。

专家揭秘“巴斯”长寿之谜

与大熊猫“巴斯”朝夕相处的陈玉村认为，“巴斯”长寿的原因与“巴斯”的早期驯化有关，具体有以下几个方面：

一是运动。野外大熊猫平均每天活动量在14个小时以上，而圈养大熊猫饱食终日，成天睡觉，体质较差。但“巴斯”作为体操“明星”，算得上是运动健将，会骑车、投篮、举重、推车等项目，运动量大，体质得到了增强。

二是食物。根据老年“巴斯”的实际情况，工作人员为它精心制作易于咀嚼、消化的食物，同时为了营养均衡，还为它添加了苹果、萝卜等果蔬，并添加老年大熊猫需要的各类营养物质，对它进行全面食补。

三是医疗。“巴斯”可不经麻醉就能采血，进行超声波和拍片等检查，监测心跳、呼吸、血压、体温等也能随时进行，这就在医护人员抢救生命分秒必争的关键时刻，赢得了一线生机，最终让“巴斯”的生命得到延续。

西华师范大学退休教授胡锦矗是著名的大熊猫研究专家，有“中国大熊猫研究第一人”之称。在胡锦矗眼里，“大熊猫是否衰老的标志是牙齿”。

胡锦矗说：“野外大熊猫到20岁左右就算高寿了。因为长年吃竹子，牙齿磨损严重，慢慢牙齿被磨平了，就吃不动竹子了，而大熊猫的主要食物就是竹子。”判断大熊猫年龄的主要依据也是看牙齿。从他收集到的大熊猫牙齿标本分析，野外大熊猫的最高年龄在25岁左右。

胡锦矗说，与此相对应的是，生活在动物园里的大熊猫，虽然也吃竹子，但吃得并不多，更多的是精料，即包含各种营养成分的“大熊猫饼干”“大熊猫窝窝头”等，它们的牙齿磨损不大，甚至有的大熊猫到了18—20岁，还能换牙齿。另外，圈养的大熊猫有比较好的医疗条件，生病后能得到及时治疗。从大熊猫谱系来看，目前超过30岁的圈养大熊猫已经很多了，除“佳佳”“巴斯”外，大熊猫“都都”活到37岁，旅居海外的大熊猫“宝宝”也活到了34岁……

在中国科学院动物研究所副所长、中国科学院院士魏辅文看来，大熊猫是否长寿，既不能以个例代替群体，更

不能拿圈养大熊猫与野外大熊猫简单进行比较。“生活在野外的大熊猫，它们是什么时候生的？什么时候死的？它们的平均寿命是多少？它们的生卒年月谁能准确统计？圈养大熊猫有明确的生卒年月，当然也并非每只都长寿。”

魏辅文提供了一份发表在1988年第3期《兽类学报》的科研论文《野生大熊猫的年龄鉴定》指出，野生大熊猫的年龄鉴定主要依靠门齿齿骨质年轮线。他们曾在四川汶川、宝兴、青川、平武以及甘肃文县等地考察，以野外死亡大熊猫的门齿做年轮线统计分析，发现野外大熊猫最长寿命是26岁。

“随着社会进步，如同人类的寿命越来越长一样，大熊猫长寿也是正常的事，长寿大熊猫也会越来越多。”胡锦矗、魏辅文都对这一观点表示认同。

附：“巴斯”年谱

落难巴斯沟　1984年，四川省大熊猫栖息地又一次出现了竹子全面开花。当年4岁的大熊猫“巴斯”饥饿难耐，在走大山寻找食物时，不慎落入四川省宝兴县永富乡的巴斯沟中，幸被李兴玉救起，被送到宝兴县境内的四川省蜂桶寨自然保护区饲养，后转送到四川省卧龙自然保护区。

离开故乡　1984年4月，国家林业局批准包括“巴斯”在内的两只大熊猫送往福州。陈玉村三进四川，在卧龙自然保护区管理局党委书记赖炳辉的家连夜倾谈，希望他们同意把“巴斯”送到福州。

赴美演出　1987年，受中华人民共和国林业局派遣，

“巴斯”代表中国野生动物保护协会，赴美国圣地亚哥访问半年。在200天对外展出的日子里，每天排队观众长达几千米，排队五小时才能看它三分钟。

北京亚运会吉祥物　1990年应北京亚运会组委会邀请，“巴斯”赴北京参加第11届亚运会大型文展活动，成为北京亚运会的吉祥物——“盼盼”的原型。

春晚表演　1991年，“巴斯”接受中央电视台春节联欢晚会的邀请，在“春晚”舞台上表演了投篮、给家乡打电话等节目。

克隆大熊猫　1998年，中科院异种克隆大熊猫项目，从“巴斯”的肌肉上提取的体细胞，与兔子的卵细胞经过专家的努力变成了大熊猫——兔克隆大熊猫胚胎。这项成果被评为“1999中国十大科技进展”。

患上高血压　2001年，“巴斯”患上了高血压，血管破裂造成大量出血，昏迷一周，多次抢救终于起死回生。“巴斯”是国内外首例大熊猫高血压患者。

重见光明　“巴斯”16岁时右眼开始出现白点，最后遮住了整个眼珠。2002年4月，“巴斯”被送上手术台摘除了白内障。术后“巴斯”逐步安定，继而角膜的云雾逐步消散，进而变得透亮，重见光明。我国首例大熊猫白内障手术取得成功。

起死回生　2002年7月，“巴斯”大量出血，昏迷在地，生命垂危。工作人员抢救二十多天，“巴斯”才苏醒过来，起死回生。

“百岁”生日　2005年12月18日，“巴斯”25岁（百

岁）生日庆典。

再获新生　2010年6月1日，巴斯肠炎并发胰腺炎、高血压，经过十多天的治疗，“巴斯”获得了第三次新生。

重游美国　2015年9月21日，“巴斯”重游美国，3D动画短片《“巴斯”向世界人民问好》在纽约时报广场的“中国屏”上滚动播出。

最长寿大熊猫　2017年1月18日，37岁的“巴斯”获世界纪录认证有限公司颁发“世界现存最长寿的圈养大熊猫”证书。2017年9月，“巴斯”以37岁高龄获世界吉尼斯纪录——世界上健在最长寿的大熊猫。

“巴斯”离世　2017年9月13日，大熊猫“巴斯”的生命走到尽头，在福州去世，享年37岁，为世界留下的一个“巴斯时代”。

第四节　江山半壁　传奇一生
——大熊猫“盼盼”的前世今生

全球年龄最大的雄性大熊猫“盼盼”于2016年12月28日4时50分离世，享年31岁，相当于人类百岁高龄。大熊猫“盼盼”的后代约占全球圈养大熊猫种群近四分之一，现存血缘后代130余只。有网友称，大熊猫“盼盼”以一己之力挽救了整个种族。

“盼盼”的老家就在雅安，它是四川省蜂桶寨自然保护区的工作人员从野外抢救回来的大熊猫遗孤。

熊猫遗孤：“盼盼”的老家在夹金山中

2006年底，一辈子从事大熊猫野外保护的崔学振，从四川省蜂桶寨自然保护区管理局局长的岗位上退休，但他仍心系大熊猫。2016年12月28日，他在网上看到一条消息，31岁的大熊猫“盼盼”走了。

“‘盼盼’的老家在夹金山。”崔学振有一本“私家笔记”，里面记录着从20世纪80年代以来，经他和同事之手从野外抢救的50多只大熊猫的情况，堪称一部夹金山保护大熊猫的“熊猫档案”。

翻开崔学振的“私家笔记”，果然在编号为“27”的“熊猫档案”中看到了“盼盼”的身影。

发现时间：1987年1月5日。

发现地点：盐井乡快乐5组。

年龄：3个月。

发现人员：柳忠明。

摘要：“在大箭竹林……有一大桦桤树桩。抱回来了。据说，幼崽离开一昼夜，母体就不认幼崽。取名‘盼盼’。后调卧龙。”

原四川省蜂桶寨自然保护区管理处负责人杨本清也清楚地记得，“盼盼”是从海拔2 500米左右的地方抢救回来的。当时夹金山的箭竹大面积开花，宝兴县政府和管理处组织了大量的巡护人员上山抢救大熊猫，柳忠明发现了这只大熊猫幼崽，经过一个昼夜的暗中观察，周围没有成年

大熊猫活动的踪迹，确定它是一只被遗弃的大熊猫幼仔，就把它抱回保护区。当时这只大熊猫幼崽长得很丑，身上长满了疮。保护区把它交给了饲养员李武科，当时他还养着另外一只大熊猫幼崽，名叫“安安”，和“盼盼”差不多大，也是从野外抢救回来的遗孤。白天，李武科给它们喂奶时，要用两个奶瓶同时喂，不然它们就会争食打架。晚上，两个小宝宝就睡在李武科的床上，一边一个，乖得很，只有想拉屎撒尿的时候才哼哼。经过李武科的精心照料，两只大熊猫幼崽慢慢地健壮起来。

曾在保护区工作过的大熊猫摄影家高华康，在他自己建了一个“大熊猫影像档案”，里面也有“盼盼”的身影。从他提供的三张“盼盼”的照片中，有两张照片显得尤为珍贵：一张是饲养员李武科正在用奶瓶喂养“盼盼”，另一只大熊猫“安安”趴在他的腿上抢着要奶喝；还有一张照片是坐在童车里的“盼盼”和小女孩一起玩耍，这个小女孩是管理处职工郑足平的女儿。当时跟“盼盼”一起玩耍的还有高华康的女儿向珂。

高华康的爱人也曾饲养“盼盼”一段时间，她回忆说：“‘盼盼’小时候就很顽皮，我们把它关在屋里，它会自己拨开门栓，打开门跑到院子里玩耍。累了，自己跑回屋里睡觉。”

1990年9月至1991年1月，“盼盼”还以“新兴”的名字，与“安安”一起成为文化使者出访新加坡。这是中国大熊猫首次在东南亚地区展出，在三个多月的展出中，吸引游客达45万。据当年随大熊猫一起到新加坡的保护处职工王开礼回忆，1991年元旦是“新兴”（“盼盼”）“安安”在新加坡展出的最后一天，当天艳阳高照，很多游客专程赶来，与大熊猫道别，并期盼大熊猫能到新加坡安家。2012年9月5日，大熊猫“武杰”“泸宝”从雅安碧峰峡启程，赴新加坡进行为期10年的大熊猫国际科研交流合作活动。

英雄父亲：“盼盼”造就了大熊猫显赫家族

“盼盼”在蜂桶寨保护区大熊猫临时救助站生活了4年多的时间。1991年5月4日，正值青春年少的大熊猫“盼盼”离开了蜂桶寨，来到与夹金山一山之隔的卧龙自然保护区大熊猫研究中心。

位于卧龙自然保护区的中国保护大熊猫研究中心成立于1983年，当时科研人员“相中”了体格健壮、相貌英俊的“盼盼”。当时全世界只有4只能自然交配的雄性大熊猫，“盼盼”就是其中之一，那个年代是年轻的中国科研人员在为大熊猫科研事业苦苦摸索的初端。“盼盼”不负众望，当年与大熊猫“冬冬”配对，当上了父亲，长女“白云”的诞生改写了卧龙10年无大熊猫人工繁育成功的历史。

此后，“盼盼”接二连三地当上父亲，成为一个令人瞩目的“英雄父亲”。

1991年9月7日，大熊猫“白云”出生，1996年9月10日，被送到美国圣地亚哥动物园。“白云”是卧龙第一个成活、并进入繁殖的子一代，开创了全人工哺育大熊猫幼

崽的新篇章。老子英雄儿好汉，“盼盼”的子女继承了非常优良的血统，“盼盼”子孙满堂，成为大熊猫显赫家族的“高祖”。

“白云”从诞生之日起，就像卧龙湛蓝的天空中飘浮的白云，给了为大熊猫事业默默贡献的科研人们的希望，也给那个时期的人们在大熊猫科研领域的“空白蓝天”上留下了“白云”这浓墨重彩的一笔。

后来，“白云”飘到了海外，它先后和大熊猫“石石”“高高”配对，在美国生下了“华美”“美生”“苏琳”“珍珍”。

大熊猫“高高”和“盼盼”的出生地一样，也是在宝兴县的夹金山中。1993年4月6日，人们在野外发现了这只与母亲走散的幼崽。当时，“高高”1岁左右，被人发现时身负重伤，血流满面，一只耳朵几乎被撕掉，不知和谁发生过殊死搏斗，满身是伤，体弱多病。经蜂桶寨自然保护区工作人员救治后，“高高”被送往卧龙大熊猫研究中心生活。后来，“高高”成为“盼盼”的女婿即“白云”的丈夫，“美生”“苏琳”“珍珍”是它们的儿女。

“华美”是第一只在海外出生的大熊猫。当时中国驻美大使李肇星亲自给它起名“华美”（意为中国与美国）。它是一位英雄母亲，共生有三胎六仔，其中赠台大熊猫“团团”是它的儿子。“白云”是“团团”的外婆，“盼盼”是“团团”的外曾高祖。而随着“圆仔”的出生，“盼盼”家族五世同堂，“盼盼”自然成了“高高祖”。

在“盼盼”家族中，最具“明星”模样的海归大熊猫“泰山”，是“盼盼”的孙子。“泰山”出生在美国，当年有22万美国人参与了为它取名活动；全球首只野外放归的大熊猫“祥祥”也是“盼盼”的孙子……

可以毫不夸张地说，“盼盼”的后代中，每一只大熊猫都闪烁着迷人的光环和传奇的故事。

英雄暮年：“盼盼”的子孙陪伴在我们身边

作为五世同堂的“熊猫祖祖”，在过去20年里，“盼盼”的基因占领了人类圈养大熊猫的“半壁江山”，有超过130只的后代，约占全球圈养大熊猫的四分之一，形成了庞大的“盼盼家族”。

2015年8月31日，在四川大熊猫国际生态旅游节暨都江堰首届大熊猫节举行期间，有记者曾专程到中国保护大熊猫研究中心都江堰基地看望“盼盼”。

曾经的“盼盼”总是精神饱满，活力十足。尤其是在交配季节，它十分亢奋，浑身上下都散发着荷尔蒙的味道。在那个年代罕逢对手，“盼盼”顺理成章地占据了种群的“种公猫”优势地位。然而岁月沧桑，英雄暮年，“盼盼”老了，昔日的风采已经远去。

远远地看过去，只见“盼盼”懒懒地趴在窝中，不时转动着圆圆的脑袋，也许它正在回忆着自己从夹金山一路走来的辉煌历程。

“祝你生日快乐，祝你生日快乐……”2015年9月21日，世界上年纪最大、后代最多的雄性大熊猫“盼盼”在

中国保护大熊猫研究中心都江堰基地迎来了30岁生日。当天上午，研究中心的工作人员为“盼盼”举行了一场生日活动。相当于人类100多岁的“盼盼”在众人的祝福中缓缓走进圈舍，舔食铺满胡萝卜的“冰蛋糕”。

“5·12”汶川特大地震后，在香港特别区政府的援建下，中国保护大熊猫研究中心在成都都江堰基地建立了“大熊猫养老院”，在开展大熊猫疾病防控与科研工作的同时，负责年老、生病大熊猫的饲养管理和医疗保健，让年老大熊猫安享晚年。游客可以近距离观赏到至少20多只老年大熊猫的休闲生活，也会看到长寿明星大熊猫“盼盼”的身影。

大熊猫“盼盼”与其他老年大熊猫一道，从雅安碧峰峡基地来到了都江堰基地的“盼盼园”。刚到“大熊猫养老院”时，百岁“盼盼”身体尚好，牙齿脱落不多，每天活动5个小时左右，食量不错，主要以竹叶、嫩竹笋为主，每天仍能进食7—10千克，相当于人类每餐吃两碗米饭。

自古以来，英雄老矣、美人迟暮是最让人无法接受的事情。岁月不饶“猫”，“盼盼”终究年事已高。从2015年初，工作人员就开始给它补充营养液等促进肠胃消化的药物，帮助消化。疾病正在一点一点地侵蚀着“盼盼”的身体，白内障和牙齿退化已经给它的日常活动带来了困难。

不过，在病痛中，“盼盼”仍然保持着一定的活力，与病魔抗争。2016年9月1日，“盼盼”迎来了31岁生日。在工作人员精心筹备的生日派对上，“盼盼”精神矍铄，一口咬掉了生日蛋糕上的年龄数字31。11月初，“盼盼”被发现腹围明显增加，血常规检查显示多项生理指标异常。在接受麻醉检查、CT扫描后，医生在“盼盼”的腹腔内发现了巨大软组织密度肿块，疑为肿瘤占位性病变。由于长期老年病缠身，“盼盼”的牙齿磨损严重、抵抗力下降……身体素质已不适合手术治疗，只得采取姑息治疗。

在“盼盼”最后的日子里，它住在环境更幽静的特殊病房，不对外开放，并有专人照料。除了对“盼盼”进行特殊照顾，还在房间安装了加热器，并从省外空运来了“盼盼”爱吃的雷竹笋。

就在“盼盼”病逝的前几天，新华社四川分社摄影记者薛玉斌还专门看望了“盼盼”，为它拍了照片。“盼盼”尽管非常瘦弱，但它还是精神十足，“每当饲养员们叫它的名字，给它送上米窝窝头或者新鲜竹叶食物时，‘盼盼’都能做出反应并且走过来就餐”。

“盼盼”的身体健康状况日渐转差，食欲、活动状况时好时坏。辞世前3日，“盼盼”的健康状况急剧恶化，意识不清，连雷竹笋也不主动去吃了。虽然医护人员竭力抢救，但终究敌不过自然规律，这只全球年龄最大的雄性大熊猫“盼盼”于2016年12月28日4时50分离世，一代英雄终成灰土。

随着“盼盼”的离去，崔学振又在“私家笔记”上补充记下了这句话：“虽然‘盼盼’走了，但我们并不孤独，因为它的传奇故事还在流传，它的子孙正陪伴在我们的身边。”

第五节　爱情传奇　子孙近百
——“英雄母亲”大熊猫“新星”的浪漫一生

“我的眼里只有你”

在2002年之前的每一个春天，大熊猫“新星”心中是有盼头的……

1992年春暖花开，上海动物园的帅哥大熊猫“川川”再次来到重庆动物园。上一年，“川川”也来过，相了几个“熊猫姑娘”均不中意，而这一次，“川川”遇见了“新星”。

“新星”的名牌上写有它的来处：“1983年4月，从四川宝兴县来重庆动物园安家。”当时，它只有半岁左右，是一个来自野外的漂亮丫头，人见人爱。

所谓“天作之合”在“川川”和“新星”身上得到印证：它们都来自同一个地方——四川宝兴县野外，年幼离家，身在异乡，“哥哥”大“妹妹”1岁，“乡音”就是它们的共同语言，两只大熊猫“一见钟情”“你侬我侬”，这让两方动物园的“家长”们松了一口气，要知道雌雄大熊猫相亲看不对眼继而大打出手的事在大熊猫界是常有的事。更让双方“家长”欣喜的是，“川川”和“新星”完全不像在人工饲养环境下长大的大熊猫，它们一见面就亲热，当年八月即得一子。

自此，每年春节后，“川川”都会“打飞的”来渝住上几个月甚至半年，它被安排在与“新星”一墙之隔的小院内，墙上开道小门，两只大熊猫可以隔栏传情。快到发情期，“新星”会天天跑到小门边张望许久，看不到“川川”就开始大声吼叫，茶饭不思、魂不守舍，直至“川川”出现。

从1992年便开始参与照顾“新星”饮食起居，之后长达10余年的“熊猫管家”张乃成，回忆起当年的场景仍历历在目：“两只大熊猫一见面就激动不已，在院内嬉戏打闹，像久别重逢的恋人般开心……没到‘合笼’时让它们暂时分开睡，但‘新星’和‘川川’都不会进笼舍，而是各自睡在院墙小门两边，透过铁栏，一定要让彼此在对方的视线里，那情景，很是感人……”

其实，大熊猫并非专情的动物。在野外，雄性大熊猫为争夺与雌性大熊猫的交配权，数只间往往是生死相搏，唯有胜出者才能拥有优先交配权，而雌性大熊猫发情期间常会跟多个雄性大熊猫交配，所以熊猫宝宝只知其母而不知其父。但“川川”和“新星”对“爱情”的忠贞令人动容。

1996年春天，上海动物园为了让“川川”的优良基因得到更好遗传，又为它找了一位配偶“竹囡”，哪知“川川”步入“洞房”后，对年轻貌美的“新娘子”毫无兴趣、神情冷漠。等到再飞赴重庆与“新星”相见时便欣喜万分。2010年，“川川”过世，在它有限的远游经历中，除了从宝兴老家到上海外，其余全部是飞重庆会“新星”。

2008年初春，乍暖还寒，大熊猫发情季，卧龙的大熊猫“亮亮”来渝“相亲”，这个106千克重的8岁“小

伙子”正值壮年，且是第一次相亲。3月7日17时，“新星”与“亮亮”被安排在当年“川川”所住的笼舍内“合笼”，面对热情似火扑过来就想亲热的“亮亮”，“新星”努力挣扎向它亮起了红灯。“亮亮”大怒，发疯般开始撕咬。早有准备的工作人员赶紧将其分开，把“亮亮”赶进内舍运走，即使如此，“新星”右后肢还是被咬出四个牙洞，左后肢被咬出两个牙洞，鲜血淋漓，前右肢也有擦伤。

清创完毕，考虑到通风对“新星”伤口恢复有益，笼舍没有关闭，无法走动的“新星”就趴在舍门外。

是夜凌晨，天空飘起毛毛雨，放心不下“新星”的张乃成起身去看，只见“新星”已靠两只前掌将身子挪至院内小木拱桥边一面青石台下，匍匐在雨中……

“那木拱桥可是当年‘新星’与‘川川’最喜欢一起玩耍的地方，青石台则是‘川川’原来偶尔会在上面打瞌睡的地方……”万物皆有灵性，想起下午“新星”对“亮亮”的极力抗拒，再看看面前雨中的“新星”，受伤如此严重依然“痴情”。“它一定是在想‘川川’！”张乃成赶紧找来彩布条和六根竹竿，为“新星”搭建起约30平方米的棚子避雨，简直是一座“望郎棚”！

平日里颇有些“公主脾气”的“新星”，望着浑身透湿的张乃成，一声不吭。

如今小院依旧，却已物是“猫”非。这里现在的“主人”是“新星”的儿子“灵灵”。拥有“野二代”血缘的“灵灵”是大熊猫世界颇受欢迎的种子选手，它不怎么挑别，曾经一年要配好几只雌性大熊猫，完全不像它老爸老妈那样痴情。

“新星”和“川川”在大熊猫界近10年的爱情“马拉松”中，共生育存活了5个子女，让来自大熊猫故乡的野外纯正基因成功得以延续。

“新星”的生育能力在大熊猫界也堪称奇迹，它还曾于20岁（相当于人类50多岁）产下一对活体双胞胎，刷新了高龄大熊猫产仔新纪录。它共产8胎10仔，成活6仔，四儿两女分别是：儿子“乐乐”“灵灵”“庆庆”“聪聪”，女儿“川星”和“小小”。

子又生孙，孙又生子，“新星”缔造出大熊猫界一个庞大的世家。截至2016年底，它的后代共有过114只，存活90只。其中子辈10只，孙辈42只，曾孙辈62只。后代遍及上海、广州、雅安、成都、台北、香港、澳门等地，在加拿大、美国、日本等地都有它的后裔。其中还有“团团”（赠台大熊猫）、“二顺”（旅加大熊猫）、“好奇”（获诺贝尔奖得主丁肇中教授命名）这样的明星大熊猫。

“新星”的儿女几乎都出过国，大女儿“川星”早在1995年就曾到过韩国，现在，“乐乐”也在日本进行展出。而“新星”从未迈出国门半步，自从1983年来到重庆动物园后，就一直坐镇大本营。

如今的“新星”已是“五世同堂”的老祖母，留在它身边的只有大女儿“川星”，剩下的几个子女，除不满两岁就夭折的“聪聪”外，其余都在各中国大熊猫保护机构。

“新星”的“养老院”

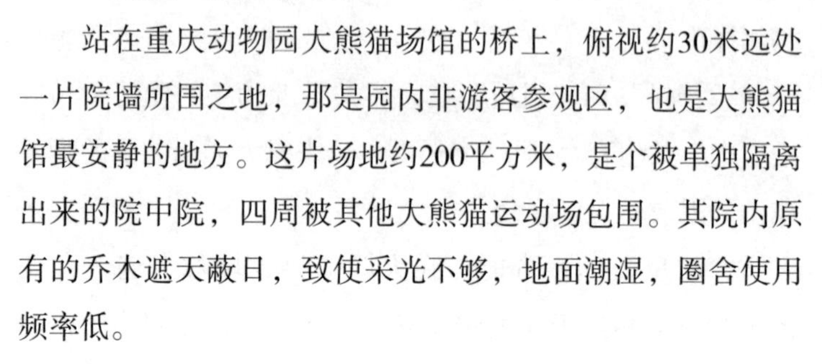

站在重庆动物园大熊猫场馆的桥上，俯视约30米远处一片院墙所围之地，那是园内非游客参观区，也是大熊猫馆最安静的地方。这片场地约200平方米，是个被单独隔离出来的院中院，四周被其他大熊猫运动场包围。其院内原有的乔木遮天蔽日，致使采光不够，地面潮湿，圈舍使用频率低。

2016年，重庆动物园根据“新星”的生活行为习惯开始对后院进行全新布置，做“环境丰容”。所谓“环境丰容”即环境丰富度，是指对圈养动物所处的物理环境进行修饰，改善环境质量，提高其生物学功能从而提升其福利水平。重庆动物园大熊猫“三宝”生活过的两个院子，正是通过环境，让大熊猫们玩得不亦乐乎。

修枝剪叶透进阳光，枯枝残叶一扫而空，硬化地面，种植草坪，改造后的院落焕然一新，这里将是“新星”活动和采食的场所，保育员每天都会把院内打扫干净并按时消毒。

“新星”走进新家，充满好奇，闻闻看看过后，赶紧来个小便占下地盘。设计者用心良苦，为“新星”考虑了每一个细节。虽然它已年迈，可依然喜欢爬到高高的栖架上打望、玩耍甚至“发呆”，每次在圆木梯子爬上爬下都颇费气力，晃晃悠悠的步态让人既心疼又担心。换成平板楼梯和平面栖架台后，看得出来“新星”很是喜欢。

院子里修有一石台，为使“新星”上下方便，石台周围全部垫平，这里成了它的早餐厅。在气候温和的季节里，“新星”迎着朝阳踱出笼舍，爬上石台坐下，安静地咀嚼着美味的竹笋，它的牙齿已没了往日的锋利，但细嚼慢咽的动作反而显得悠然自得。如是经年，饲养员太了解它的饮食习惯，竹笋怎样摆放，如何让年迈的“新星”拿起顺手都有讲究。每天这个时候，饲养员会进入内室，一边为它做室内清洁，一边透过玻璃墙观察它早餐的进度。而“新星”有时也会回望室内，看饲养员在做什么。经常四目相对，确认过的眼神，瞬间充满温馨。

其余几餐则不会像早餐那样“照顾”它了，筛选洗净的竹子或竹笋往往会摆在离笼舍最远处院中某个地方，且会不停变换采食点。这是为了“新星”的健康，引导它进行适量运动的方法。若换作如此高龄的其他大熊猫，面对远处的食物可能已经不想多走动，等待“饭来张口”，但“新星”却不一样，无论食材摆放在哪里，它都会稳健走去享用大餐。

隔壁住着“新星”的孙女“莽仔”。每当“莽仔”闻到给奶奶特制的美味，都会隔着院墙一角的铁丝网来打望，“新星”发现后立即发出警告的怒吼声，“莽仔”只有知趣地走开。这无疑也印证着成年大熊猫在非繁殖期是独居动物的习性，即使有血缘关系依旧不能违背它们的天性。

院子里铺有整齐的草坪，“新星”偶尔会把内室通道进运动场右转角处或工作通道门旁的草皮掀开，露出泥巴或者沙，躺在上面翻转打滚，沾一身泥沙不亦乐乎，“泥巴浴”本就是很多动物的天性使然。而饭后的大部分时

间，“新星”最喜欢的还是在院墙的某个角落蹭痒痒，有时蹭着蹭着居然就睡着了。

院内靠近草坪一侧，建有大小水池，小池饮水，大池戏水。“火炉”天时，“新星”也会去大池玩水，当然没有那些年轻熊猫们戏水次数多、时间长，但无论时长时短，工作人员都会满足它的一切需要。

为了丰富“新星”的晚年生活，照顾它的人们把能想到的，都尽量做到……

“苹果换饭碗”是“新星”定的“规矩”。

每顿饭后必须马上给苹果吃，否则休想拿回精料盆，有时饲养员做其他事情稍微晚点，它就狂躁不安把盆子敲得叮当响……

“敲得叮当响”算是温柔的，年轻时，每到“饭点”它就会冲到门前大声吼叫，使劲摇晃铁栏杆，饭后如果苹果给晚了，“新星”会把直径26厘米的不锈钢盆用牙齿咬穿，或者用掌发力捶扁。

时光如流水，如今，“新星”的鼻头和眼圈渐渐褪色，黑眼圈差不多已成灰眼圈，颈部毛发严重脱落，浑身毛色也没有那样黑白分明，这个来自雅安宝兴大山深处的漂亮姑娘彻底老了。

“新星”下门牙掉了两颗，边上的两颗也都缺失了半截，原来最喜欢的竹子，现在每天啃不到1根，只能靠左右两腮的犬齿慢慢咀嚼竹笋。不同于其他大熊猫每天三顿饭，“新星”是白天5顿加晚上一顿夜宵，食物以竹笋为主，适量采食一些竹叶，三餐前搭配有以米粉、玉米粉、黄豆粉、钙、维生素、酸奶等精心调制的营养液，现制现喂口感好，这是“新星”除苹果外最喜欢的食材，每次都能一口气喝个精光。22点左右，“新星”会准时守候在投食点，没有这份夜宵它会吼叫得人休想睡觉。饲养员会根据它的身体状况，随时调整食谱，添减食量，既不能营养不良，也不能患上“三高”。

回忆起对“新星”的行为训练，张乃成颇为感慨：“花费了很多时日，实在不容易。”简短言语中包含着太多辛劳和付出，然而正是这份“不容易”赋予了“新星”健康的身体。

“例如采血，胳膊放在采血架上，它需要挪动几次调整姿势才能到位，且做不了几个动作便气喘吁吁，有时还要点小任性，累了干脆就不做，哼哼唧唧蹲到墙边……所以陪它训练需要加倍的耐心，等它体力恢复情绪好转再继续，一定不能勉强。”如今“新星”可以做到在非麻醉状态下检查牙齿、称重、血压监测、采血检测，也可以接受肌肉注射疫苗，都配合得很好，没有明显的应激反应。

在张乃成之后，罗宗礼、月光琼两人搭档接棒，开始照顾“新星”的饮食起居。多年来她们已经非常了解“新星”的个性、脾气和行为习惯，可以根据“新星”的精神状态来判断它的体况是否正常。

做完了常规的兽舍清洁之后，她们总会和“新星”聊会天培养感情。“虽然它听不懂人类的语言，但知道是在和它说话，时间久了也能明白几个简单的意思和手势，这对更好地照顾它非常有帮助。”罗宗礼如是说。如今“新

星”可以按保育员的口令来到指定位置，如此便于实现近距离观察，进行一些体检操作。

“新星”早上醒了会赖床，静静地躺在睡板上或搓搓手掌或抓抓痒……没到“饭点”随便怎样喊都不起来。在它背后隔着栏杆打扫卫生，头都不回一下，即便有时候触碰到它的后背，也是理都不理。有时候保育员在它正面做清洁，“新星”可以依然侧躺着看，这种淡定、放松是因为彼此太熟悉和信任了。但对于所发现的新鲜事物、陌生的声音和气味，“新星”则反应机敏。有一次实习兽医来查看它的体况，“新星”本是悠然自得侧躺着，实习兽医从它背后尚未走近，“新星”猛然反转身体坐起，吓了众人一跳。当大熊猫“兰香”换圈舍将从它圈舍前经过时，影子都没看到，“新星”就开始发出阵阵低吼。

2017年入夏，重庆气温陡然升高，“新星”抓痒持续时间特别长，毛皮也有点异味，上报后动物园兽医院旋即组织会诊，开出无任何副作用的中草药处方准备给它药浴。任何第一次都是紧张的，“新星”显然有些害怕和不安，两位保育员并没有急着给它清洗，而是不断言语安抚，让它慢慢接受洗浴。或许明白了保育员和兽医们的良苦用心，“新星”完全接受了。没洗几次，毛皮变得色泽鲜亮，“新星”不再浑身抓痒，饮食睡觉都趋于正常。

“新星”真的老了。尽管每月的体检结果显示它仍是一只健康状况良好的大熊猫，体重始终保持在92—96千克，能吃能睡，但衰老已在它身上留下不可逆的印记。

1982年出生的“新星”是目前存活年龄最大的大熊猫。

在“新星”的“夕阳红”里，保育员们往往是“顺”着它的习惯，只要它健康快乐地生活着，每一天都是好日子！

第六节 从雅安到台湾
——“圆仔”圆了海峡两岸“梦”

2004年8月31日、9月1日，两只大熊猫宝宝在四川卧龙出生了，它们就是“团团”和“圆圆”。“团团”有两个乳名，开始叫“小乖乖”，后来因为它嘴巴短叫声大，改名叫“大嘴”，是舞蹈明星。“圆圆”乳名叫“丫头”，是平衡木和爬树冠军。经过严格挑选，它们从32只大熊猫宝宝中脱颖而出，成为赠台大熊猫。

“团团”“圆圆”的身世

“团团”的妈妈叫“华美”，是名副其实的“海归”，1999年出生在美国圣地亚哥动物园，它的名字是当时的中国驻美国大使李肇星取的，2006年回国后产下6胎10仔，被称为“明星母亲”。“华美”是全球首只出生在海外且回到故乡的大熊猫，回到卧龙前已是家喻户晓的“美国公主”。

“圆圆”的妈妈“雷雷”，是一只断掌大熊猫。1992年，它在凉山州雷波县麻咪泽被发现时已奄奄一息，一只手掌被竹子扎破，伤口已严重感染，医生不得不为它做截肢手术。它先在成都动物园住了3年，然而才到卧龙结婚生子。

“团团”的奶奶是在重庆动物园居住了30多年的“新星”。自从1990年它和居住在上海的“川川”相恋后，就开始了长达20年的“走婚”，每年春暖花开，它都会面朝大海，等待情郎“川川”从东海之滨赶来重庆短暂相聚。两只大熊猫一生都是彼此的唯一配偶。这段童话般的“沪渝”双城之恋一直维持到2010年“川川”去世。

“圆圆”的奶奶是著名的“逃跑新娘”“白雪”。1993年10月被救助于陕西省宝鸡市太白县。1994年9月在苏州展出期间，“白雪”就在众目睽睽下出逃“躲猫猫”，消失81天后被人们捉回。2001年5月7日，“白雪”在卧龙再次“出逃”，4年后，它回到卧龙，因为它受伤了，一根锋利的骨刺刺入它的牙床，导致口腔溃烂，只得“回家”向人类求助。从此，它过着锦衣玉食的生活，再也没有“出逃”了。

2008年5月12日下午2点28分，汶川特大地震让卧龙成为废墟，“团团”“圆圆”失踪了。几个小时后，满身泥沙、蓬头垢面的“团团”被人们发现；5天后，在外游荡的“圆圆”找到了回家的路。“团团”“圆圆”都死里逃生“团圆”了。

2008年6月18日，劫后余生的“团团”“圆圆”被转移到了雅安。“团团”“圆圆”的转运路线是从卧龙到小金，再经宝兴到雅安。如果要问“团团”“圆圆”的祖籍在哪里？它们会毫不犹豫地回答：“在宝兴。”

“团团”“圆圆”在台湾的幸福生活

2008年12月23日，大熊猫“团团”“圆圆”从雅安到了台湾，台湾民众期待“团团”“圆圆”“早生贵子”。然而对于“成亲”一事，赴台一年多，大熊猫“团团”“圆圆”一直一点儿也不着急。台湾同胞们、台北木栅动物园的工作人员急了，台北木栅动物园分两次派出专人来四川“取经”，目的只有一个，那就是如何让大熊猫“团团”“圆圆”早日“成亲”。

就在台湾民众心焦如焚之际，2010年5月28日，应中国国民党中央委员会邀请，时任四川省委书记刘奇葆率领四川代表团“天府四川宝岛行”来到了台北木栅动物园，随行的大熊猫专家、有着“大熊猫之父”之称的张和民代表中国保护大熊猫研究中心与台北木栅动物园园长叶杰生共同签署了《大熊猫繁殖合作备忘录》，张和民表示最迟在第二年春暖花开之际，一定让大熊猫“团团”“圆圆”喜结“良缘”。笔者作为四川代表团雅安分团的随行记者，不仅在台北木栅动物园见证了两岸共同期盼大熊猫“团团”“圆圆”早日成就好姻缘的时刻，还感受到了台湾同胞对大熊猫“团团”“圆圆”的喜爱之情。

2010年5月27日下午，雅安市在台北市举行旅游推介会，雅安人民热情邀请台湾民众到大熊猫“团团”“圆圆”的故乡观光旅游。笔者写稿到次日凌晨，只睡了3个多小时，又起床工作，目的就是到台北市木栅动物园，看望从家乡到台湾定居的大熊猫“团团”“圆圆”。

远离四川，远离雅安，远离故土的大熊猫“团

团”“圆圆”，一直让家乡人们牵挂。

清晨的阳光洒在木栅动物园新光熊猫馆上，“团团”“圆圆”在这里的家堪称“豪宅”，4层高的新光特展馆，建筑面积达5 500多平方米。一楼设置大厅、室内展示室、室内居室、待产室、调理室及户外展示场等；二楼是“客房”，也就是游客服务区；三楼则是国际会议厅，4楼是机房。“团团”“圆圆”有3间居室可供选择，分别为21平方米、28平方米和53平方米，居室里还有集尿槽，这便于收集尿液后可检查它们的健康状况。

大熊猫馆周围百米范围内没有其他动物，离得最近的澳洲无尾熊也不会影响到大熊猫。新光特展馆是由台湾新光集团赠予台北市动物园之友协会新台币3亿2千万所建，工程完成后再赠予动物园营运管理。台北市立动物园动物组负责人徐吉财介绍，为避免突然停电的影响，大熊猫馆还装有自动发电机。设有100多平方米的户外运动场和765平方米的户外展示场，展示场模拟大熊猫栖息地环境，采用斜坡方式面向观众，绿色乔木、灌木、水景、假山等，俨然一个小花园。

由于台湾夏季气候炎热，大熊猫一般会待在兽舍里，因此兽舍专门准备了两间室内展示室。整个场馆采用中央空调控温控湿，并设置监视设备，面积分别为254平方米和210平方米的室内展示室也完全模仿大熊猫的室外生活环境，夏天空调调控温度在18℃～22℃，冬天采用自然通风，温度高于22℃时以空调调控，湿度均为60%～70%。

“大熊猫‘团团’‘圆圆’，家乡人来看望你们了！”我们一行心里默默地念说，轻轻地走了进去。

大熊猫“圆圆”端坐在一大堆竹枝前，大口大口地吃早餐。“圆圆”似乎感受到了我们的默念，不时扭过头来看我们。跟“圆圆”相比，“团团”则要顽皮得多，它一起床就爬上木架“做早操”，看见我们起来，它从木架上下来，一摇三摆地向我们走来，隔着玻璃对我们直呼气，随后又继续在木架上翻跟头。

随后，大批的游客来了，大熊猫“团团”“圆圆”走出了居室，在户外活动展馆“闲庭信步”，给前来采访的媒体记者一个远远的背影。保育员乐呵呵地说：“它俩在‘耍大牌’。”

保育员把我们请进3楼的国际会议厅，为我们播放《团团圆圆在台湾》视频短片，告诉“天府四川宝岛行”代表团的随行记者们，大熊猫“团团”“圆圆”正过着和美幸福的生活。

在视频短片中，“团团”“圆圆”两个小家伙笨拙憨厚的表情，引得观看短片的小朋友笑不停。

台北木栅动物园副园长金仕谦介绍，粗略看过去，大熊猫“团团”“圆圆”似乎没有什么区别，但它们有着迥异的个性，从刚入住台北木栅动物园时就能看出来。特展馆刚开放时，吸引了众多台北市民前来探望，当小孩子们兴奋得大声尖叫时，“团团”显得很紧张，而“圆圆”爱耍“人来疯”，调皮地到处瞎逛。“团团”比起“圆圆”，显得文静得多，总喜欢吃东西。“圆圆”则调皮多了，特别喜欢爬高和耍玩具。“‘圆圆’爬树很厉害，直

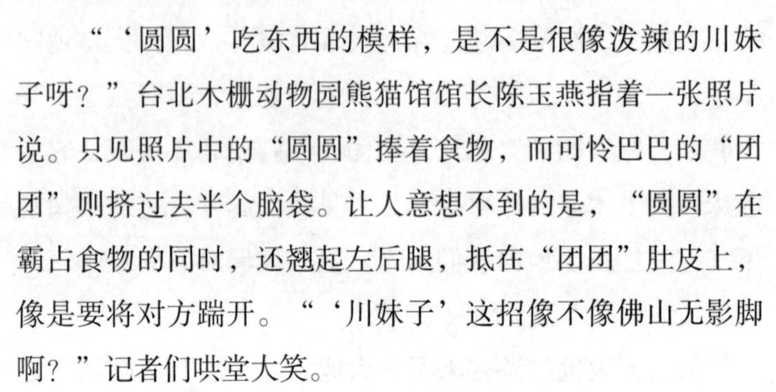

径10厘米的树子，都敢爬到顶端。”金仕谦说。

“‘圆圆’吃东西的模样，是不是很像泼辣的川妹子呀？”台北木栅动物园熊猫馆馆长陈玉燕指着一张照片说。只见照片中的“圆圆”捧着食物，而可怜巴巴的“团团”则挤过去半个脑袋。让人意想不到的是，“圆圆”在霸占食物的同时，还翘起左后腿，抵在“团团”肚皮上，像是要将对方踹开。“‘川妹子’这招像不像佛山无影脚啊？”记者们哄堂大笑。

大熊猫“团团”“圆圆”能够在台北健康成长，离不开竹子。如果他们只喜欢吃四川竹子怎么办？这是木栅动物园当初非常担心的问题。刚来台北时，“团团”“圆圆”吃的是空运过来的四川竹子，随后逐渐加入一定比例的台湾竹子，一个星期后，它俩完全适应了台湾竹子，而且最爱吃6种台湾竹子，包括桂竹、箭竹、黄金竹、孟宗竹等。而竹笋，两只小家伙只爱孟宗竹笋、箭竹笋和桂竹笋3种。这才让保育员松了一口气。

8月31日、9月1日，分别是大熊猫“圆圆”“团团”的生日，虽然大熊猫“团团”“圆圆”不知道自己的生日，更不知道过情人节，但只要一过节，受到特别关爱的大熊猫“团团”“圆圆”就会收到别出心裁的礼物。生日的时候，保育员会为“团团”“圆圆”送上由窝窝头制成的生日蛋糕；情人节时，会送上由竹叶编制的心形礼物；端午节，还会烹制可口香甜的粽子……两个可爱的宝贝总会美美地饱餐一顿。

为了让两个宝贝过上不一样的节日，保育员精心设计出了很多有创意的新鲜食品：竹子冰、水果冰、竹笋冰，红萝卜灯笼、苹果汤圆，麻竹叶粽子……每一种饱含爱心的食物，都得到了“团团”“圆圆”的“认可”，每当有新鲜食物出现，两个宝贝总会胃口大开、食欲大增。

“108、108、110、122”“109、105、110、120”两组数是“团团”“圆圆”从刚到台北木栅动物园到现在的体重变化，表明了大熊猫在台湾健康成长的过程。

“圆房”成亲等待来年春暖花开

从4岁半到6岁，“团团”已经由可爱的小男孩长成了大男生，“圆圆”也是“女大十八变”，变成了“四川辣妹子”。它们都成熟了，长壮了，所以也更好辨认。随着体型和年龄的增长，“团团”的鼻子要大一些、眼睛要深陷一些、耳朵要平一些，背部的花纹要平整些，尾巴要粗大些。而“圆圆”则相反。

大熊猫5岁至7岁进入性成熟期，成年的大熊猫“团团”“圆圆”心理变化也逐渐显现。和人类一样，母熊猫发育比公熊猫早一些，年长一天的“圆圆”已经出现了明显的发情症状，它蹭皮、泡水，不停地去骚扰“团团”，还因为食欲不佳而体重有所减轻。真可谓“为伊消得猫憔悴”，可惜当时“团团”还是一个“青涩小子”，贪玩的它不解风情，不了解“圆圆”的意思。

2010年 3月25日，一觉醒来的“圆圆”突然“思春”，害上了“相思病”。那天，它放下了大姑娘的矜持，主动地跑到“团团”的身边表达爱意，然而“团团”

不来电，看着“圆圆”的亲热举动感到不解，泼辣的“圆圆”姐姐今天怎么这么温柔？

“圆圆”毕竟是大姑娘，主动示爱却被无情拒绝，气得它转身扎进水里，让心中的激情顿时消失在凉水中。

看着发情的“圆圆”主动求爱，动物园的保育员和专家惊喜不已。然而面对“团团”的漠然，急的不仅是“圆圆”，专家们也急得直跺脚：“‘团团’你怎么如此不解风情？”

因为大熊猫的发情期很短，自然交配需要雌雄同期发情，你情我愿才能完成。也许错过了一天，就要再等一年了。

2013年春，“团团”“圆圆”终于“圆房”。当年7月，“圆圆”产下首只大熊猫幼崽“圆仔”。

2018年7月6日，两个生日蛋糕，五幅大型海报，翘首期盼的粉丝，严阵以待的保安，俨然“巨星”即将出场的场景。但主角并非某位名人，而是一只憨态可掬的大熊猫的5岁生日。

台北木栅动物园为大陆赠台大熊猫“团团”“圆圆”的孩子“圆仔”庆祝5周岁生日，吸引了众多台湾民众前来一同庆祝。一大早，大猫熊馆就已人头攒动，许多“粉丝”早早等候在那里。

9点20分左右，“圆仔”现身，引发现场一阵欢呼。同时出现的还有“圆仔”的爸爸“团团”。在众多摄像机和手机的聚焦下，“圆仔”站上一个较高的平台，不断去触碰挂在天花板上印有自己照片的海报，它的憨态不时引发观众的笑声。“团团”则在一旁悠闲地吃着竹子。

这可爱的“一家三口”在台湾民众中的“人气”更旺了。不仅大熊猫馆总是动物园里最热闹的，而且各类大熊猫主题的文创产品层出不穷、常年热销。

第三章　大熊猫家园

随着穆坪土司的消亡，1929年成立宝兴县，神秘的穆坪消失在了历史深处。然而在生物学上，穆坪鼎鼎大名，因为很多物种的产地是穆坪。

如今，穆坪消失了，雅安横空出世，大自然的神奇莫测，造就了一个“野生动植物的基因库”。

第一节　寻找穆坪
——孑遗物种的“避难所”

黑柳彻子是名日本演员。二战前夕，她在美国学习。一天她逛商场购物，偶然看到一个可爱的动物娃娃，黑白相间，胖乎乎的脑袋，圆滚滚的身体，她乐了：“美国人真有想象力，居然设计出这么可爱的东西。”

“这是什么东西？它叫什么名字？”她问老板。

“这是了不起的动物，它叫大熊猫。”老板笑着告诉她。

“你们美国人真有意思，什么样的东西都想得出来。

真可爱！”黑柳彻子一面掏钱，一面笑着说。

“你说什么，我们想出来的？”老板不依了，“我告诉你吧，这是中国的宝贝，它生活在中国的大山上，其余的地方都没有。”

这回轮到黑柳彻子目瞪口呆了：“这真是大自然的奇迹呀！”

“这座大山在哪里？”黑柳彻子急切地问。但老板摇了摇头：“我也不知道。”

从此，“这座大山”让黑柳彻子魂牵梦萦。

从此，黑柳彻子变成了一个熊猫迷。

黑柳彻子开始收集大熊猫的相关资料，纵然是一张小纸片，只要写着大熊猫，她就像宝贝一样收藏起来。几十年后，她成了日本知名的大熊猫专家，并写下了《熊猫与我》一书。

黑柳彻子终于知道，“这座大山”在中国四川，有个响亮的名字——夹金山。这座位于四川盆地西北边缘向青藏高原过渡地带的大山，如同一个孑遗物种的“避难所”，庇护着众多珍贵物种。在夹金山的森林深处，往往树上的金丝猴、短尾猴与树下的大熊猫、羚牛有着同域分布。在保护区内，一次看见几十头羚牛并不稀奇……

她还知道，这里叫穆坪，但她不知道的是，穆坪早已是一个历史名词。

随着穆坪土司的消亡，1929年成立宝兴县，神秘的穆坪消失在了历史深处。然而在生物学上，穆坪鼎鼎大名，因为很多物种的产地是穆坪。与大熊猫同时代的大卫两栖甲就是其中一种。

大卫两栖甲看上去毫不起眼，身长只有1厘米，却有着弥足珍贵的科学价值，因为它源自远古时代，与大熊猫同时代。它和大熊猫、珙桐一样，在夹金山经历了冰川大扫荡和沧海桑田的生死考验，成为研究生物进化过程的“活化石”。

100多年前，一个名叫阿尔芒·戴维的法国神父走进了夹金山中，他不仅发现了大卫两栖甲，还发现了更珍贵的物种——大熊猫。在“上帝遗忘的后花园”里，他发现并制作了大熊猫标本，从而把这种珍稀动物介绍给了世界。

从此，大熊猫便以一种文化象征的姿态出现在人们视线中，后来甚至成为中国文化外交的象征。而隐藏着大熊猫、金丝猴、珙桐、连香、两栖甲的夹金山却愈发神秘，就连守护这片土地的四川省蜂桶寨国家级自然保护区也被遗忘。

无论从观赏价值，还是从科学研究上，世界自然基金会都视大熊猫为自然保护的“旗舰动物”，并把它作为会徽记。发现大熊猫这一物种，在生物界一直视为“最伟大的发现”。

时隔100多年后，又一个戴维走进了“后花园”。他叫戴维·谢泊尔，代表联合国教科文组织和世界遗产委员会，在“四川大熊猫栖息地”提名地进行实地考察，从踏上四川到离开四川，前后10天时间。他在雅安考察，从天全县喇叭河到宝兴县夹金山两个县的区域，整整花了5天时间，要知道“四川大熊猫栖息地”纵横雅安、成都、阿坝、甘孜四个市州的12个县，更多的地方他只能“视而不见”。夹金山成了戴维·谢泊尔实地考察评估的“重中之重”。在他眼里，没有实地考察夹金山，“四川大熊猫栖息地”提名地的考察评估报告就无法做出准确结论。

人们把这里叫作“上帝遗忘的后花园”。100多年前，有个名叫阿尔芒·戴维的法国神父，让一种叫“黑白熊”的动物名满天下；而100多年后又一个叫戴维的人，因为相同的物种，也来到夹金山。当年的“黑白熊”，如今已是著名的“大熊猫”。当年未知的旅程，如今也变得目标明确——为第30届世界遗产大会提名项目“四川大熊猫栖息地”是否纳入世界自然遗产进行实地考察。

2006年7月12日，从立陶宛首都维尔纽斯传来喜讯，“四川大熊猫栖息地”如愿登上《世界自然遗产名录》，这是世界首个以野生动物为保护主体进入世界自然遗产名录的遗产地。

石破天惊，万众瞩目。夹金山正是“四川大熊猫栖息地”的核心区。

2007年5月26日，时任国务委员的陈至立、联合国教科文组织世界遗产中心主任班德林在人民大会堂为“四川大熊猫栖息地”成为世界自然遗产地授牌。

2007年7月12日，世界首个以大熊猫（动物与自然）为主题的电影节——首届“中国·雅安国际大熊猫·动物与自然电影周”在雅安开幕。

2008年5月12日的汶川特大地震，震在“大熊猫之乡”，卧龙自然保护区遭受重大损失，雅安成为大熊猫的

“诺亚方舟”，卧龙举家大搬迁。当年，13只“震生”大熊猫幼崽降生雅安，奥运大熊猫、上海世博大熊猫从雅安出发；赠送台湾同胞的大熊猫“团团”“圆圆”从雅安启程……

2012年10月11日，全球首只在野化培训基地出生、2岁零2个月的大熊猫“淘淘”，被放归到雅安市石棉县栗子坪自然保护区。

2013年4月20日，“4·20”芦山强烈地震发生，再一次震在“大熊猫之乡”，结合灾后恢复重建，雅安率先提出了“建设国家大熊猫公园”的建议。该建议很快受到响应。随后，一个覆盖川、陕、甘大熊猫栖息地的“大熊猫国家公园”纳入规划。

2018年11月，“大熊猫国家公园管理局”在成都挂牌成立，标志着“大熊猫国家公园”已正式进入实施阶段。

夹金山麓的邓池沟教堂见证了世界上第一只大熊猫的发现过程，大熊猫从这里走向世界；熊猫文化在这里诞生。专家称：“离开了夹金山，大熊猫的故事无法开头。”

当年阿尔芒·戴维住过的邓池沟天主教堂，在风雨飘摇中走过100多年，依然保存完好；这里的野生大熊猫密度居全国之最，1949年后，136只活体大熊猫从这里走出深山，其中18只作为“国礼”由中国政府赠给美、日、英、苏、法、德、朝和墨西哥等国；现在仍有200多只野生大熊猫在这里栖息繁衍……

1869年，法国传教士阿尔芒·戴维在雅安发现并命名了冰川时代活化石大熊猫，大熊猫从雅安走向世界。2006年7月12日，世界自然遗产“四川大熊猫栖息地”落户这里，9 510平方千米的遗产保护地，雅安占了遗产地核心区面积的一半以上。

熊猫家园，传奇世界。

傲视天下的夹金山，红绿相间，绿得醉人，红得耀眼。

傲视天下的夹金山，亘古缠绵，只有黑白，没有是非。

一生痴迷处，梦游夹金山。

走进夹金山，仿佛走进了童话世界，那黑松林、阔叶林、针叶林、灌木丛林与双子雪峰晶莹剔透的皑皑白雪，共同构成了夹金山层次分明的自然景观。登上无头坐佛峰极目远眺，山脚下炊烟袅袅的硗碛五寨，被终年奔流不息的雪水浸润得如绿地毯般的美丽草原，极其逼真的夹金山“五龙抢宝”群峰尽收眼底。

白云、雪峰及绿色构成的恬静自然美景与人声鼎沸的闹市景观相比，堪称“世外桃源”。夹金山是一座神奇的雪山，亘古奔流的雪水犹如甘甜的乳汁，哺育着环山居住的各族儿女。挟着远古涛声的股股激流，汇集成波涛汹涌的宝兴河，形成了锅巴岩、蜂桶寨等险峻雄奇的自然景观，同时也孕育出了大熊猫、扭角羚、金丝猴等珍稀动物和雅鱼、石爬子等珍贵的鱼类保护动物。

夹金山山大沟多，东西两条河均源于夹金山中，它如同一株大树，大大小小的山沟如同大树的枝繁叶茂。山沟的名字听起来十分平常，走进去却让人心灵震撼。

邓池沟，因邓池沟天主教堂而扬名天下，世界上第一

只大熊猫就从这里走出深山，昔日宝兴到成都的通商大道从此经过。阿尔芒·戴维正是从这条路走到宝兴的，正因为他发现了大熊猫，这条已湮没在荒野的山路，被西方人称为“神秘之路”。

夹金山，一个让人动心的地方，一个令人心醉的地方，一个上帝遗忘的后花园。世界首个以野生动物为保护主体的世界自然遗产地里，赏冰川活化石大熊猫，嗅万亩野桂花林飘香，看“中国鸽子树”珙桐在空中飞舞，叹红军铁流滚滚向前，在夹金山洒下一路的雪白血红……

从1869年第一只大熊猫从夹金山走向世界，到2006年“四川大熊猫栖息地”成为世界自然遗产，2018年挂牌变身为“大熊猫国家公园”，我们所能追溯的，不过是150年的历史，更多的依然是未解之谜。

当大熊猫发现150周年到来之际，世人是否意识到，夹金山是神奇与浪漫开始的地方？

第二节　秘境探秘
——一个连上帝都猜不透的地方

2006年7月12日下午，在第30届世界遗产大会上，“四川大熊猫栖息地”（卧龙·四姑娘山·夹金山脉）被列入世界自然遗产保护名录。

此时，笔者正行走在四川宝兴境内的夹金山上，这里是四川大熊猫栖息地的核心区之一。

这里有条“神秘之路”。1869年，阿尔芒·戴维从遥远的国度来到这里，在这里发现了大熊猫这种“最不可思议的动物”，并把它介绍给了世界。

这里有一条“红色飘带”，1935年，中央红军在这里翻越了长征途中的第一座大雪山，虽然长征还未结束，但毛泽东知道离胜利不远了。“更喜岷山千里雪，三军过后尽开颜。”他欣然赋诗。

夹金山，是藏着太多秘密的大山，一个连上帝都猜不透的地方。

在雅安日报社及芦山、宝兴县县委宣传部支持下，2006年7月11日，由笔者及《雅安日报》记者孙振宇，四川芦山县大川河风景区管理局筹委会负责人李富民，芦山电视台记者陈国昌、徐斌等人组成的考察组到了四川邛崃，开始为期三天的考察，线路就从邛崃市油榨乡开始。

邛崃的位置很独特，头靠邛崃山脉，脚踏四川盆地。而夹金山属邛崃山脉，从邛崃到宝兴有条小路，来回一趟，大约七八天时间就可往返。路线大致为：出邛崃西门，沿昔日的临邛古道至油榨，折转西行，越南包山到芦山县三汇场（今大川镇），再翻越大瓮顶，就到了夹金山山麓的邓池沟天主教堂。

在萤火虫飞舞的晚上，我们到了大川镇。在大川镇口，我们邂逅两位在街口乘凉的老人。让我们喜出望外的是，他们与邓池沟教堂都有着不解之缘。

王天明，大川供销社退休干部，1949年前曾在邓池沟教堂教会小学任教；竹节顺，大川一私营企业老板，其曾祖父竹永年是1902年邓池沟天主教堂扩建时的绳墨师。

1942年，初中毕业不久的王天明接到表兄邀请到邓池沟教堂教会学校当老师，王天明的表兄在那里任神甫。王天明在这里一干就是4年。“从邛崃到邓池沟，我年轻时走了几十回。”他说。

“以前，这是条大路，从宝兴、小金到成都赶烟会，都要走这条路。”2006年，王天明已87岁。他说，走在这条路上，经常看到大熊猫蹲在树上睡觉。除大熊猫之外，这里还有其他很多动物，如“山闷蹲”（小熊猫）、野牛（扭角羚）等。

听说我们要翻越大瓮顶，竹节顺自告奋勇为我们义务当向导，带领我们重走“神秘之路”。

7月12日清晨6时，我们迎着晨曦起了床，凉风吹在身上，还让人打寒战。吃了早饭，做了些必要准备后，我们上路了。从大川场镇到圣堂沟，经铜厂河到大瓮顶隘口，折转向西，下到山腰处，就到邓池沟教堂。

从大川场镇到大瓮顶山脚有20多千米，从阿尔芒·戴维日记中看到，这段路他走了一整天。而眼下已有一条简易公路，汽车把我们送到了山脚。“以前这里有一个大的幺店子，无论上山的还是下山的，都得在这里住一晚。”竹节顺指着一片废墟告诉我们。这条路上共有3个大的幺店子，其中两个分别在两边的山脚处，一个在山顶。

穿过圣堂沟，我们行进在一条黄叶铺就的路上。青杠树十分坚硬，它的叶子多年也不会腐烂，而上山的路，几乎是在青杠树林中穿行，黄叶铺成的金黄色小路直达山顶。在圣堂沟口，火辣辣的太阳照在我们头上，一走进青杠林，高大的树木遮天蔽日，林荫道上凉风习习，令人十分舒畅。

千回百转，我们终于登上了3 000多米的大瓮顶隘口，从隘口往上看，大约3 600米的山顶犹如一口大锅倒扣在我们头上，当地人称之为瓮顶山。在隘口处，还有人工挖成的壕沟。竹节顺说：“这是红军长征时留下的遗迹。”

1935年6月，中央红军长征经过芦山，九军团抵达大川，佯攻邛崃、大邑，掩护主力红军翻越夹金山，后撤至宝兴，在这里打了一仗，走的正是这条路。

宝兴县的人已从邓池沟赶来接应，我们“两大主力”会师大瓮顶。

“以前这里的小路有24盘，现在路已被冲毁了。”顺着竹节顺手指的方向，隐隐约约看出掩藏在树丛中的小路。我们只得另辟新径，沿小沟飞奔而下，一路尘土飞扬。

好在路边有看不尽的奇花异草，红得醉人的野草莓香气扑鼻……一只野蜂看到我们“闯”进它的家园，勇猛地向我们扑来，在笔者左手食指上狠狠蜇了一下，留下一根长长的毒刺后飞走了……手指开始肿大，不一会儿，整个手臂都肿了起来。同行的伙伴说有一个治疗方法，用人奶涂抹，马上见效。然而荒山野岭，人奶何在？只得忍痛行走。

不久，高照的太阳一下隐藏了起来，豆大的雨点又砸在我们头上。起初我们还在树下躲雨，但大雨如注树下也躲不了，我们只得淋着大雨向前，一个个成了落汤鸡。“这是过山雨，说来就来，说停就停。”果然，雨还未停，太阳又出来了，远山出现了一道美丽的彩虹。

太阳晒在头顶上，但雨后的山路十分湿滑，我们似乎在进行跌跤比赛，一个接一个倒下，好在全都有惊无险。晚上7时许，一行10人全部安全抵达邓池沟天主教堂——当年阿尔芒·戴维发现并制作大熊猫标本的地方。

我们胜利穿越了阿尔芒·戴维发现大熊猫的“神秘之路”。此时，是“四川大熊猫栖息地”申遗揭晓的第二天。

“今天，我们走在这条路上，历尽艰险。而100多年前，阿尔芒·戴维也走在这条路上，把大熊猫介绍给了世界。今天重走‘神秘之路’，我们不得不对伟大的发现者致以崇高的敬意。”站在邓池沟教堂天井中，精疲力竭的笔者由衷地感慨。

当晚，我们住在邓池沟天主教堂。

100多年前，天性浪漫的法国人竟然在茫茫大山中找到了这块“风水宝地”，建起了这座邓池沟天主教堂，阿尔芒·戴维在这里竟然发现了“最不可思议的动物”——大熊猫。

笔者手里有一本《戴维日记》，是美国哈佛大学出版社1949年出版的，这是一道窗户，打开它，就可以穿越“时空隧道”，回到阿尔芒·戴维发现大熊猫的时代。

在日记中，阿尔芒·戴维写道：“我从中国寄往巴黎的哺乳动物标本有110种，其中有40多种属于新的种类。”

在这些物种中，最著名的包括大熊猫、麋鹿、金丝猴等。

我国一类保护植物珙桐（因花朵如同飞翔的鸽子，又称“中国鸽子树”）也是他在夹金山发现的，此后传播欧美，成为风行世界的观赏性植物。在巴黎自然历史博物馆，至今还保存着这些100多年以前的珍贵标本，在英国皇家园林中，有“中国鸽子树”在迎风飞舞。

在邓池沟天主教堂里陈列着一些老照片，其中有一张别具特色的照片，上面这样写着：大熊猫模式标本。这标本正是阿尔芒·戴维当年从邓池沟教堂寄到法国的。

照片上，阳光从巨大的玻璃天穹上倾泻而下，在巴黎自然历史博物馆的大厅里，一只猛犸古象怒视着走近它身边的人。来自不同时代的动物骨骼标本排满了大厅……2002年，时任雅安市副市长孙前在法国考察期间，专门到法国巴黎自然历史博物馆，拍下了这张大熊猫模式标本照片。

从画面上看，在这个温度、湿度严格控制的房间里，世界上第一具大熊猫标本正以一种舒服的姿势蜷在陈列架上。按照惯例，它被认定为这一物种的模式标本。要想确定其他动物是不是这个物种，都需与这个模式标本比对，因而它极其珍贵。

100多年前，它就静静待在这里；100多年过去了，它仍然保持着相当生动的样子，小心翼翼地向前探头张望，似乎这里是四川山林中一处幽僻的所在。它就是100多年前被阿尔芒·戴维称作“黑白熊”的动物。

“大熊猫的模式标本从哪里来，它就从哪里走向世界。我们所在的这个天主教堂，就是当年阿尔芒·戴维制作大熊猫模式标本的地方。”说到邓池沟天主教堂，说到阿尔芒·戴维，宝兴人一脸的骄傲。

邓池沟天主教堂所在的位置，海拔1 765米，教堂建筑面积1 000多平方米，中式四合院布局，法式教堂装饰，目前依然在进行宗教活动。

我们今天看到的邓池沟天主教堂是1902年重建的。1900年11月10日，阿尔芒·戴维在法国逝世，享年74岁。为纪念这位为世界生物学做出卓越贡献的传教士，法国远东教会决定扩建阿尔芒·戴维曾工作过的邓池沟天主教堂。

气势恢宏的邓池沟教堂位于格宝山山腰处，远远看去，它是一座极富中国韵味的木质大屋。大门处，是8根独立圆柱支撑起的古罗马式礼拜堂。而步入教堂的主堂，它则展现出哥特式建筑的意境，正面巨大的花窗，交叉穹隆的拱顶。木楼为三层，明暗相通，栅栏环绕，四方天井，圆拱天穹，雕梁画栋，古朴幽深。这座天主教堂，可谓法兰西圣殿与巴蜀庙堂的有趣结合。神秘的宗教与神秘的物种在奇妙结合，更赋予邓池沟天主教堂神秘色彩。

1949年后，该教堂成为宝兴县石棉矿矿部所在地，因而得以完整保存。

2000年7月8日，中国博物馆原馆长俞伟超到这里考察，同样惊叹不已："这个教堂历史久保存完好，在中国西南极为罕见，完全可以申报国家级重点文物保护单位！"

邓池沟天主教堂现为四川省重点文物保护单位。

第三节　大熊猫吃什么
——阿尔芒·戴维的未解之谜

阿尔芒·戴维发现了大熊猫，并把大熊猫介绍给了世界，但他同时留下了一个未解之谜——大熊猫为什么在这里栖息？

今天的邓池沟教堂依然隐藏在茫茫大山深处，阿尔芒·戴维仙逝已过百年，但大熊猫的故事还在延续。他对野外大熊猫生活习性的描述，至今仍然值得一读："当地猎人称之为黑白熊的这种动物，栖息在和黑熊相同的森林里，不过数量稀少得多，分布地域也要高一些。大熊猫似乎以植物为食，但有机会吃到肉食的时候，也绝不会拒绝。我甚至认为在冬季里肉食是它的主食。它没有冬眠的习惯。"

奇怪的是，阿尔芒·戴维并未详细说明大熊猫食物来源是什么，更不知道大熊猫主食竹子。可见他对大熊猫的了解主要来自猎人，也许猎人对大熊猫吃什么也并不十分关注。

至于大熊猫冬天主要食肉的说法，后人多指责言过其实。不过大熊猫爱吃肉确是事实，毕竟大熊猫还算在食肉动物中。今天的大熊猫，胃是食肉动物的胃，然而吃的却是竹子。竹子营养不丰富，要供养自己庞大的身躯，大熊猫只得一刻不停地吃，它一生有三分之二的时间花在吃竹子上。

冰与火的亘古缠绵，大熊猫与夹金山相依相亲。冰川时代“活化石”大熊猫，一个脆弱的物种，一个何等娇贵的物种，它从远古洪荒起，想当初其足迹遍及地球，最后龟缩到了夹金山等“孤岛”，与世无争，若隐若现。更让人匪夷所思的是，大熊猫从昔日“吃铁吐火”（有“食铁兽”之称）的食肉动物，变成了温文尔雅的素食动物，而且选择的食物居然是营养价值很低的箭竹。

数百万年的进化与生息，更新世末到全新世初（距今1万年左右）的第四纪大冰期的降临，使剑齿象动物群的上百种成员完全销声匿迹。在大冰川扫荡下，夹金山也不能幸免，但这里谷深岩陡，冰川侵蚀的影响相对减弱，大熊猫顽强存活下来不能不说是奇迹。

到了晚更新世，气候因素，大熊猫分布范围逐渐缩小。专家分析研究表明，过去的一万年，人类文明的发展不断侵蚀属于大熊猫的自然领地，人类步步紧逼，大熊猫步步后退被逼至海拔2 100~3 900米的崇山峻岭中的针、阔叶林带内，隐居于青藏高原东部边缘的高山深谷之中。

地球历史上无数次灾害的重演均未能把大熊猫从自然界淘汰出去，历史变迁迄今，夹金山脉等山系成了大熊猫最后的“避难所”。

宝兴县地处夹金山脉南麓，是四川盆地西北边缘向青藏高原过渡地带，山川秀丽，林木葱郁，这里独特的高原气候条件，相对封闭的原始自然环境，都为大熊猫的生存、繁衍创造了条件。据古生物学家考证，大熊猫是迄今仍生存在地球上最古老的动物之一，被称为动物界的活化石。早在几百万年前，人类处在猿人阶段，大熊猫就生活在我国南方。在漫长的地质年代里，很多动物灭绝了，大熊猫见证了动植物世界的沧海桑田。

但随着人类活动的加剧，大熊猫的生存空间日益缩小，现在大熊猫的栖息范围已退缩到四川、陕西、甘肃的高山林地。宝兴，历经千万年地质及其气候变迁，仿佛是一个特殊的孑遗动植物物种庇护所，类似大熊猫、珙桐这样的冰川时代“活化石”物种，在这里奇迹般地生存下来，从而在夹金山形成了一个丰富多彩的生物世界。

在时间的河流里，大熊猫和人类一起走来，甚至远比人类长久。大熊猫的踪迹，神秘莫测飘忽不定，在喧嚣嘈杂的环境中从容淡定，始终保持着体面与尊严。从吃肉的胃口转变成以竹充饥的素食主义者，为了生存，大熊猫大多时间都躲在竹林中不停地吃，于是它博得了“竹林隐士”的雅号。

第四节　揭秘大熊猫的天敌
——无奈的“蛔虫祸”

1972年美国总统尼克松访华，获得中国赠送的一对大熊猫后，英、法、日等国也相继获得了大熊猫，在世界上再一次掀起了大熊猫热。国务院总理周恩来指示要摸清大熊猫家底，随后开展了第一次全国大熊猫等野生珍稀动物的调查。

1974年，在四川省林业厅的组织下，由胡锦矗组建四

川省珍贵动物资源调查队，主要考察大熊猫、金丝猴等珍贵动物。从1974年4月到1977年10月，4年时间里基本摸清了大熊猫等珍稀动物的分布和数量。

以下为胡锦矗在今雅安市天全县、宝兴县的考察内容节选。

雄伟的二郎山

1976年3月9日，我带着学生从学校启程去二郎山下的天全县进行调查。

邛崃山脉属横断山脉北段，北西走向。由霸王山、巴郎山、夹金山和二郎山4座大山组成。霸王山最北无大熊猫分布；巴郎山位于邛崃山脉东麓，即汶川卧龙自然保护区，那里的大熊猫数量较多，已于1974年进行了调查；夹金山及二郎山位于邛崃山脉南麓西侧，大熊猫主要分布于这次调查的天全县。

夹金山是宝兴河和天全河的发源地，山水北南向，北部最高，县境与宝兴和康定交界的月亮弯弯岗高达海拔5 150米。山岩多由石灰岩和花岗岩组成，形成两岸壁立的峡谷，河流落差大，水流湍急。由砂岩组成的山谷则比较开阔，两岸形成冲击台地，坡度平缓，是大熊猫最爱活动的地形。

二郎山是天全河的西侧支的河源山麓、大渡河的东岸。二郎山的最高峰虽海拔仅3 437米（比峨眉山高300多米），但从山脚到山顶相对高度竟达2 500米。山势雄伟，峰峦此起彼伏。我想起了20世纪50年代初期，修筑川藏公路时解放军的雄壮歌："二呀么二郎山呀，高呀么高万丈。枯树呐荒草遍山野，巨石满山冈。羊肠小道呐难行走，康藏道路被它挡那个被它挡。二呀么二郎山呀，哪怕你高万丈，解放军，铁打的汉，下决心，坚如钢，要把那公路呀修到西藏。"的确，从山脚到锅圈岩的公路盘旋而上，足足有万丈（30多千米）。公路两旁瀑布凌空飞泻，西面海拔7 556米的贡嘎雪山耸立蓝天，山上珍贵的林木成片，大熊猫等珍稀动物时有出现，在20世纪50年代公路修成以后，也还曾见过华南虎（现已灭绝）。团牛坪、木叶棚一带更是植物工作者的乐园，杜鹃似海，花束大如碗。每年四五月登山，山花遍野，四周白云袅袅，犹若置身于仙境之中。

从山脚走到高山之巅，犹如从春天进入了严酷的冬季，林木从亚热带常绿阔叶林依次递变为落叶阔叶林、针叶林，到高寒灌丛、草甸、流石滩以至永久冰雪，犹如进入了极地。在人烟稀少的古代，大熊猫曾在暖和的低山常绿阔叶林中，饱食着这里的四季常绿的白夹竹、紫竹和刺竹子，即使到了现在，每年冬季也要到海拔1 400～1 500米的低山或村旁竹林来。生长在海拔1600～2000米的常绿与落叶阔叶林中，有八月竹和大箭竹，在冬季，大熊猫多在这一带活动。海拔2000～2500米为针阔叶混交林，下段主要是大箭竹，上段是冷箭竹，大熊猫夏季47%的时间都在这一带活动。调查期间多日下着大雪，在海拔3 000米以上，基本上也就无大熊猫的踪迹了。

我们调查的重点是喇叭河自然保护区，它和卧龙、

王朗自然保护区一样，都是在1963年第一批建立的自然保护区。这个保护区大熊猫、金丝猴和扭角羚等珍稀动物都有，但由于扭角羚数量最多，故在四川省又是一个重点保护扭角羚的自然保护区。

保护区西缘属夹金山南段主脊，海拔5 000米左右，西北侧的菩萨山海拔4 905米，而西南侧的月亮弯弯岗海拔5 150米，沿主脊线以西进入川西高原，属青藏高原的一部分。一般谷地海拔1 600—2 000米，相对高差2 000—3 500米。保护区内重峦叠嶂，谷地幽深，河床狭窄，水流湍急。

月亮弯弯岗常年堆着厚厚的积雪。由于雪线受气候变化的影响，一年四季常构成半个圆圈，宛如一弯新月。所以，当地群众都称它“月亮弯弯岗”。从高处往下看，喇叭河似一根很细很细的白色彩带，在月亮弯弯岗中曲折迂回，低声细语，但进入大峡谷，它又吼声惊天。山上森林莽莽，流水潺潺。山的美丽，云的悠然，水的清秀，孕育着众多的扭角羚、大熊猫和金丝猴等珍兽。

我们的宿营地，一般都在海拔1 600—2 000米一带，在保护区喇叭河左侧还有一个伐木场和一个昂州煤矿，一些小分队可以临时借宿他们那里，回大本营的则住集体帐篷。每逢下雪天，出走不久，在雪地上除常见的扭角羚外，就是大熊猫的足印和粪便。这时我们就要踏着大熊猫的脚印，了解它在什么地方采食竹子，吃什么竹，拉多少粪便，在哪里休息，在何处过夜，何处饮水。也只有下雪天的追踪才能了解它们一天生活的全过程。

大熊猫对竹子十分挑剔，只需一闻就知道哪株是青嫩可口的。竹株基部老硬它们不吃，竹梢太细也不吃，只吃中间不粗不细、不老不嫩的一段。如吃竹叶，枯萎的不屑一顾，只吃青绿的枝叶。因此，它们采食的路径总是在竹林里穿来穿去，我们也跟着走迷宫。遇到大雪时，竹梢被压弯，竹上铺盖一层冰雪。它们在积雪的隧道内寻找可食的竹子，我们也要随着它们躬身钻雪隧道。钻久了腰酸背痛，又不能蹲下休息，只要一停下，寒冷不堪，唯一的希望是钻到竹子较少处，开了天窗，可伸直一下身躯。所以我们更希望它们到阳坡去采食竹子，因为在那里竹子没有形成雪盖，可免受腰背之苦，但脚又受罪不小。因为阳山竹丛中雪很厚，脚上穿的胶鞋，腿上穿的棉布长袜，早就湿透了。只有不停地攀爬，湿的鞋袜借助体温才不会凉，否则，稍休息一阵就冰冷刺骨。但不受这追踪之苦，就无从了解这山林间的秘密，这就是我们苦中有乐的生活。

大熊猫吃的一些竹子枝叶也会带一些雪，但大熊猫在一天中还要饮水。它们常找向阳水源处，那里水从土壤渗出，地温高未结冰，或仅结薄冰。聪明的大熊猫会用掌击破薄冰，并用爪挖小坑，然后饮这种无污染的甘泉。遇到山势很陡的地方，它们则下岩到瀑布下去饮活水。这些水一样洁净。我们也习惯了不带水壶，学大熊猫饮天然矿泉水。

在雪地追踪大熊猫，可乐坏了同学们。生活在四川盆地其他一些地方的同学，很少见过雪，更没见过雪山雪坡。所以返回时，下坡就顺着坡滑，或干脆坐于雪坡上，像坐滑梯似的，男同学爱溜坡，女同学爱滑坡，他们常常几乎同时到达平缓地。

野外调查宿营地常留有2—3人，多为女同学，负责看守营地、炊事、烤湿了的鞋袜衣裤，够忙的。烤衣袜，女同学创新发明了快速烤干法。她们就地砍下竹子，用竹竿插入鞋袜，迅速地在火上旋转，布袜子只需10多分钟，鞋经过10多分钟后，插在火旁，再烤一阵，里表也就全干了。

山乐、水乐、雪乐，真是其乐无穷。每当夜幕降临，大家先是围在篝火旁说笑一天的见闻，与留守同学分享。

晚上共住一个帐篷，女同学人少，约占四分之一。因此帐篷内共搭两排床，一排全住男生，另一排二分之一住男生，另一半住女生，之间用床单挂着隔离。在靠床单一侧又由我把男生隔开。男生一般睡下不到两分钟就入梦乡了，女生入睡慢些。我睡前要用盐蒜下白酒，女生一闻着大蒜味，就会窃窃私语："胡老师开始饮酒了。"

天全河东边的一条大支流叫白沙河，它发源于天全县与宝兴县交界的夹金山主脊，海拔在4 000米以上。山脊下的森林浩浩瀚瀚，孕育了众多的大熊猫、金丝猴和扭角羚等珍兽。

我们在白沙河调查已经到了4月中旬，低山的映山红，已红遍了低山丘陵，绿色的蕨类植物点缀其间。

进入森林，林下到处都盛开着报春花，杜鹃也含苞待放，它们似乎都在向我们这些来访者表示春天的问候。黑熊已从冬眠中苏醒过来，它们带着幼崽从不远处走过，似乎知道我们是一些友好的使者，走得悠然自在。我们尽量寻找水鹿和扭角羚走过的路径攀登，遇上了大熊猫留下的粪便或残弃的竹枝，便追踪一阵，了解是多大的个体，吃的是哪种竹子，以及它们吃竹子的哪一部分。辨别完它们的身份以后，又继续攀爬。

登到海拔近2 800米处，突然遇到一悬崖，挡住我们攀登的路。

几天以后，我和我们教研室的实验员哈沄源一道，从山的另一方，绕过悬崖重上那座高山。绕上去后，地势很平缓，林深竹茂，是大熊猫活动的理想天地，到处都有大熊猫活动的痕迹，近期至少有3—4只大熊猫曾经过这一缓坡。我们沿着山脊继续往上爬，又过一个陡崖，到了海拔3 100米，山势暂缓，可能登到了四道坪。在这一坡面，发现了熊猫的新鲜踪迹，我们很兴奋。但追踪了很久，甚至找到了不久刚拉的粪便和食过的竹子，弃掉的竹梢还很新鲜，但始终没有追上。这时日已偏西，我们开始快速下山。到河谷处，没有桥，必须涉水过河。我们看了看水的流速，我指着急流滩上一缓流处，决定从那里过河。我对老哈说："我先过，你沿着我走的静水处走。"我涉过河后，喊着老哈把裤筒挽高些，我的裤已被浸湿了。老哈人比我矮，他怕把裤浸湿，往急流浅水处走，没走几步，就被冲下急滩。足有两分钟，已淹没不见人影，可把我吓坏了。正在惊骇之中，见滩下10多米的漩流中，把他头露出来了。我急呼老哈快往左移动，那边即是河岸，幸好老哈挣扎上了岸，我扶着老哈，他已经三魂没有了两魂，话都说不清楚了，真是死里逃生。我把他扶回住地，喝了些酒暖暖身子，并祝他大难不死，必有后福，多喝一杯，好好休息一天。

我们在天全县调查了50多天，分成11—12个小分队，进行了约2 700千米的考察。调查到全县共有大熊猫191只。它们的繁殖期在3月下旬至4月中旬。大熊猫的食性，除吃各类竹子外，1975年在紫石乡四大队，两位农民曾见一大一小两只大熊猫在地里吃玉米；县伐木场有工人见过大熊猫吃山枇杷和藏刺榛的果实；在两路乡长河大队，有人发现大熊猫吃豆叶；在两路乡，1973—1974年冬季，大熊猫曾下村走户，到灶房找猪骨吃。这都是其他地方少见的现象。

在调查中，一次在保护区黑漩沟（海拔2 200米）河边发现豺的粪便中有未消化的大熊猫毛；一次在昂州河新井沟河谷（海拔2 350米），在豺的粪便中发现有大熊猫幼体的爪。足见在天全豺对大熊猫的危害较其他地方更为严重。据访，在两路乡也有豹对大熊猫危害的情况。

神奇的穆坪

1976年4月，结束了天全县的调查以后，我们又带领74级生物学系另一班学生，一共40余人，于5月2日进入宝兴。宝兴在很长的历史时期里叫穆坪。早在1839年法国人就在那里建立了天主教堂，30年后，一个神父兼博物学家阿尔芒·戴维进入了穆坪，在穆平神奇的世界里，第一次发现了大熊猫。因此，西方世界第一次知道这个举世无双的珍宝在穆坪。

宝兴是“万山之乡”，东北为巴郎山，西北为夹金山。这里蕴藏着丰富的水力资源，遍山的大理石和众多的大熊猫，也是“万宝兴旺之乡”。当我们踏进这绿色宝库的山门时，只见山岭逶迤，古树婆娑，烟云弥漫。珍贵的珙桐、连香树、红桦、云杉、冷杉，枝上挂着松萝，树上缠着藤蔓，遮天蔽日，浩瀚无际。古老的原始森林，孕育着大熊猫、金丝猴、扭角羚、雪豹、绿尾红雉等数不尽的珍禽异兽，令人叹为观止。

宝兴的东河和西河都汇入宝兴河。宝兴县共有14个乡（调查时），拥有40多万公顷的箭竹林，成为大熊猫取之不尽的粮食产地。每个乡都有大熊猫出没，成为我国唯一一个熊猫县，真不愧国宝大熊猫兴旺之乐园与故乡。

1868年10月13日，阿尔芒·戴维乘船从长江逆水而上，绕过急流险滩，经历了漫长的旅程到了重庆。然后由重庆继续向成都进发。成都那时还是一座有城墙的古城，但它已是川康（原西康省）物资交流的中心。在成都，他到处打听成都附近有各种珍贵动物的山区的消息。他在自己的日记中写道："我忙于收拾许多行李，以便明天出发，如果上帝保佑，就在穆坪待上一年，大家都说那里有奇草异兽……"

1869年2月28日，阿尔芒·戴维到了邓池沟天主教堂。这个山谷里的村民当时多已成为天主教徒，由土司管理着当地的小王国。他在教堂住了不久便着手采集动植物标本，并组织猎人为他猎捕大型兽类。在这里，他有了惊人的发现——大熊猫。

大熊猫究竟是属于熊类，还是属于小熊猫类，还是独属一类，在世界范围内已经争论了130多年，尚无结论。近年才在云南禄丰和元谋发现的始熊猫，据考证可能是今天大熊

猫的祖先。它们生活的年代距今已经有八九百万年了。

蛔虫对于大熊猫的威胁不容忽视。在宝兴发现了两只有蛔虫的大熊猫，一只在民治乡，据称尸解后肠道内食物很少，而蛔虫很多；另一只在五龙乡发现，也是蛔虫致死。在我们调查期间，5月12日，在中坝乡海拔1 520米处发现一只不能走动的大熊猫，三天后经尸体解剖，发现有3条蛔虫穿入胆内引起胆囊发炎溃烂。

6月8日在盐井乡汪家沟，海拔1 840米处，一村民上山给漆树绑架子以备以后割漆时，发现一只死亡的大熊猫。我得知此消息后带了一个学生前往。但要过东河才能上山，而近处无桥，乡民都是用溜索过河。我们走到河边一看，所谓溜索，无异于杂技团的踩钢丝。它是从河的一端，由两条粗的铁丝绞合拉到河的对面固定着，然后再在铁丝上挂上系着木板的三角形铁丝架，人坐在木板上，两手扶在三角形的铁索上，然后用力一滑，很快就到了河流的中间，此时，受重力影响，过河铁索已成抛物线，往下看汇水滔滔，使人不寒而栗。只好抬起头，像拔河似的一把一把地手拉铁索，费尽九牛二虎之力，把自己拉到河对岸。过河后我额上汗珠直流，汗流可能一股来自用力拔铁索，一股来自自身心情的紧张。

过河以后，在村民的带引下，我们三人攀木缘岩，足足走了两个小时，到一河边，见到了大熊猫的尸体。可能是冬季或初春死的，至少有一个月以上，腐烂的臭气很大，外观是一只老年雌体。将腹一剖开，一股使人恶心的臭气瞬即喷发而出。他们俩犹如回避毒气一样，手捂着鼻子跑开了，我忍受着恶臭剖开检查，发现其胰脏已经溃烂，剖开后内有3条蛔虫。然后我又检查胃肠道，发现十二指肠内共有1 856条蛔虫，胃内有380条，总计2 236条蛔虫，足足可以盛满一盆。这创造了我解剖熊猫发现蛔虫的最高纪录。我又还把它的嘴打开了，看了牙齿磨损情况，臼齿已基本磨平了，至少活了18岁以上。

过河回去后，手洗了又洗，然后又用酒精棉球擦了又擦，始终觉得一股臭气未消，喝几口酒，下着菜，吃着饭也总不是滋味，是臭气的刺激，也是为熊猫的剧痛惨死而悲痛。

6月10日，一个小分队在黄店子山下拾到一只刚死不久的金丝猴，是一只少年猴，身体十分虚瘦，解剖也找不出什么死因。

金丝猴是高山上最美的一种猴。阿尔芒·戴维发现大熊猫不久，于5月4日又获得了珍奇迷人的6只金丝猴。

金丝猴过着集体生活。每个大的群体一般100—200只，多者可达500只以上。它的体重8—19千克，最重的可达30千克。金丝猴有一个大的狮子鼻，鼻孔朝上仰，面孔天蓝。头顶棕红色，两耳丛毛乳黄色，背披细密的金色长毛，最长可达42厘米，犹如一金色长发女郎。尾很长，和身体长差不多。它们栖息于海拔1 500—3 600米，以树栖为主，林木稀疏，不能树间跳跃，也要下地，但它们休息和睡觉都在树上。每群活动范围，视群体大小、食物资源多少而有差别，可达10平方千米，最大的可达50—60平方千米，随着季节和食物基地变化，它们每年有两次较大的迁

移活动。夏天气温较高，高山雪融，食物丰富，就迁居高山，多住在海拔3 000米以上的针叶林中；冬天气候严寒，食物缺少，它们就下移到海拔1 500米的阔叶林中，或稍高一些的针阔叶混交林中。除冬季外，每天黎明即发出叫声，不久便开始觅食活动。但在冬天天明后仍蜷伏在树上不动，只偶尔发出叫声，直至太阳升起或气温上升方开始活动，且不如夏秋活跃。

群猴在迁移过程中，若被拦腰惊动，则临时分成两群，前一群多以成年雄猴和亚成体组成继续向前逃窜，后面一群也由成年雄猴带领着雌猴、幼猴和老年猴向相反方向逃跑。当惊扰解除之后，分开的两群猴彼此发出呼唤声，逐渐地又合为一群，然后集体迁往他处。猴群白天除游荡觅食外，也爱在树间或枝丫间嬉戏、追逐和攀缘跳跃。一枝刚折，又扳他枝，有时数只猴只扳一枝，当折声一响，即四跃各枝，从不落地。群猴每到一处很远就能听到“乌——呷”的嬉逐声，和“呜——伊”“呜——啊”的抢食鸣叫声，或折枝断桠声。如遇险情，哨猴立即发出“呷履行——呷”的尖叫声，此时各种声音立即停止，鸦雀无声。

金丝猴也有独栖者，多是老年的大个体雄猴。1974年，曾在北川县获得1只沙黄色雄猴，体重达35千克，后在黑水县发现一只，它骑在羊背上被人抓获送到成都动物园，又饲养了一年多，披毛长42厘米。近年又在唐家河自然保护区发现一只独臂金丝猴，也是老年雄体，应为驱逐出社群的昔日猴王。

金丝猴的食物很杂，春天它们吃各种树的嫩枝幼芽；夏天除吃新叶外，也食一些野果和树上挂着的松萝，以及树干上的苔藓，有时还下地掏食一些植物的幼根吃；秋天则采食各种果实和成熟的浆果；冬季在林中啃食各种树皮、藤皮、松萝和苔藓，有时甚至吃些竹叶充饥。

金丝猴常与大熊猫生活在共同的森林中，它们和平共处，互相帮助。金丝猴凭着锐利的目光，站高看远，见到有大熊猫天敌，它会发出警呼的叫声，提醒大熊猫有敌情。大熊猫则凭它们灵敏的鼻子，嗅出金丝猴天敌的气味也会吼叫，既通报了友好的金丝猴注意，也恫吓了敌人不敢轻易侵犯。

金丝猴的姿态优雅，体色秀丽，是稀世珍宝，它们是猴类中唯一一种能适应高寒生活的猴类，具有十分重要的学术研究价值。据史料记载，金丝猴除肉脂有医疗作用外，以其皮制成的绒座十分高贵。宋朝文臣中书舍人以上，武丞节度使以上，才能使用这样的绒座。明朝，宗室一品以上将军才能坐这种绒座。清代，用金丝猴制作的裘皮仅满族高品位官吏才能使用。20世纪30年代到四川来捕猎大熊猫者，也要想法购买一张价值相当于200美元的金丝猴皮。

当地居民则视金丝猴为保护神，祭师会携带金丝猴猴爪和身体的一部分，用代表部落圣书的白纸包好。传说在很久以前，羌人因战祸被迫迁走，在坐一艘有漏洞的皮筏渡河时，圣书被弄湿了，放在河岸晒干。他们把羊杀死吃了，把肚做成了一面鼓。击鼓就可以帮助每个人记得圣书

的文字，因而会受到保佑。

宝兴既是大熊猫的故乡，也是金丝猴的圣地，和大熊猫一样，全县每个乡都有金丝猴活动，调查共发现有14群，最小的一群仅30只，一般有100余只，多的有200只，此次发现的共有1 620只。

1976年6月下旬，我们沿与东河平行的公路继续上行，东侧属于邛崃山脉巴郎山的西麓，西侧为夹金山的东麓。河谷狭窄处，林葱木茂，广阔的河谷阶地，到处都种植油菜、马铃薯、玉米。台地零星散布着村舍。房屋多由石块堆砌而成，屋顶或盖石片，或木板压上石块。

东河上游为藏族集居地，叫硗碛乡。乡镇位于东河与支流汇合处的一块冲积平台，从这个乡的名称可以知道，是硗土坚硬、积石成碛的群山汇合处，土质比较干燥。乡镇上有一条不太长的街道，两侧是木材建造的房屋，多为商店。在街旁的一个山丘上有座寺庙，房屋是藏式建筑，两层楼，下层由石头砌成，上层是木头，有阳台。

硗碛以上河流呈扇形汇入东河。在扇形的支沟中，其山坡上的森林都被夹金山林业局的森林工人于20世纪60年代砍伐殆尽，只留了山脊较陡峭处的作为母树。砍伐过的残林，又由营林工人营造。可喜的是，这个林业局的营林处由一个姓陈的老红军领导，他亲自上山督促，以身示范，很有成效，将砍伐过的林地，大都营造成了落叶松，十年的树木已成片成林。林间海拔3 000米以下为大箭竹，以上为冷箭竹，这两种竹都是大熊猫喜食的主要竹种。

营林队几乎每条大沟都有营林抚育的工棚，我们每个小分队都住在这些工棚里，调查完一条沟、一个山坡，又转入另一个工棚。

我们在夹金山林区小分队调查了半个月，共发现有大熊猫121只，占全县总数的三分之一以上，这里真的成了大熊猫的大本营。

过了林区向上为高山灌丛草甸，虽然已经没有大熊猫的活动踪迹，但这里有一条当年红军长征红一军团走过的路，仍依稀可寻，十分陡峭。走到海拔4 000米以上有个筲箕湾，十分平缓，为冰川期遗留的冰斗。草甸中各种野花含苞待放，绿尾红雉正忙碌着找食贝母，时而惊飞像鹰一样啸叫，故当地人又把它叫“鹰鸡”。沿着筲箕湾的弯曲小径到海拔4 400米处，开始出现岩石和风化的流石，不时可以见到羽色与岩石相近的藏血鸡，它的嘴和脚都是红的。这两种野鸡都是青藏高原的特有种。流石滩很陡，但能看得出一条被岩羊走过的路径。它们成群生活，晨昏才到筲箕湾这些高山草甸来吃草。到了海拔4 800多米，有一个王母庙的废墟。当年红军就是经过这里到小金、懋功，然后过松潘大草原。这就是历史上有名的红军爬雪山、过草地北上抗日所走过的二万五千里的艰辛之路。现在随着旅游业的兴起，宝兴沿东河，翻夹金山到小金达维的公路已贯通。由此可经四川第二高峰四姑娘山到卧龙自然保护区，再北上松潘大草原到黄龙寺、九寨沟、平武王朗，再回成都，一路有名的风景名胜应接不暇。

1954年，北京动物园在宝兴县附近两河口处建立收购站和临时暂养场，1975年撤销，期间共运走大熊猫80余

只。20世纪90年代，在宝兴捕捉的大熊猫总数达110多只。全国从野外捕捉大熊猫经北京动物园，或成都与重庆动物园，转让到全国各地动物园，其中接近一半来自宝兴。

1955年送给苏联的“平平”和1958年送去的“安安”，先后送到朝鲜的“1号”“2号”“凌凌”“三星”和“丹丹”等大熊猫都来自宝兴。1958年交换给英国的“姬姬”及曾到美国、西班牙和墨西哥相亲的“佳佳”，也是宝兴产的大熊猫。1972年送给美国的“玲玲”，1972年到日本东京的“兰兰”和“康康”一对、1980年送去的“欢欢”、1982年再送去的“飞飞”，法国巴黎动物园的“黎黎”，墨西哥城的“贝贝”与“迎迎”，以上均在宝兴捕获，共计17只。宝兴大熊猫真可谓走遍了天下。

在宝兴捕捉的大熊猫多达110多只，这对大熊猫家族的兴衰影响是长远的。如汶川县草坡乡自20世纪30年代在那里猎捕40多只，虽经过了40多年，当我们1974年去调查时尚未恢复。这是因为大熊猫在野外要6.5岁或7.5岁才开始繁殖，每胎一般只产一只幼崽，平均重约100克，只有母亲体重的九百分之一，需要母亲抚育两年才能独立。幼崽降生于秋季，要度过漫长的冬季是十分困难的，这时死亡率高。它还不能走动，也容易受到天敌的杀害而被猎食。故实际存活的平均两胎才1只。幼崽如在半岁前夭折，第二年春天雌性大熊猫无抚育任务，又会繁殖，故它们一般是在三年内怀两胎存活一只。野生大熊猫平均寿命只有12岁到13岁。因此，一只雌性大熊猫一生中留下的后代只有2–3只，其繁殖能力之低可以想象。

对大熊猫的残酷猎杀无异于雪上加霜。据我们调查，从1970年到我们1976年调查时为止，就被猎杀了11只。以后虽然国家三令五申不准任意猎杀，但有的人利欲熏心，仍然屡禁不止，猎杀现象时有发生。

猎捕不止，大熊猫家族走下坡的悲惨局面将会愈演愈烈，1985年至1988年四川省林业厅和世界自然基金会组织了一个联合调查队，调查宝兴的大熊猫，用密度参数计算为75±16只，内业综合统计全县仅有75只。1998年冬季，我们在宝兴蜂桶寨国家级自然保护区做样方统计，认为20世纪80年代的调查，由于方法上的问题，统计数字偏低。但至少说明，宝兴的大熊猫数量自20世纪70年代调查以来一直处于下降的趋势是无疑的。

宝兴县是山区贫困县，财政收入一度提出抓“两头”，即一手抓木头，另一手抓石头。宝兴县盛产花岗石，在大熊猫活动的中心区域锅巴岩沟一带大规模地开山采石，严重地干扰了大熊猫的正常生活。对森林采伐，堪称“三把刀”同时进行，即省属森工企业、县属伐木场以及乡镇企业和个人，特别是有公路的地区的山坡，“几把刀砍采”严重地破坏了大熊猫的家园。

在五龙乡海子沟由于建立了伐木场，调查时已采伐至山脊，迫使大熊猫逐渐迁移他处；陇东乡陇东小沟，据访过去大熊猫也多，但由于1975年以来大量采伐树木，调查时没有大熊猫活动的踪迹。

哪怕是深山老林里，采药、毁林种药和放牧等人为活动也会使大熊猫不得安宁。采药者还要带枪狩猎和砍树搭棚，

为炊烤药。在调查区域发现药棚满山遍野都有，药棚多为树皮所盖，致使药棚周围成片都是枯死的树。在硗碛、永兴等乡，有很多药场，而这些药场又大都伸入到大熊猫喜欢栖息的平缓地带，每年烧荒毁林种药，加上狩猎，对大熊猫影响很大。在东河、西河流域，村队牛场也多，尤其硗碛乡，除有村队牛场外，更有小金县入县境的牛场。牛场十分分散，从低海拔直至高海拔达4 000米，一般从低至高有五级牛场，春季从低至高，冬季由高至低。牛场区域由于毁林烧荒沦为无林的荒草地，加上放牧者也多携带枪狩猎。因此，虽然河谷保留部分残林，大熊猫冬季还可采食，但很少见到它们的踪迹。此外，营林处为使林木快速生长，常沿林抚育砍带（造林沿山呈带状），把大量竹林一带一带砍去，也导致不少地方的大熊猫移迁，如硗碛乡新塞子沟的1–3支沟，过去均有大熊猫分布，由于育林砍带至海拔3 000米以上，故调查时也很少见到大熊猫。

大熊猫原本有随季节迁移的习性，每当严酷而漫长的冬季，一些老弱病残的，年年到低山河谷，由于食物匮乏，疲倦不堪，以至早春寒潮袭击，多死于河旁。一些强健者则饥不择食，什么都吃。如盐井乡快乐沟发现有大熊猫捕食一只活体小盖羊；挡巴沟发现有大熊猫食一只死体黄牛；硗碛乡大石包发现大熊猫入猪舍吃饲料并进入工棚偷食玉米馍。大熊猫吃猪骨、木炭，把铁锅铁器咬碎，甚至进入住家饱食之后搬走锄头、粪桶等农具玩耍。

在宝兴县王全安的家中，一只大熊猫悄无声息地把他家的铝锅咬烂，将锅盖拖走。甚至还将他家的一盘手推磨的上扇石磨拽走，从此杳无音信。有仁慈与爱心的王全安一家，不仅未因大熊猫毁坏了他家的家什恼怒，还特地在厨房的土灶上方墙壁上，钉了一只铁钉，挂上一个竹筐，并在筐内放置些猪肉与猪骨，供给它们食用。王全安在那一段时间几乎每天晚上都在他家宅附近堆上猪骨，用火熏烤，骨头散发着浓浓的油香气，大熊猫便悠然而来。一连数日，那只大熊猫每晚都循着老路，走进厨房，爬上土灶，伸出前爪，把竹筐里的肉与骨取出来嘴食。尽管主人王全安在家，它也无所畏惧。看见它那憨美的形象，王全安给它取名“乐乐”。

就这样，“乐乐”在王全安家足足逗留做客达10天之久。保护区的高华康到王全安家时，举起相机，拍下了它伸着前爪抓食竹筐中的美食的珍贵照片。这天晚上它在王全安家待了整整10个小时，直到次日黎明才离去。

如果人们都像王全安那样善良，那样呵护大熊猫，“乐乐”的家族一定会过得恬静安乐。与我们同居于一个地球上，我们有什么权利去侵犯它们一方寸土的乐园呢？

第五节　邓池沟天主教堂的新身份
——从宗教场所到“熊猫圣殿”

1980年，中国改革开放“国门”大开，世界自然基金会通过美国驻港记者南希·纳什与中国方面联系，要求合作开展野生大熊猫研究。乔治·夏勒受世界自然基金会的委托来到中国，开始大熊猫保护的调查和研究。他与大熊猫专家胡

锦矗等中国同事一起，在极为艰苦的条件下，在四川的深山竹林里整整坚持了5年的野外科考，为人们认识大熊猫，建立保护理念开了先河。作为“熊猫项目”的成果之一，他将自己5年中的思考与感触写成了《最后的熊猫》一书，这是一本更加带有科学家个人色彩的科考纪实。

乔治·夏勒说，大熊猫是“一个集传奇与现实于一身的物种，一个日常生活中的神兽，跳脱出它高山上的家园，成为世界公民。它是我们为保护环境所付出努力的象征”，“能跟熊猫生活在同一个世界，演化历程发生交错，是我们的运气”。

1983年，乔治·夏勒走出卧龙，“周游”四川各地大熊猫自然保护区，他的第一站就是宝兴。在他看来，这里就是“大熊猫圣殿”。

地理上而言，四川自成一个世界；四周山峦包围中央的盆地，过去全靠崎岖难行的山径栈道，跟中国北方、南方、东部联络。长江是对外交通的主要通道，但须经过三峡的险阻与沿途湍流。四川盆地西部，有一连串迷宫似的崇山峻岭，山峰兀立，终年积雪不化，纵谷直切入西藏高原。自从两千年前出现第一个屯垦区，到20世纪30年代人口已多达五千万，今天更高达一亿一千万，这样的成长率靠肥沃的土壤、温暖的气候、一年三获的农产维持。四川虽然地处孤立，千百年来，政治和文化上却一直是中国的一部分，只有它西部的山区不是这样。这地区一度称为汉边，但是在20世纪50年代中国巩固其权力以前，这里并没有汉藏之间的明确边界。

1983年春，我首度获准在这片边区自由旅行，调查大熊猫。访问一个新地区的兴奋，往往以当地的历史为依归。戴维神父在那儿取得第一张大熊猫皮，其他知名的西方人——探险家、博物馆收藏家、旅行家，都曾在山中来回穿梭，或沿主要行商路线前进，由成都到康定，由巴塘到拉萨。

4月24日，我的心情极为兴奋。今天是我加入熊猫计划两年半以来，第一次走出卧龙的疆界去探索其他熊猫居住区。我们今天的目的地是与卧龙相邻的宝兴。我们直奔成都西南，胡锦矗、小邱、林业官员崔仰涛（音译）和我，先穿越盆地的平原，然后是梯田罗列的山岭，到达圆圆的峰顶。一块块麦田、油菜田、蔬菜田都完美无瑕，足证农耕的效率。

离开雅安市区不远，黄土路沿着河岩西行入山，一座阴森的峡谷像门户般，通入一个宽阔的山谷。再过去的山隘，就是进入汉藏边区群山的门户。我们开车驶下群峰环绕的山谷，山峰都掩盖在云雾里。陡峭的山边还有梯田，田畦都垂直挖得很深，方便大雨时排水，也造成大量土壤冲失；农夫沿着路旁，用竹篮搜集这种泥土，再辛苦地把它们运回田里去。

转过一个弯，我们看见宝兴县城就在前方，依山傍河。这是个典型的乡下小镇，有一大堆无法分辨的水泥建筑物，每一幢都有好几层楼，里面有公家机关、百货公司、旅馆、电影院；小商店和住家星散在市郊。

对任何关心大熊猫的西方人而言，宝兴都是一块圣地，因为这儿就是戴维神父入山发现大熊猫的出发点。戴维神父是比利牛斯山区的巴斯克人，生于1826年，22岁时入拉撒路教会。1851年获授神职，11年后，他被派赴北京的拉撒路教会传教，他热衷研究博物学，发现多种亚洲最特殊的动物与植物。1865年，他在北京附近的御用猎苑中看见一种“有趣的反刍动物”，那是一种长相怪异的鹿，名叫四不像，生有驴尾、鹿角、骆驼颈和牛蹄。这种鹿在野生动物界已宣告绝迹，御苑里这头是世上绝无仅有的一只。戴维神父买下两头鹿的遗骸，后来取学名为“Elaphurus davidianus”，其中嵌有他自己的姓，意为“戴维神父的鹿”。他自1868年至1870年的第二度搜集珍禽异兽之旅，带他来到宝兴，在这儿的发现成果不仅使他在科学界扬名，更使他成为一般社会大众心目中的名人。

戴维神父的时代，从成都到宝兴需要6天，最后一天是翻越一座林木茂密的高山。下到宝兴时，戴维神父看见“很多非常巨大的杉木树干倒在地上，任其腐烂，这些树是穆坪土司下令砍的，为的是建立一道阻挡中国部队的障碍”。这时，宝兴已有一个法国传教士主持的外籍传教团，负责人是杜吉泰先生，他教大约五十名中国学生拉丁文、哲学、神学、历史等，戴维神父起先住在他那儿。戴维神父在日记中说：“1869年3月1日，星期一，抵穆坪的第一天。天气极佳。我一住进杜吉泰先生为我安排的舒适的小房间，就迫不及待去参观新环境，我打算在这住一季……第一天的空闲时刻，我都花在猎鸟上……”

我可以理解戴维神父急着去森林里探险满足好奇的心情。有一张他身穿中式斗篷，头戴毛皮帽的照片。他蓄有黑色的山羊胡子，眼神锋利，看起来充满活力和毅力，嘴角透着一分幽默；从他脸上看得出机智和沉默的热情。他虽然搜集野生植物，但他写道："人是自然之王，可是他无权滥加杀戮。"本书开头所引用他的话，既是他的自然观，也是他的个人信念，跟今天环保人士的论调若合符节。要是能跟这个人一块儿入山探险，一定非常愉快。

4月25日，往硗碛的公路与东江平行，路旁只见崇山峻岭夹着星罗棋布的梯田，陡峭的山坡上有茂密的树林。我们在登石峡（音译）停留，这儿有座崔仰涛所谓的"天主庙"，戴维神父在此住过。崔仰涛告诉我，我获得特许参观这地方，是1949年以来第一个来访的外国人。我们立足的小径下方，河水冲刷岩石，激起白色的泡沫。路旁开着洋莓和鸢尾花。不久，山坡后退，山谷向北方伸展，除了最顶峰，到处都种植油菜、马铃薯、玉米。台地上零星散布着木瓦片屋顶的茅舍，路向上坡，两旁有栗子树和胡桃树。走了大约一小时，小径转弯处出现一座庙，是一座很气派的木造建筑，有中国式的宽檐，房子虽大却不觉得突兀，因为它高踞山坡上，可远眺约一日行程外的雪峰。这里海拔约6 000英尺，阳光温暖，微风清新。大熊猫过去与现在此汇而为一。

沉重的大门为教堂挡住擅闯闲人。门上一块大招牌宣言"为人民服务"，这是一条任何时代都适用的口号。管理员开了门，我们走进院落。阳台上漆着标语："产量

搞上三千吨。”几年来，附近石棉矿的工人利用这座教堂作为工寮，但现在房间都是空的，只有管理员一个人住。教堂里很多支柱都被烧黑了，令人想起数十年前，当地人烧毁了一部分建筑，传教士又重建的往事。教堂很大，屋顶很高，加横梁的穹顶有镶嵌的细工。柔和的光线透入精致的木格尖顶窗；有一扇大圆窗的木格，设计成类似佛教曼陀罗的图案，但中间又加上一个“十”字。管理员说，过去教堂里有很多雕像，但“文化大革命”期间全被砸烂了。现在教堂里堆的都是木材和采矿工具。

到门外，我穿过一个长满杂草藤蔓的花园，坐在石墙的残垣上，戴维神父的回忆包围着我。这儿曾是他的根据地，100多年前，他踏遍这些山岭；在这儿他完成了几项最伟大的发现——水梨子（即珙桐）、绿尾虹雉、金丝猴，还有他日记中记载的大熊猫：“3月11日，探险归来，我们应邀到山谷中的李大地主家休息，他招待我们喝茶、吃甜点。在他家里，我看见著名的黑白熊的毛皮，看起来它体格十分庞大。这是个非比寻常的品种，听我的猎人说，我不久就可以猎到一只这种动物，我感到很高兴。他们说，他们明天就要出发去捕杀这种动物，这会提供新鲜有趣的科学材料。”

戴维神父提到“著名的黑白熊”，但是并没有证据显示他曾经听过什么与大熊猫有关的消息，其中“著名”一字的法文原文“Fameux”，也可解释为“第一流的”或“重要的”，可能比较符合戴维神父的本意。

3月23日，戴维神父收到一只刚被猎人杀死的大熊猫，

4月1日又收到一头成年大熊猫。他认为大熊猫“一定是熊科动物的一个新品种，它们不仅颜色特殊，脚掌底部多毛，还有很多其他前所未见的特征”。

1949年以来，宝兴供应给各地动物园的大熊猫数量为全国之冠，到20世纪80年代初期，已多达101只。

4月26日，我们下到泥堡沟山谷里访问一处伐木营，那儿常可以看到大熊猫，冬季它们甚至跑到茅舍去搜垃圾堆。陪伴我们的高华康是来自附近蜂桶寨保护区的一位年轻的林业官员，他曾来过五一棚协助，我对他和善而开朗的笑容记忆犹新。去年他曾观察过一只巢居的母大熊猫，他要带我们去看那个地点。我们迂回登山，穿过遍地横倒的树干、斩除的树枝、被砍得乱七八糟的灌木，到达一座还残留一片森林的山顶。就在那儿，距交通繁忙的小径仅20英尺之遥，巢就筑在一株空心冷杉的基部，入口直径约15英尺，刚好够一只大熊猫硬挤进去。这只母大熊猫9月24日生产，虽然伐木工人天天经过，到对面山坡上去砍树，它还是在巢里待了整整一个月。有时他们喂它肉或骨头吃。高华康给我看了一张他在树巢前面做笔记的照片，洞里的母大熊猫正在窥视他。大熊猫在缺乏筑巢地点的困境下，不得不忍受人群和周遭砍伐林木的噪音。回程途中，我们询问工人最近有没有看到大熊猫。他们说昨天就有人听见一只大熊猫在上面那座山坡上叫。我率领小邱和高华康往坡上爬。就在前方山脊上，我看见一只大熊猫从一辆空中缆车下蹒跚走过，这种运木材下山的缆车靠马达推动，声音吵得不得了。山谷里一片伐木和叫嚷的噪音。

后来，在伐木营附近，我们听见大熊猫的叫声，隔了15分钟，又是一声。但它发现了我们，只有晃动的竹林透露它脱身的路线。人类的活动显然并未使大熊猫打算离开此地。

我兴趣盎然地注意到，这地区的竹子主要有两种：一种是墨竹，长得高而优雅，接近伞竹，生长区海拔可达9 000英尺；另一种是箭竹，生长在海拔更高的地方。很多箭竹都在开花，花序集中在竹枝尖端，看起来像稻子，颜色是褐中带紫。这些乍看无害的花，其实是灾难的前兆，对大熊猫本已岌岌可危的生存构成严重的威胁。大熊猫似乎除了吃、睡、求爱，没什么别的事可做。大自然好像要罚它们这种一味享乐的生活方式，竹子一旦开花死亡，大熊猫就要长期挨饿了。

竹子是草本植物，不过它们独具木质的枝干。一般草本植物每年开花结果，竹子在这方面不同，很多种竹子都经过很多年才开花，其他时候，它们繁殖是靠地下茎抽芽。各个品种开花的周期互异，从15年到120年不等。开花结子以后，竹子就死了。种子萌芽，会长成新的竹丛。每年每片竹林都是新竹竿生出、旧竹竿死去，任何竹竿的寿命都不超过15年。偶尔会有一片独立的竹丛开花，但通常一座山上所有同品种的竹子会同时开花，竹竿也同时死亡。竹子的细胞里一定有一组生理时钟，决定在什么时候从一种繁殖方式更换为另一种。由于开花期的间隔没有很精确，一般相信，这种变化是由环境因素——诸如太阳黑子、干旱和地震等驱动。但这些因素并不那么容易预测，而且也不见得所有竹子品种都会同时死亡。更有趣的是，一丛被移植到英国的竹子，仍有可能跟它远在中国的亲戚同时开花。

中国文献对竹子大规模开花早有记录。秦代有本谈竹子的书说："一甲子乃产子而亡。"17世纪末，农民有一个防竹子死亡的偏方——竹树开花，则一境之竹皆死。处置之法如下：择最粗之竹竿锯断，只留地下三尺。将竹节全部凿空，填入堆肥。如此可立即开花。

这个办法在农家菜园里或者有效，但是用来对付山上细密的箭竹林可就不胜其烦，这儿的箭竹林密度，每平方英里可达一亿枝竹竿。

20世纪70年代中期，四川北部和甘肃南部的岷山，竹子大量死亡；影响所及约二千平方英里，程度不一。这种涵盖庞大地区的开花现象，上一次发生在19世纪80年代中期，由俄国人贝瑞佐夫斯基等人观察到。19世纪70年代的开花现象，要不是因为已名列国宝的熊猫会因此挨饿致死的话，可能只有中国的竹子专家感到兴奋。但几乎没有可以帮助它们的对策。王梦虎写道："经过调查与搜索，一共发现138具熊猫尸首。真是令人心碎的损失。"

箭竹开花是否局限于宝兴县的这一片山坡？我怀疑。两年前，1981年5月，我曾发现五一棚上方有小片箭竹林开花。当时我以为这个品种即将大量开花、结子、死亡。更何况，箭竹的结子周期将至，当地居民指出，前几次开花和死亡分别发生在1893年和1935年。他们把这些年份记得很清楚，因为1893年有一次农民大暴动，1935年则是毛泽东率领

工农红军，经由卧龙西部到陕西的两万五千里长征。现在卧龙与邛崃山脉其他地区的熊猫，显然又面临新危机了。

第六节 夹金山是观鸟胜地
——循着戴维神父的足迹来观鸟

中国科学院鸟类研究所研究员何芬奇有“鸟人”之称，他像候鸟一样，不停地南来北往。在何芬奇眼里，雅安就是一个巨大的“鸟巢”，在夹金山观鸟是人生一大快事。

何芬奇第一次来雅安是在1982年。此后，在30年的时间里，他一有空就往雅安跑，跑到夹金山看鸟——“循着戴维神父的足迹”。前几年，他曾告诉笔者，他还有一个心愿未了，那就是邀请驻北京使馆的大使夫人们到雅安来看鸟。何芬奇已是60多岁的老人了，说起“大使夫人雅安观鸟团”，依然眉飞色舞。

20世纪80年代初期，何芬奇在宝兴对绿尾虹雉进行野外研究时，曾大致梳理了模式种或模式亚种出自宝兴的鸟类。1982年到1983年两年间，他进行了三次野外调查，1987年又进行了一次调查。他是第一个系统调查绿尾虹雉的专家。

他仔细地查了一下，模式标本出自宝兴（穆坪）的鸟种名单，尽管命名人有所不同，但其大多数当源于戴维神父在宝兴的标本采集。

30年过去了，从青丝到白发，何芬奇梦想中的“大使夫人雅安观鸟团”未能实现。2012年8月，在他的组织下，第五届“中国·雅安国际熊猫·动物与自然电影周”举办了一个活动——“宝兴模式标本鸟种再发现”。观鸟活动就在宝兴县举行。观鸟爱好者到宝兴县的当晚，县城旁边的冷木沟发生了罕见的泥石流，泥石俱下，瞬间冲进了县城。虽然天公不作美，观鸟爱好者依然满载而归。在两天的时间里，来自全国各地的观鸟爱好者在宝兴县观测并拍摄鸟种178种，其中就有包括绿尾虹雉宝兴模式标本鸟种24种。

应《中国鸟类观察》编辑的邀请，何芬奇专门写了一篇文章《循着戴维神父的足迹》。在文章中，何芬奇情不自禁地写道：

19世纪中叶，在中国的腹地，一位来自法国巴斯克的传教士、著名博物学家，发现了一种黑白毛色的胖熊（大熊猫）。仅此一项发现就足以使任何一位动物学家名垂青史，而他却多有建树，“戴维神父鹿”、中国大鲵，外加60多种鸟类。这还仅只是局限于动物学领域。在植物学方面，他收获更丰，迄今为止有70多种植物冠以阿尔芒·戴维之名。

任何一个物种的模式标本，无疑是对那个物种的首次科学记述。就宝兴而言，如果能够再度观察并记录到那些其模式种或模式亚种标本出自宝兴的鸟类，则说明那些鸟在过去的近150年间，尽管经历了20世纪50年代末期那场大规模林木砍伐的浩劫，尽管需要不停地去应对生态环境的退化，却仍然顽强地生存了下来。这对于研究鸟种以及研究地区性鸟类群落的耐受能力，很有帮助。近60年来，由

于各种各样的原因，宝兴大熊猫群体（至少）失去了上百只个体，可惜的是，对宝兴鸟类的了解远不及对大熊猫的多。

其实宝兴县生态保护不错，生活在这里野生动植物受到的破坏并不大。

1969年，崔学振从中国林业学院毕业后，就分到了夹金山下的宝兴县工作，从大海边到大山中，他在宝兴县一干就是近40年，退休前，曾担任四川省蜂桶寨国家级自然保护区管理局局长。他一辈子只干了一件事，那就是保护大熊猫。

崔学振说，夹金山如同一个孑遗物种的“避难所”。大山深处，树上的金丝猴、短尾猴，地上的大熊猫、扭角羚，水中的雅鱼、戴维两栖甲，天上的绿尾虹雉、宝兴歌鸫同域分布。在蜂桶寨自然保护区内，一次看见几十头羚牛并不稀奇……

2006年11月15日，国家邮政局发行了《中国鸟》普通邮票1套2枚，其中面值40分的就是绿尾虹雉。从此，隐藏于大山深处的绿尾虹雉飞进公众视线。

绿尾虹雉，又称贝母鸡、鹰鸡、火炭鸡，隶属于鸡形目雉科虹雉属的鸟类，是珍稀濒危种类，属国家一类保护动物。绿尾虹雉是我国特有大型珍稀雉类，绿尾虹雉体大健壮，嘴形向下弯曲，雄鸟具有彩色羽冠，羽衣闪着带有金属光泽的绿、紫、蓝色，色彩斑斓有如绚丽的彩虹。又因其尾羽蓝绿色，非常漂亮，故称绿尾虹雉，有“国鸟皇后”的美称。

前几年，何芬奇曾打算翻译《戴维日记》，他给笔者提供了日记中关于绿尾虹雉的记载。虽然有资料表明，绿尾虹雉发现并命名于1866年，但几乎找不到文字介绍。这段简短的文字，恐怕是对绿尾虹雉最早的记载。

幸运的是，当一大群虹雉停留在对面山上的时候，一大片云恰巧遮住了我，我连击两枪，一只鸟掉在猎人老李的脚下，他的眼里充满了钦佩，我很得意。时间不允许我再去射猎绿尾虹雉，所以，我们返回小屋，沿途又打了几只小鸟。当天白天剩余的时间和晚上，我和同伴都用来处理收集的毛皮。对于收集来的标本最烦人的一个工作就是必须立即处理真皮，特别是在累了一天想休息和放松的时候。尤其对我来说，作为一个博物学家，必须得承受双重压力，因为我不能放弃我的工作职责，必须得有严谨的科学态度。

夹金山鸟儿不仅圆了何芬奇的梦想，也成就了四川农业大学动科院教授、鸟类专家李桂垣的“鸟儿”事业。从1956年起，李桂垣与同事一起采集了1万多只鸟类标本，并从中首次发现“四川旋木雀”1个新种和4个新亚种。

据有关资料记载，绿尾虹雉目前仅分布于四川、云南西北部、西藏东南部、甘肃东南部和青海南部一带，野外现存数量不足3 000只。1994年，世界自然保护联盟将绿尾虹雉列为濒危种。

生活在宝兴县的人是幸福的，清晨醒来，都能听到很多鸟叫声。无论是在县城边的宝兴河畔，还是在海拔3 000多米的夹金山上，或是在赶羊沟的原始森林中，宝兴的天空最不缺的就是飞翔的鸟儿。单是鸟类模式标本，就有41种产地在宝兴。

到宝兴观鸟吧。说不定，你在夹金山上就会与“国鸟皇后”绿尾虹雉美丽邂逅。

第七节　大熊猫栖息地申遗，雅安举足轻重
——戴维·谢泊尔的考察评估之旅

2005年，又一个戴维、又一段旅程在同一地方出现，他沿着这条“神秘之路”来到了邓池沟。他叫戴维·谢泊尔，世界自然保护联盟保护地委员会主席，受联合国教科文组织和世界遗产委员会的委托，前来实地考察评估“四川大熊猫栖息地”申报世界自然遗产项目。

在戴维·谢泊尔到来前，雅安市就成立了“雅安大熊猫栖息地”迎检指挥部，并专门邀请中科院动物研究所研究员汪松、何芬奇，中科院成都山地所研究员阿富斌，西华师范大学教授胡锦矗等人前来指导，甚至还进行了“模拟”检查。目的只有一个，那就是既要让戴维·谢泊尔感受到雅安所做的工作，同时也要让他看到雅安原生态的大熊猫栖息地的完整性。

水电、矿产石材开采是宝兴县经济发展的两大支柱产业，矿产石材产业每年对当地GDP的贡献超过2亿元。宝兴

县政府割舍眼前的经济利益，为大熊猫栖息地保护、生态旅游让路。在申遗期间，宝兴关闭取缔矿山55座，全县所有矿山企业实行平台式科学开采。目前，该县已有25家企业完成平台建设。要知道这些矿山是宝兴县的主要财政来源，关闭矿山，无疑是“壮士断臂”。

尽管如此，站在备受争议的硗碛水电站施工场地上，宝兴县委、县政府领导依然很紧张：“如果因硗碛电站施工使大熊猫栖息地申遗‘泡汤’，我们就要成为历史罪人了。”

汪松，这位世界自然保护联盟理事、中国环境与发展国际合作委员会生物多样性工作组中方组长，他说：“别过于担心，专家也是人，也要吃饭，只有发展了，才能更好地保护。讲清道理，他们也会接受的。”在汪松看来，生活在栖息地的居民要减少对森林的过度依赖，修水电站，实行以电代柴工程，使用清洁能源，不砍森林做燃料了，专家也是会理解的。保护大熊猫栖息地，也要给当地居民一条生路。

汪松建议以“开天窗”的形式，把硗碛水电站从保护提名地中剔除。不过，他又说：“保护大熊猫栖息地，目的就是消除孤岛，保持栖息地的完整性，不可能开很多‘天窗’。”

“模拟”检查后，汪松感慨地说：“雅安的地位举足轻重，雅安成功了，大熊猫栖息地就成功了。”

2005年9月30日，在众人的期待中，戴维·谢泊尔来到了雅安，踏进了大熊猫栖息地。

“在100多年前，有一位叫戴维的人走进雅安，发现并制作了大熊猫模式标本，从而把大熊猫介绍给了世界。今天，又一位戴维走进雅安，实地考察评估‘四川大熊猫栖息地’申遗工作。两个戴维相隔一百多年，同做一项工作。我希望在实地考察中，能够看到政府和市民为保护大熊猫所做的贡献……”戴维·谢泊尔说得非常风趣幽默。

在二郎山的喇叭河保护区考察后，2005年10月1日下午，戴维·谢泊尔来到了邓池沟天主教堂。

陪同考察的国内专家告诉戴维·谢泊尔：“大熊猫的模式标本从哪里来，它就从哪里走向世界。我们所在的这个天主教堂，就是当年阿尔芒·戴维制作大熊猫模式标本的地方。”

戴维·谢泊尔看见可爱的大熊猫“白杨”后，高兴万分，蹲在“白杨”身边，轻轻抚摸着它的毛发，并找人拍下他与“白杨”缠绵的照片。

当天晚上，戴维·谢泊尔谈起了看到大熊猫“白杨”的感受：“我今天看到了大熊猫‘白杨’，我抚摸‘白杨’时想，如果大熊猫能说话的话，它肯定会这三句话：一是保护我吧，保护我们的栖息地吧；二是感谢支持和关心大熊猫并辛勤工作的人类朋友；三是非常高兴生活在美丽的宝兴，我们世世代代在这里繁衍生息已几百万年了。”

作为世界上第一只大熊猫的发现地和命名地，雅安人民有责任保护好大熊猫。雅安人民喜欢大熊猫，并精心呵护大熊猫的家园。为了让大熊猫更好地繁衍生息，雅安人民做出了极大牺牲。为此，雅安人民期盼大熊猫栖息地能成为世界遗产，从而得到更好的保护。这个心愿，不仅是雅安人民的心愿，同时也是全人类的共同心愿。如果大熊猫的语言和人类相通的话，此时此刻，它会跑出来欢迎中外专家的到来，因为它们和人类都期待着一个共同的目标，那就是给它们一个更好的生存环境。如果自然界中没有大熊猫，整个大自然会失去光彩；如果人类失去了大熊猫这个朋友，人类世界也会黯然失色！

第八节　徒步考察夹金山
——戴维·谢泊尔全程实录

野猪岗·嗅大熊猫的粪便

2005年10月1日，戴维·谢泊尔一行在大水沟与“白杨”亲密接触后，听说保护站背后一个叫野猪岗的山坡上，有一只成年大熊猫经常出没，他露出惊讶的神色，仿佛在问，这里是人类居住的地方，也会有大熊猫？其实，这里不但有大熊猫，也有大熊猫的伴生动物川金丝猴出没，还发生过川金丝猴破坏庄稼、大熊猫上房揭瓦，以至老百姓到保护区索赔的事。

在戴维·谢泊尔眼里，这些故事简直是“天方夜谭”，他需要的是眼见为实，他要求上野猪岗察看。于是，在管护人员带领下，戴维·谢泊尔上了野猪岗。

沿着陡峭的山坡往上爬，在海拔1 800米的地方，出现了箭竹丛，果然在箭竹丛中发现了大熊猫咬食箭竹的痕迹

和粪便。崔学振小心地把大熊猫粪便捡起来，掰成两半，里面还是新鲜的竹叶，放在鼻子边上嗅了嗅：“还有一股鲜竹叶的清香味呢。”和戴维·谢泊尔一起考察的外籍专家毕蔚林从崔学振手中接过粪便嗅了起来。他在中国生活了十多年，娶了一位贵州女子，普通话说得有滋有味，他用“美式”普通话说：“大熊猫吃的是竹子，拉的是生态粪便，粪便不臭。”说完，他掏出纸笔记录了起来，并把大熊猫粪便放入他随身携带的标本袋中。

虽然没有亲眼看到野外大熊猫，但戴维·谢泊尔心满意足了，毕竟他的脚踏进了大熊猫栖息地，看到了大熊猫生活过的痕迹。

扑鸡沟·察看大熊猫产仔的树洞

10月2日清晨，戴维·谢泊尔又走在了考察路上，目的地是大熊猫栖息的腹心地带——扑鸡沟。

沿宝兴县西河溯流而上，过永富乡，一边是悬崖，一边是绝壁，河水在峡谷中咆哮。“我们曾在这里规划了好几座中型水电站，但为了保护大熊猫栖息地，规划中的水电站永远停留在了纸上，我们已决定不修水电站了。”宝兴县县长姜小林的话，让戴维·谢泊尔非常高兴。

越野车在崎岖的山道艰难前进，到达中岗村。中岗村并不小，有800多人口，这里还有一所小学，五星红旗在这里飘扬。然而整个小山村没有一部电话，手机在这里也成了摆设。在这“世外桃源”里，村民大多看见过大熊猫，而大熊猫进农家的事也经常发生。

联系中岗村与外界的，是一条林区公路。到扑鸡沟，也要走这条林区简易公路。天然林禁伐后，废弃的简易公路已淹没在荒草中，很多路段已被洪水冲毁。勉强前进了10多千米，路基没有了。还有将近20千米的路程，需要专家们在荒野中穿行。

来回徒步6个小时，尽管戴维·谢泊尔疲惫不堪，但他很高兴。在扑鸡沟长河坝箭竹丛中，他看到了不少大熊猫活动的痕迹。在一棵大树下，重重叠叠的树冠给野生动物营造了一个天然乐园，树下有一个用树枝、杂草铺成了一个的窝。戴维·谢泊尔，毕蔚林和北京大学生命科学院教授、保护国际中国首席代表吕植仔细观察后，从窝中发现了大熊猫、金丝猴、黑熊、青麂等动物的毛发。专家们相视一笑，戏称："这是一间动物招待所。"

在距"动物招待所"100多米远处，还有一个别具一格的"大熊猫公馆"。吕植在秦岭中考察时，曾进过大熊猫的产仔树洞，蓦然间看到了这个树洞，她惊叫了起来："这个树洞可能是大熊猫的产仔房！"

吕植和西华大学博士张泽钧先后钻进树洞察看，发现里面果然有大熊猫幼崽的大便和大熊猫的毛发，他们小心翼翼将标本收集起来。

毕蔚林一路走一路忘情地拍照，顾不上相机镜头盖掉在茂密的箭竹丛中，当他从箭竹丛中钻出来时，尽管衣服已被露水完全打湿，但仍乐不可支。

崔学振变戏法般从行囊中掏出煤油炉，煮起了咖啡。当热气腾腾的咖啡端到戴维·谢泊尔手中时，他环顾左右

笑了起来："这是世界上最大的咖啡馆！"

坐在石头上的中科院植物研究所的专家庄平品咖啡也不忘工作，面对一块五彩斑斓的石头，他说："别看石头小，但这是一个生物多样性的博物馆。"上面的杂草有好几个品种，而且地衣、苔藓、藻类一应俱全。更难得的是，这一块含铁质的石头，裸露部分氧化后红得发紫。他边说边趴在石头上拍个不停。

青草坪·大熊猫与专家"捉迷藏"

中岗村周围都是箭竹丛，是大熊猫的最佳栖息地。

2004年的某天，村民李志华在山中种药材，休息时他煮起了腊肉。不一会儿，腊肉的香味让大熊猫跑了过来，这只大熊猫围着窝棚转了好几圈，拱翻了铝盆，吃了锅中的腊肉，还叼走了铝壶。李志华追了过去，大熊猫放下了铝盆，他捡起一看，铝盆已被咬了几个洞，他哭笑不得，而大熊猫还傻乎乎地看着他。

其实，在中岗村见过大熊猫的人不少。半个多月前，曾有一只大熊猫跑到村民陈志勇的家中"藏猫猫"，咬坏了他家的一个铝盆和一件衣服后，又一摇三摆地走了。后来，森林管护人员在中岗山青草坪发现了其踪影，而且还带着两只幼崽。

专家一听，顿时兴奋不已。"野外大熊猫一胎产两仔的情况不多，即使产了两只，在通常情况下，它只带一只。"不过，这是书上说的，现实中究竟是不是这样呢？如果真是"一拖二"，那不成了惊人发现？

青草坪原是当地村民的耕地，现在已退耕还林，青草坪上方是一片茂密的箭竹丛，当大家沿着一条水沟往上爬时，突然间清澈的山溪水变得浑浊起来，挟带着泥沙滚滚而下。“大熊猫蹚水跑了！”大家手脚并用爬上去一看，一个大熊猫的窝出现在眼前，周围尽是咬食过的痕迹。从窝边捡起一块新鲜的大熊猫粪便，用手一摸，还有些温度：“这是刚拉下的。”估计大熊猫看到来了一群“不速之客”，便远远躲了起来。

“估计就在附近，而且是带着幼崽的大熊猫，我们继续追过去！”有人建议。“一拖二”的诱惑让人神往。

望着漫山遍野的箭竹林，戴维·谢泊尔摇了摇头：“NO！NO！我们已经干扰大熊猫的正常生活了，就别再继续干扰了！”说罢，他第一个离开了大熊猫窝。看来，戴维·谢泊尔算得上一个绅士——“我喜欢你，并不一定要真正得到你。”

从青草坪向中岗山进发，一团浓雾滚了过来，十步之外什么也看不见。中岗村海拔1 800米，山顶海拔3 560米，徒步越过中岗山，从宝兴西河转到东河，横穿大熊猫栖息地。从前，这里有条小道，以前宝兴县还打算在这里修一条公路。1998年，天然林禁伐和退耕还林政策实施后，不但公路“叫停”，就是这条小路也永远沉寂了下来。沿着山沟往山顶爬，箭竹丛中依稀还有小路的影子。

中岗山·喊山下雨

上午8时离开中岗村，一路在荆棘和箭竹丛中穿行。

刚上山蹚水过沟时，大家还脱下鞋袜，后来过了沟，荆棘丛林没有办法穿行，又只得折转回来，再次蹚水而行。来来回回的折腾，大家干脆穿着鞋袜过河，鞋袜湿了，冰冷得刺骨。好在沿途景色不错，虽然走得有些狼狈，倒也不失为观赏之旅。戴维·谢泊尔显然不会走山路，几次险些摔跤后，他干脆“山路”不走走“水路”，一双登山鞋，硬是让他“水陆两用”，一路“拖泥带水”地直往山顶爬。

从山脚的灌木林到山腰的箭竹林，再到高大的乔木林，山顶处又是高山草甸，垂直分布，界线十分明确。崔学振告诉大家，每年春夏之际，这里野花烂漫，煞是可爱，说得大家心痒痒的。“过几个月后，我们再来！”毕蔚林穿越中岗山第一片箭竹丛时，他照例掏出了笔记本，谁知他“秀才提笔多忘字”，用中文写上了“冷箭”两个字，歪着脑袋想了半天，简单的“竹”字写不起了，最终他干脆画了根竹子代替。他说：“对世界来说，这块栖息地有着不同寻常的价值。”

在这支穿越队伍中，吕植是唯一的女同志。为了研究大熊猫，她常年在野外考察。在雅安连续几天的野外徒步考察让她感到疲惫。每当她站着休息的时候，总有人在唱歌：“妹妹你大胆地往前走啊……”崔学振的露天“咖啡馆”又开在了中岗山上，当第一杯咖啡送到吕植手中时，她非常感动，连声道谢。

下午2时，一行人终于到达了中岗山顶。躺在山顶草甸上看云卷云舒，一身的疲惫仿佛丢到了九霄云外。不知是谁高喊了一声：“中岗山，再见了！”遮天蔽日的云雾一下就漫卷过来。

随行的民工惊慌地说：“以前我们过山时，大气都不敢出，你们乱喊，肯定是得罪山神了！”眼看大雨将至，吓得大家赶紧起身，急急逃离中岗山。原来高喊的声音让空气受到振荡，积雨云层迅速汇集，下起雨来。好在是阵小雨，不久云开雾散，阳光又从树缝中洒下。

下午4时，我们安全走到了硗碛乡泥巴沟。乡长杨华斌已组织了马匹等候在山脚处，中外专家一到，骑上马就往山下赶。毕蔚林骑在马上，似乎忘记了徒步8小时的疲劳，唱了起来：“达坂城的姑娘辫子长……带着你的嫁妆，唱着你的歌儿，坐着那马车来！”众人一阵哄笑。

这天，我们走了近30千米，其中坐车10分钟到山脚，骑马下山30分钟，其余的都是用脚板一步一步丈量过来的。

翻越中岗山时，我们还看到了有趣的一幕。两个“驴友”无意中闯入我们的考察队伍，其中一个小伙子背着一个军用水壶，水壶上写满了各色字体，正面是他爸爸写的：“儿子，没有过不了的火焰山！”背面是他妈妈写的祝福：“坚持就是胜利！”他妻子的留言也写在上面：“等你回来！”

然而满水壶的“精神支柱”也无法让他翻越高山。上山路段还未过半，他已累得趴下了。两个民工硬是把他架着拖过了中岗山。骑上马，手机有了信号，这名小伙子哆嗦着掏出手机，哭着给妻子打电话：“老婆，我差点死在中岗山了！”

新寨子·与藏族同胞的锅庄狂欢

当晚，徒步穿越中岗山的专家组宿夹金山林业局新寨子工段。夹金山林业局，即以前的森工局。天然林禁伐后，砍树的放下斧头拿起了锄头，险些成了荒山的夹金山又郁郁葱葱起来。新寨子工段位于夹金山下，为迎接专家组到来，仅用了两个月时间，夹金山林业局就在这里修建了招待所。夜幕降临，新寨子工段张灯结彩，当地藏族同胞穿上了节日盛装，自发前来为中外专家举行了一场别开生面的锅庄晚会。

戴维·谢泊尔等中外专家与藏族朋友一起跳起了欢快的藏家锅庄。面对热情的藏族同胞，戴维·谢泊尔即兴讲话："我们一行受世界遗产委员会委托，对'四川大熊猫栖息地'世界自然遗产提名地进行实地考察评估，主要任务是看这块保护地是否符合世界遗产价值，是否得到了有效保护和管理。在雅安工作期间，我们看到了政府和人民对保护区所做的工作，看到了大熊猫在这里生活得很好。而我们也受到了当地政府和群众的欢迎，我们感到自己的实地考察评审很有意义。"

随后，他为大家演唱了一首澳大利亚民歌，毕蔚林再次唱起了新疆民歌。他们的演唱博得了阵阵掌声。从《熊猫家园》到《高高的夹金山》，藏族歌手也引吭高歌。锅庄晚会高潮迭起，在藏族同胞的强烈要求下，吕植和四川省建设厅副厅长于桂一起表演了节目。宝兴县县委、县政府领导周全华、姜小林也激情难抑，纷纷放歌一曲又一曲。

王母寨·翻越夹金山

2006年10月4日，戴维·谢泊尔离开宝兴。

4天的徒步考察中，虽无数次发现了大熊猫的粪便和窝，经历了一次山林里的追击，但我们最终未能与野生大熊猫谋面，虽然曾经我们离大熊猫那么近。但戴维·谢泊尔显得心满意足："因为在这原生态的栖息地里，我已听到了大熊猫的呼吸，真的生存着野生大熊猫。"

"我反对大熊猫克隆，也反对大熊猫圈养保护。如果大熊猫都需要圈养保护，那么大熊猫这个物种已毫无价值可言。"戴维·谢泊尔说。

大熊猫是独栖动物，除非发情期，一只大熊猫绝不会进入另一只大熊猫的地盘。大熊猫个体在日常生活中真正相遇并不多。所有大熊猫个体都会经常在巢域内做标记，这种标记除了在繁殖季节表明自己的身份及生理状况外，大熊猫个体间还可以通过树上的标记物辨别其他个体的行踪而相互回避。

大熊猫在相互回避不及而相遇时就可能发生攻击行为。攻击行为发生在非发情季节，应当与领域冲突有关。攻击行为在平时的作用可能不仅仅是将对方赶出自己的活动区域，也许还具有在一片地区中争夺优势地位的作用。

所以，在如此广袤的栖息地找到一只活动着的大熊猫并不容易。何况对戴维·谢泊尔来说，他更关心的是大熊猫栖息地的完整性及是否适合大熊猫生存的需要。此行考察的重点也是大熊猫栖息地，而不是大熊猫。"保护栖息地，就是最好的保护。"戴维·谢泊尔一语说中申遗的

要害。

夹金山，不仅是一个有着“动植物基因库”之称的绿色宝库，而且这是一座革命圣山，是1935年5月毛主席率领中央红军长征翻越的第一大雪山。

昔日的长征小路，今天已是平坦的四川省道210线公路。这是一条黄金旅游线路，既是红色之旅的“雪山草地”线，也是大熊猫生态旅游线路——“中国大熊猫景观大道”，这条线把卧龙—四姑娘山—夹金山连在了一起，是踏访“人类理想化身”大熊猫栖息地的最佳线路。

10月4日上午10时，当戴维·谢泊尔一行抵达夹金山垭口——王母寨（海拔4 350米）时，阿坝州的藏族姑娘和小伙子早在这里等候，献上哈达和青稞酒后，阿尔芒·戴维一行继续考察评估位于阿坝州小金县、汶川县境内的四姑娘山和卧龙自然保护区。

成都·考察评估结论

离开雅安，戴维·谢泊尔留下一句话：“两个戴维相约百年，我们的共同目标是，保护自然的宝贝和人类的宝贝，让大熊猫永远在栖息地生存，与人类和谐相处。”

实地考察评估结束后，戴维·谢泊尔为“四川大熊猫栖息地”题词：“非常高兴来到这个美丽的地方，并为它申报世界遗产进行评估。”

10月9日，结束实地考察后，四川省政府在成都举行考察评估通报会。戴维·谢泊尔评价说：“这是一次愉快、印象深刻的考察评估经历，是一次非常成功的考察评估，我对中国政府保护大熊猫的勇气和行为留下了非常深刻的印象。”他认为“四川大熊猫栖息地”保护卓有成效，同时建议建立功能强大的管理机制，尽量避免对栖息地造成人为的“破碎化”影响。

时任四川省副省长王怀臣风趣地说：“实现最大的限制、最好的保护，把‘四川大熊猫栖息地’列入世界自然遗产就是最好、最高级别的保护。”

宾主双方开怀大笑，共同举杯庆贺考察评估圆满成功。

第九节　“四川大熊猫栖息地”申遗 ——因夹金山而精彩

17年漫漫申遗路

站在夹金山上，可以清楚地看见贡嘎山。贡嘎山的最高峰海拔7 556米，夹金山跟它相比，顶多算是小弟弟。然而夹金山位于成都平原向青藏高原过渡地带，是岷江和大渡河的分水岭。山不在高，有“仙”则灵，造就了大熊猫神奇生命的夹金山，声名远播。

雅安素有“山水盆景”之称，境内的夹金山脉是大熊猫生活繁衍的主要区域，夹金山最高处海拔5 356米，最低海拔1 580米，属亚热带季风气候，有蔚为壮观的成排的冰川槽谷和冰斗，低海拔区有以大渡河主干流青衣江为主的水系发达的大小河流；奇山秀水得天地之灵，有数不尽的珍禽异兽、奇花异草在这里栖息、开放，被学术界称为“天然的生物基因库与动植物博物馆”。

"四川大熊猫栖息地"列为世界自然遗产，是国际社会对我国长期以来的大熊猫保护事业的肯定。

全球关注的濒危动物大熊猫是仅产于中国的稀有动物。大熊猫不仅是中国国宝，也是全世界关注和珍爱的动物。大熊猫栖息地是地球历史与地质特征研究的典型区域、陆地生态系统和生物过程研究的重点区域，也是自然景观和美学景观集中的区域、生物多样性与濒危物种栖息地的全球性典型代表。

四川大熊猫栖息地世界自然遗产提名地包括卧龙、四姑娘山和夹金山脉，面积9 510平方千米，涵盖雅安、成都、阿坝、甘孜4市州12个县。这里保存的野生大熊猫占全世界的30%以上，是全球最大最完整的大熊猫栖息地，是全球所有温带区域（除热带雨林以外）中植物最丰富的区域。

将一个动物栖息地列入世界遗产，这在世界遗产申报中屈指可数，特别是大熊猫这个标志性物种。

"四川大熊猫栖息地"申报世界自然遗产，走过了17年的漫长申遗路，终于修成"正果"。

1989年，"四川大熊猫栖息地"就开始尝试申报世界自然遗产。

2000年3月，阿坝州启动卧龙—四姑娘山申遗活动，最初的名称是"四川大熊猫自然遗产"，范围定位为"四川卧龙——四姑娘山"。夹金山以南的雅安片区，最先并未列入"四川大熊猫栖息地"范围。

但雅安不仅是大熊猫的发现地和模式标本产地，而且野外大熊猫数量占全省1/4、全国1/5。

于是，雅安市主动介入，邀请中科院成都山地研究所研究员陈富斌到雅安考察。2001年5月，启动了“四川夹金山大熊猫栖息地”的申遗活动，陈富斌参与了雅安的申遗工作。他提出建议：一是大熊猫后面应加上“栖息地”三字；二是应将整个邛崃山脉、各个保护区连在一起，整体申报，以确保其完整性。

从保护大熊猫栖息地的全局出发，四川省委、省政府提出让阿坝州与成都、雅安、甘孜整体申报。由此，阿坝州的大熊猫申遗，演变为四川的一次集体行动。2001年12月，一份“四川大熊猫栖息地”（卧龙·四姑娘山·夹金山脉）申遗文本，在北京由建设部提交专家团论证评审。

令专家们眼前一亮的，是栖息地首次完整出现。至此，“四川大熊猫栖息地”申报世界自然遗产，上升为“全省概念”。

正式申遗文本形成后，“四川大熊猫栖息地”欲在2003年申遗，但当年让路于吉林高句丽王城遗址；2004年，受“一国一个名额”的限制，大熊猫栖息地再次“让路”于澳门历史城区。

两度让位，激情未灭。大熊猫栖息地申遗文本虽这样孤独地躺了两年多，“但其间，四川的申报激情从未熄灭过”。

2004年6月，“四川大熊猫栖息地”申遗迎来了转机。在中国苏州召开的第28届世界遗产大会传出好消息：从2006年起，每个国家可以同时申报两个遗产项目，其中一个必须是自然遗产。也就是在会上，“四川大熊猫栖息

地”被联合国教科文组织秘书处“钦点”，该组织要求中国政府加快这一项目的申报速度。

2004年底，国务院正式批复，将“四川大熊猫栖息地”作为2006年度中国唯一的世界自然遗产项目申报，并向联合国教科文组织寄交了申遗报告。

夹金山提升申遗希望

自从阿尔芒·戴维在宝兴发现三个活化石物种（大熊猫、珙桐、戴维两栖甲）等动植物珍稀物种后，宝兴有了“动植物基因库”的称号。大熊猫、扭角羚、川金丝猴等33种珍稀动物在这里发现，大熊猫第一只模式标本也在这里采集，另外还有珙桐（又称“中国鸽子树”）等86种植物、37种鸟类、3种昆虫的模式标本产地也在这里，雅安凸现了“世界珍稀动植物避难所”的独特魅力。

参与“四川大熊猫栖息地”申遗全过程的陈富斌曾感叹：“从1936年到1997年，雅安为世界提供了136只大熊猫，了不起啊！如果把夹金山脉遗忘了，大熊猫的故事该怎么讲？”北京大学教授、生态学家陈昌笃到宝兴县考察后预言：“如果只申报卧龙和四姑娘山一带，成功的把握只有40%，把夹金山脉纳入，成功率90%。”

2006年7月12日上午9时许，第30届世界自然遗产大会评议来自世界各地的申遗项目。第一个评议的是摩洛哥申报的项目，没有通过。大家的心悬了起来。

第二个评议的是由中国政府申报的“四川大熊猫栖息地”，曾到雅安等地实地考察评审的IUCN保护地委员会主席戴维·谢泊尔介绍了这一项目。他说，“四川大熊猫栖息地”不仅是地球历史与地质特征研究的典型区域，也是陆地、海洋生态系统和动植物演化的典型区域。因此，世界自然遗产唯一评估机构——世界自然保护联盟愿意推介“四川大熊猫栖息地”列入《世界自然遗产名录》。

戴维·谢泊尔的介绍十分精彩，随后成员国代表发言，呈现出了少有的“一边倒”现象，纷纷赞扬中国政府在保护大熊猫方面所做的工作。21个成员国主席团的执行主席是立陶宛官员伊娜·马尔丘利奥尼特，她见大家发言没有反对意见，“梆”的一声，一锤定音，意味着“四川大熊猫栖息地”项目申遗成功。

“‘四川大熊猫栖息地’申报世界自然遗产成功，来之不易！”四川代表团负责人感慨地说。据他介绍，在7月12日评议的9个自然遗产项目中，只有2个项目通过评议列入《世界自然遗产名录》，除“四川大熊猫栖息地”外，还有一项是来自哥伦比亚的自然遗产项目，可见竞争十分激烈。“四川大熊猫栖息地”之所以能取得成功，是中华人民共和国成立以来几代人共同努力的结果，这也充分显示了中国政府在国际社会的影响和作用日益广泛。申遗成功，除了喜悦外，更感到责任重大。”

当晚，四川代表团举行答谢庆祝酒会，四川省代表团团长王怀臣庄严承诺，申遗成功标志着大熊猫保护已列入全球保护框架，遗产地政府将不遗余力地加大保护力度。会场外，王怀臣接受记者采访时说，此次申报成功，意味着大熊猫将受到中国国家法律和国际法律的双重保护。四

川省将为大熊猫的生息繁衍创造更良好的生态环境，从而使珍稀动物能世世代代传下去。

应邀参加大会的著名大熊猫保护研究专家、中国中科院动物所教授汪松和北京大学生命科学院教授吕植等纷纷签名祝贺。在“四川大熊猫栖息地”申遗考察期间，他们曾多次到夹金山考察指导。

汪松欣然写下：“大熊猫是世界保护事业的象征。”

“拥有一个具有世界遗产价值的地方，是一种骄傲，更是一种责任！”吕植建议要利用自然资源——保护得越好，开发价值就越大。

此时此刻，世界知名大熊猫专家、我国最早研究大熊猫的四川西华师范大学生命科学院胡锦矗教授激动万分。他在家里大喊：“申遗终于成功了，我这一生没有什么遗憾了！”在申遗考察期间，80岁高龄的胡锦矗老人一次又一次地走在夹金山中。

2006年7月13日，河南安阳殷墟申报世界文化遗产成功，大熊猫和甲骨文双双叩开“世界遗产”大门，至此，中国有33项文物古迹和自然遗产列入《世界遗产名录》，数量在世界排名第三，仅次于西班牙和意大利。而四川省的世界遗产数量也由此达到5项，位居全国前列。

“四川大熊猫栖息地”申遗成功承载了太多意义。栖息地的保护是对该地区整个生态环境的保护，包括大熊猫、人类、动植物和空气、水源等。因此，大熊猫栖息地能否保护成功，取决于人类能否实现与大自然的和谐相处。

人类只有一个地球，但地球不能只有人类！

第十节　归去来兮
——大熊猫“出生证”回到大熊猫老家

2009年2月26日上午11点，当联合国教科文组织的柯高浩、柯文夫妇带着一份沉甸甸的文件在成都双流国际机场走下飞机时，一份有关国宝大熊猫最珍贵的“出生证”终于“回家”了。

正是这份“出生证”帮助大熊猫敲开了国际大门，从19世纪发现大熊猫到现在的100多年间，西方的“大熊猫热”一直高烧不退，一个物种让世界持续“发烧”百年，这在世界上绝无仅有……

这一切，都源于当年阿尔芒·戴维在邓池沟天主教堂发现并命名了大熊猫。

“我们要把大熊猫‘出生证’放回那里，让世人知道大熊猫是从那里走向世界的。”他们的目的地不是成都，而是隐藏在大山深处的邓池沟天主教堂。在法国驻成都总领事馆领事助理孙雅俊、中国科学院动物研究所专家何芬奇、四川省旅游局巡视员孙前等人的陪同下，两个多小时后，他们的身影出现在距离成都200多千米的宝兴县城。

2月27日、28日，这批珍贵资料的捐赠仪式分别在宝兴县邓池沟天主教堂和中国大熊猫保护研究中心雅安碧峰峡基地举行。其中，法国巴黎自然历史博物馆馆长将戴维神父所寄大熊猫标本及致学术界的报告、巴黎自然历史博物馆馆长亨利·米勒·爱德华兹的鉴定报告复制件捐赠给了

宝兴邓池沟天主教堂。该报告共有30页，其中有7幅戴维画的插图。

柯高浩、柯文博士夫妇来到了邓池沟，当他们看到保存完好的天主教堂时，十分惊讶，希望这里继续得到很好的保护。在捐赠仪式上，柯高浩说:“这里很好，大熊猫在这里出生，大熊猫‘出生证’这一珍贵的资料应该属于这里，希望这些资料对全世界了解大熊猫有所帮助，也希望大熊猫文化能进一步得到发扬。”

这一刻，孙前的眼眶湿润了，为了这一天，他整整奔波了7个年头。当天晚上，他向很多关爱大熊猫的友人发了一条短信:“此次大熊猫‘出生证’（身份证）回归故里的大熊猫文化活动大获成功，其中的辛苦局外人是无法认识和理解的，真诚地感谢你对大熊猫的关爱，空了请你多到邓池沟走走。”

陪同柯高浩、柯文送回大熊猫“出生证”的谭楷也是十分激动，他专门为柯高浩、柯文博士夫妇即兴画了一幅大熊猫画，画面上是两只憨态可掬的大熊猫。柯高浩、柯文博士夫妇欣然接受了这一特别礼物。司徒华先生也将其得意之作——漆画大熊猫作品送给了柯高浩、柯文博士夫妇。

第十一节　救助的大熊猫一去不回
——不能让夹金山成“空山”

1985年，大熊猫“巴斯”离开了山高水长、翠竹茂密的宝兴，漂泊的脚步再也没有停止；后来，大熊猫“戴丽”（后改名为“戴立”）、“白杨”相继离开宝兴，大山又少了一对“儿女”……

2007年12月6日，《雅安日报》刊登关于救助大熊猫的文章《雪地里被弃的“孩子”，我们为你找个家》后，一时间，得知宝兴丛林中又有一只大熊猫幼崽在被成功救助的同时离开了原生地，一些市民对大熊猫的一次次“出走”产生了深深的担忧，对如何保护大熊猫、如何留住大熊猫产生了热切的关注。

夹金山因红军长征而留名历史；夹金山因大熊猫而名扬世界。

雅安大熊猫国际生态文化研究会副会长兼秘书长、宝兴县原副县长、被誉为“熊猫县长”的王先忠，从小生活在宝兴的大山里，可以说，他是真正与大熊猫共有一个家园。据王先忠讲，他少年时在上学的路上、砍柴的山头、放牧的草地上，常常能见到大熊猫的身影。但是，随着时间的推移，现今在深山里寻上几天几夜也难见到大熊猫的行踪了。

谈起一只又一只与母亲走散的大熊猫被送往卧龙、成都大熊猫基地进行人工饲养时，王先忠感慨万端，宝兴的大熊猫比以前少了许多，作为濒危物种的大熊猫在危险境遇下需要人类帮助，这是无可厚非的。王先忠话锋一转，表情严肃地说：“当人类伸出援手救助某个大熊猫个体时，最终目的是为了保护大熊猫种群，而救助的成功标志是让他们最终回归自己的家园，回到栖息地，按照自己的生活方式繁衍生息。”

"可是我们不能因为极度的宠爱，而忘却了野生动物的生存规则，让更多被救助的大熊猫远离家园，过上'养尊处优'的生活。"王先忠认为，宝兴的大熊猫被带走了一只，栖息地里的野生大熊猫就少了一只，不再回来的不仅是某只大熊猫，还有他们的子孙后代。

王先忠不否认科研人员为圈养大熊猫在某一领域做出的贡献，但是，人们也不要忽略了另一个问题，那就是历经数百万年乃至上千万年的大熊猫种群从远古一路走来，遭受了第四纪冰川袭击、气候恶劣、食物匮乏等大自然的考验，成了更新世纪早期出现的"大熊猫——剑齿象"动物群中的幸存者。他们在野外还有多少鲜为人知的东西等待我们去研究？回过头来再看，人们把大熊猫留在基地里进行研究，到底何时才能找到大熊猫圈养与野外生存的结合点？

"大熊猫摄影家"、宝兴县林业局野生动物保护专家高华康听到又一只大熊猫幼崽离开栖息地时心里非常难过。

1980年，高华康被选派到卧龙参加到保护大熊猫的工作时，曾与中外大熊猫专家一起，对四川大熊猫的野外生存资料做过大量的收集整理工作。因为工作的原因，当年还是帅小伙的高华康就已经开始用镜头记录大熊猫的生老病死的过程。几十年过去了，他的与大熊猫有关的摄影作品先后得了大奖，也让更多人对宝兴的大熊猫梦牵魂绕。

高华康说他亲身经历了一场"抢救运动"。20世纪80年代的宝兴，大熊猫生存的栖息地内箭竹大面积开花，大熊猫食物严重短缺，曾经展开了大规模的"抢救大熊猫运动”。宝兴县在蜂桶寨国家级自然保护区设置了大熊猫管护站，成立了救护队，管护员通过巡山对保护区内的野生大熊猫进行监测，及时对病饿的大熊猫进行救治，先后救护了活体大熊猫50余只。

就是在当时恶劣的自然环境下，一部分大熊猫还是被放归到扑鸡沟、汪家沟、出居沟等大熊猫生存地内，只有病情极严重或状态非常不好的才被送到中国大熊猫保护研究中心基地进行人工饲养。为了掌握大熊猫放归的准确情况，救护人员连续几个月对几只大熊猫进行跟踪观察，发现它们在大山里各自“占山为王”，建立起了自己的“领地”，一切迹象表明，它们重返家园后生活得非常愉快。

高华康谈起近年来离开宝兴的大熊猫：“1984年，大熊猫‘丽丽’被我们救助，不久后离开宝兴去了卧龙基地；1985年，大熊猫‘巴斯’‘园园’和‘春春’先后获救，它们同样先后离开宝兴，去了福州动物园等地；1986年，‘星星’和‘新兴’得到救助，后来去了卧龙基地生活；接下来是‘东东’‘雪雪’相继离乡……”高华康的语气十分酸楚。他说，自己用镜头记录下的不单是大熊猫离去的身影，还有自己撕心裂肺的痛。他最清楚，如果自己的镜头里的夹金山没有了大熊猫，整个夹金山也就失去了灵魂。

高华康说，他在中央人民广播电台的节目里曾听到被称为“大熊猫之父”的北京大学潘文石教授讲过这样的一段话：“大熊猫比我们想象的要坚强。有的研究人员基于对文献的认识和对大熊猫饲养个体的了解，认为大熊猫繁

殖能力和成活能力低下。而我们的研究却发现，野生大熊猫在野外生活中采取的是‘多雌多雄’的交配制度，他们也有较强的繁殖能力。”

当听到北京的大熊猫专家替大熊猫“说话”时，高华康心中涌起一股热流，大熊猫重回到山峦重叠、溪水甘甜、箭竹丛生的栖息地，为时不远了。

曾有“熊猫局长”之称的崔学振说：“长期以来，我们与大熊猫的关系处于一种十分尴尬的境界，当人们以一种‘呵护’的方式对待大熊猫，并将其当成世界‘第一号宠物’来饲养时，此时圈养的大熊猫已不再是真正意义上的大熊猫了。”

“如今大熊猫被一只一只地从栖息地带走，人们转而感叹，人工饲养的大熊猫产下了多少个后代？人工饲养的大熊猫增加了多少？我觉得，即便那是一个不断递增的数字，也不应该是我们高兴的事情。”崔学振认为，在现代科学高度发达的今天，人类一样可以利用克隆技术克隆出成千上万只大熊猫来。当有一天，我们的后代只能看到圈养或者克隆的大熊猫时，那才是人类的悲哀。

当年这位从宁波来到雅安的小伙子，就因为对国宝的难舍之情，甘愿留在了大熊猫的家园宝兴，可以说，他把青春和生命都献给了大熊猫。

“送走一只我哭一次。” 谈及被送走的一只只大熊猫，崔学振心潮起伏难平。20世纪80年代，刚刚当上宝兴县林业局局长的崔学振，与同事经常爬到海拔两三千米的山上抢救大熊猫，然后送到自然保护区去饲养，大熊猫恢复健康后，再把大熊猫送到动物园和中国大熊猫保护研究中心卧龙（或雅安）基地。说起这些，崔学振的心仍在疼痛。为了把大熊猫的根留住，他总是冲在大熊猫抢救工作的最前头，看到就近抢救后，没有生命危险的大熊猫，他就放归自然。在他的《熊猫档案》里，记载着他有意放走的大熊猫多达20只。

崔学振从单位退休了，最不舍的仍然是那些离开了栖息地的大熊猫，思之心切时，他就跑到碧峰峡基地隔着护栏，近距离探望他的“儿女”们，泪水便不知不觉地流下来……

崔学振直言，进行大熊猫圈养的学术研究要保证一个前提，那就是带走一只大熊猫，就要放归一只大熊猫，甚至更多，这才是大熊猫研究成功的标志。

第十二节　人工繁育的大熊猫往何处去
——大熊猫的野化放归路

增加的国宝大熊猫，往何处去?

“阳光石棉，藏彝走廊。”四川省雅安市最南端的石棉县虽然是雅安最年轻的县，但在生态保护方面，有着“中国大熊猫放归基地”和“中国大熊猫放归之乡”的殊荣。

栗子坪的山间时而云雾缭绕，时而满目茂林苍翠；峡谷中或激流喧腾，或水平如镜。这是一个神秘深邃、令人向往之处。

昨天，这里是美国前总统罗斯福之子猎杀大熊猫的地方；今天，栗子坪自然保护区天蓝水碧，俨然一个茂林

修竹的大熊猫乐园，并成为国内首个大熊猫野化放归基地——栗子坪国家级自然保护区。我国迄今放归的11只大熊猫中，有9只放归在了栗子坪。

“我们致力于大熊猫科研的目的，就是保护与复壮野生大熊猫种群。”大熊猫研究专家胡锦矗表示，“在圈养大熊猫繁育技术取得长足进步的当下，把目光和精力投向大熊猫真正的家园——野外，是正确而急迫的选择。”

全国第四次大熊猫调查结果显示，自20世纪90年代初实施“中国保护大熊猫及其栖息地工程”和“天然林保护工程”以来，野外大熊猫濒危状况得到进一步缓解。据国家林业和草原局保护司司长杨超介绍，大熊猫野生种群从20世纪七八十年代的1 114只增长到1 864只，自然保护区从15个增长到了67个，受保护的栖息地面积从139万公顷增长了到258万公顷。

四川省林业厅野生动植物资源调查保护管理站副站长古晓东，参与了多次大熊猫野外调查。在他看来，调查结果也表明大熊猫面临的威胁依然存在，主要表现在大熊猫栖息地片段化、小种群遗传多样性低；栖息地内的人类干扰，如放牧、采笋、采药、旅游，以及一些大型工程建设等对大熊猫的生存和繁衍带来一定威胁。

另一方面，随着“发情难、配种受孕难、育幼成活难”这三大难题被陆续攻克，大熊猫繁育硕果累累：2002年圈养大熊猫仅有161只，2010年增至312只，截至2017年底，我国圈养大熊猫种群数量首次突破500只，达到518只，目前，在国外参与国际合作研究项目的大熊猫有58

只，繁育存活幼仔47只，其中31只已按规定回到国内。

增加的国宝大熊猫，往何处去？以大熊猫在国内外受欢迎的程度，新建基地，再辟园林，继续圈养供人观赏，世世代代靠“卖萌为生”似乎也不是什么大问题。不过，这显然非大熊猫保护研究之初衷。

“我们用了50多年的时间来挽救濒危物种大熊猫，还将用50年甚至更长时间，让大熊猫真正回归自然。这是中国大熊猫保护工作者的使命。”成都大熊猫繁育研究基地主任张志和如是说。

为拯救大熊猫孤立小种群，改变其濒临灭绝的状态，同时也为了整个大熊猫种群的持续繁衍，从2003年起，我国陆续建成位于四川卧龙国家级自然保护区的中国大熊猫保护研究中心核桃坪野化培训基地、天台山野化培训基地，以及成都大熊猫繁育研究基地都江堰繁育野放研究中心。

石棉为何能够成为大熊猫的“放归家园”？在它的怀抱中，大熊猫生活得怎样？

“放归家园”为何花落石棉?

2014年12月20日，拖乌山山腰处的石棉县回隆乡叶坪村团结社热闹非凡。乡政府工作人员与村民们手拉手，跳起欢快的“达体舞”，共同欢庆彝族同胞告别地震篷，搬进新家园。

在团结社的背后，是高耸入云的拖乌山。大山深处，则是栗子坪国家级自然保护区，那里是大熊猫的栖息地。

就在团结社彝族同胞搬入新家的前夕，一只名叫“雪雪”的大熊猫挥别家乡的伙伴，从数百千米之外的卧龙大熊猫国家级自然保护区来到这里，被放归至拖乌山上。

而在“雪雪”放归之前，已有“泸欣”“淘淘”“张想”3只大熊猫被放归于此，在“雪雪”之后，又有“张想”“华姣”“华妍”“张梦”……

翻开中国野生大熊猫分布图，位于大、小相岭大熊猫种群交流走廊带的栗子坪分外引人注目。

栗子坪保护区位于四川盆地西南缘的石棉县境内，往南，是凉山州的雷波、美姑、马边等地，也是中国野生大熊猫栖息地的最南端，往北，是大相岭、邛崃山、龙门山和秦岭。野生大熊猫就生活这个狭长的地带上。

栗子坪地处雅安、凉山、甘孜三市州交界处，自然保护区与凉山州冕宁县、甘孜州九龙县接壤。据第四次大熊猫普查，这里生活着30余只大熊猫。30多只大熊猫，其实只是一个小种群。但别看这里的大熊猫不多，由于地处南来北往的大熊猫交流走廊，栗子坪小种群大熊猫的复壮，一直是大熊猫保护者心中的“痛”。

电站、公路以及其他人为经济活动的影响，它们的栖息地被分隔成几个小块，基因得不到交流。

“如果不加以人工干预，小相岭的大熊猫可能在几十年内就将面临灭亡。”专家称。

为了让小相岭的大熊猫种群复壮，大熊猫放归地多次确定在栗子坪。人们希望放归的大熊猫能融入当地大熊猫种群中，最终增加遗传多样性，复壮这里的大熊猫小种群。

自2009年起，栗子坪国家级自然保护区开始承接大熊猫放归工作，并于2014年获批成为全国首个“大熊猫野化培训放归基地”。

艰难的大熊猫放归路

早在2003年夏天，卧龙开始实施“大熊猫放归行动”。两岁的雄性大熊猫“祥祥”入选，开始接受一系列野化培训。

“当时，‘祥祥’能从卧龙上百只圈养大熊猫中脱颖而出，主要在于它有三个特质：年龄优势、身强体壮和便于参照。”中国大熊猫保护研究中心党委副书记、常务副主任张和民向记者回忆，“与其他同龄伙伴相比，‘祥祥’反应敏捷，学习能力强，可塑性高。”

专家确定的入选大熊猫首要条件为年龄在两岁左右的亚成体。而“祥祥”在同时入选的大熊猫中体格最健壮，也是唯一一只在整个圈养阶段从未生过病的大熊猫。

此外，“祥祥”还有一个双胞胎兄弟“福福”，一直生长在人工圈养环境里。两者有着相近的基因及类似的先天条件，方便科研人员开展对照实验。

抬头啃竹叶，低头喝泉水，过冬的窝自己刨……“祥祥”告别了“饭来张口”的日子，闯过头道关，成功晋级第二阶段，接受更严酷的考验。

此时的“祥祥”野性初显，面对往日亲昵的饲养员刘斌，不是躲避，便是攻击。

开局良好，放归行动循序渐进。

2006年4月，在卧龙自然保护区巴郎山，笼门轻启，“祥祥”扭动身腰，消失在山野中。

“祥祥”脖子上戴有卫星定位装置，同时采用GPS跟踪技术和无线电遥测技术，每天监测它的生存状况、移动规律和觅食行为。头半年，一切顺利。

冬季来临，“祥祥”面临难关。

2006年12月13日，无线电监测显示，“祥祥”出现非常规的长距离移动。科研人员的心揪了起来。一周之后，竹林中闪现“祥祥”的身影，跌跌撞撞有异常。通过仔细观察，科研人员发现“祥祥”身上多处受创，尤以背部、后肢掌部伤势严重，急需送归基地治疗。

伤口愈合，再度原址放归。不曾想，几天以后，无线电信号持续衰减，继而中断，“祥祥”下落不明！

冒着严寒，满山搜寻，奈何杳无踪迹。一个多月过去，终于找到，却只存一具冰凉尸体……

经过解剖，“祥祥”死因逐渐清晰：与另一只雄性大熊猫争夺领地时发生冲突，一番打斗，“祥祥”败下阵来，逃跑中慌不择路，失足落崖，伤重不治。

“祥祥”的皮毛保存在研究中心，尸骨埋在它生活了近1年的卧龙自然保护区“五一棚”白岩区域。

科研人员一时面临两难选择：是让正在野化培训的大熊猫返回圈养场，还是让它们到野外继续自己的使命？

“有很多人认为国宝就应该养尊处优，把它们放出去干吗？说我们是沽名钓誉，没事找事。”张和民表示，“但我心里一直想，无论多难，大熊猫还是得回归自然。

只有在野生的条件下，大熊猫种群才能不断地发展壮大。濒危野生动物能够在自然条件下生存和发展，才是真正的人与自然和谐。”

“今后的大熊猫放归宜选择野生种群密度小的地方。”刘斌没有想到大熊猫之间的野外争斗会那么激烈，“进一步训练圈养大熊猫的野外争斗能力很有必要，尤其是攻击打斗和防御能力。”

2009年3月26日，泸定县兴隆乡，一只大熊猫躺在路旁。

如同彗星一般，“泸欣”闯入了科研人员的视线。

生病大熊猫被就近送往雅安碧峰峡基地救护。经全面检查，这只5岁的雌性大熊猫因消化道感染引发严重脱水，终因体力不支瘫倒在公路边。

经短暂治疗，“泸欣”身体康复，放归栗子坪保护区，成为第一只异地放归的大熊猫。

新的放归方案似乎有些保守。科研人员分析，“祥祥”之死，致命原因之一，是其作为雄性，不易与野外熊猫族群融合。“泸欣”是雌性，不存在这个问题，而且获救不久，野性不减。加之小相岭山系大熊猫数量少，虽是外来户，融入概率较高。

就这样，来自邛崃山系的“泸欣”被放归小相岭山系，移居栗子坪。

“泸欣”很争气，不断给人惊喜。两年下来，拥有了自己的领地，稳步融入本地族群。

“泸欣”挺稳重，怀孕、产仔，瞒了个严实，直到被

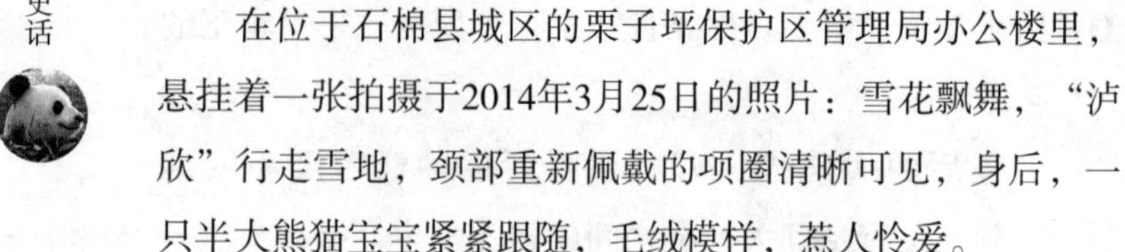

红外相机泄露“天机”。

在位于石棉县城区的栗子坪保护区管理局办公楼里，悬挂着一张拍摄于2014年3月25日的照片：雪花飘舞，“泸欣”行走雪地，颈部重新佩戴的项圈清晰可见，身后，一只半大熊猫宝宝紧紧跟随，毛绒模样，惹人怜爱。

接下来的半年中，红外相机多次捕捉到这对母子。经DNA样本收集和遗传分析显示，照片里的熊猫宝宝，约出生于2012年8月。妈妈确系“泸欣”，爸爸则是栗子坪保护区编号为LZP54的野生大熊猫。

成都大熊猫繁育研究基地齐敦武博士说，大熊猫野放成功有几项观察指标：第一步，野放的大熊猫至少要存活一年，自己能够解决温饱问题；第二步，要能参与野放区域当地的社会交往，建立自己的领地，同时回避别的大熊猫领地；第三步，看能不能繁育后代，如果没有生育“下一代”，说明野放不成功。

“泸欣”自然配种、产仔、育婴顺利，证明异地放归计划可行，复壮孤立小种群希望显现。

大熊猫出现“新移族”

“泸欣”的成功放归，使科研人员决定进行“母兽带仔”的培训放归计划。

2012年国庆节过后，也就是在“泸欣”产仔后不久，“淘淘”也奔向了栗子坪的茫茫深山。与“祥祥”不同的是，“淘淘”作为采用野化新方法培训出的第一只人工繁育大熊猫，同时也是圈养大熊猫野化培训二期项目的第一个试验个体，“淘淘”在栗子坪迈出的一小步，具有重要意义。这标志着我国大熊猫保护工作进入新的发展阶段，是我国野生动物保护事业的又一重要里程碑。

有专家认为，如果大熊猫“淘淘”可以经受住自然生存环境的严峻考验，帮助野生大熊猫壮大种群、繁衍后代，其重要意义不亚于世界首位宇航员成功登上月球！

紧随“淘淘”步伐，“张想”“雪雪”“华姣”“华妍”“张梦”等大熊猫近几年间纷纷落户栗子坪，放归大熊猫“新移族”不断壮大。2017年11月23日，大熊猫“映雪”“八喜”在栗子坪自然保护区放归，这是全球第二次同时放归的两只大熊猫。

雄性大熊猫“八喜”和雌性大熊猫“映雪”分别于2015年7月26日和7月12日出生于中国大熊猫保护研究中心卧龙核桃坪野化培训基地。它们的母亲都是带仔经验丰富的圈养大熊猫，而父亲都具有野外大熊猫血缘。

经过两年多的野化培训，“八喜”“映雪”生长发育良好，并跟随母亲掌握了基本的野外生存技能和逃生本领。

2012年10月11日，在栗子坪放归大熊猫“淘淘”，是继2006年首次放归大熊猫“祥祥”失败后的又一次努力。

随着一只只大熊猫的放归，大熊猫放归监测队队长、西华师范大学生命科学学院副教授杨志松也成了栗子坪新“移族”的一员。他把办公室从南充搬到了石棉，他的工作岗位也从教室转移到了大山。

监测放归大熊猫的一举一动是保护区工作人员的主要任务。“从放归大熊猫佩戴的具有全球卫星定位和无

线电遥测功能的GPS项圈，就能知道它在干什么，有无危险。”杨志松说。此外，项圈内还装有芯片，大熊猫回捕后，可以收集项圈内的数据，再准确判断它的活动区域。

2018年7月初的一个傍晚，无线监测器发出越来越强的信号，难道是大熊猫靠近了？十几分钟后，竹林中发出一阵嚓嚓声，一只戴着无线电项圈的大熊猫向观测点走来。只见它来到悬空的帐篷下面，一爪掀掉锅盖，叼起饭锅儿就走。一顿美餐，吃饱后的大熊猫心满意足地呼呼大睡。

“是‘八喜’！”

栗子坪保护区管理局副局长黄蜂与同事余国宝，激动地对视了一眼。为了持续监测“八喜”的活动数据，接下来，他们靠着干粮硬撑了两天。

“八喜”是栗子坪保护区最新放归的大熊猫。这也是历经半年的艰苦跋涉后，监测队员头一次看见“八喜”。

丛林密布荆棘遍野，悬崖峭壁步步惊心，爬山、涉水、卧冰、冒雪、栉风、沐雨……日复一日，年复一年，为了观测大熊猫在野外的安全和健康状况，栗子坪保护区大熊猫专职监测队和中国大熊猫保护研究中心的科研人员，每天在山间穿梭。常常在山上一待就是一周，十天半月回不了一趟家。他们为拾到一枚新鲜粪团而兴奋不已，为获得一项准确数据而喜上眉梢。

为了给放归在这里的大熊猫“新移族”一个完整的家，原居住在这里的彝族同胞整体搬迁；京昆高速公路（雅安至西昌段）经过这里时，在这里打洞钻山，诞生了“世界之最”——天梯高速，全球首座双螺旋隧道。

回望栗子坪的茫茫深山，或许放归在这里的大熊猫，未来还充满着艰辛与坎坷，但为了大熊猫的栖息地不成为一座座“空山”，注定这里的“新移族”和它们的儿女会越来越多。

衷心祝愿栗子坪的新“移族”在自然的家园里成为野外生存的强者，在这里繁衍壮大、生生不息。

呼唤文化大熊猫（代后记）

如果我们要选择一种动物来代言中国，除了大熊猫，我们别无选择。

先讲一件发生在笔者身上的事。

有一天，笔者与一位摄影记者在交流大熊猫的拍摄。这位摄影记者拍摄并发表了很多大熊猫照片，屡获大奖，在业内有“大熊猫御用摄影师”之称。

笔者问道：“你们拍大熊猫，别光拍它的‘萌’，能不能拍它的‘文化’？”

摄影记者反问：“请你告诉我，什么是大熊猫文化？大熊猫的文化拍什么？怎么拍？”

……

笔者哑然。

如果大熊猫代言中国？我们用什么代言——是宠物大熊猫，还是文化大熊猫？

说到大熊猫文化，我们不禁要问：什么是大熊猫文化？它的内涵是什么，外延又是什么？

迎着2019年的第一缕春风，四川省大熊猫生态与文化建设促进会召开了“大熊猫文化主题研讨会”。在笔者看来，这是一个“迟到”的研讨会。

2007年7月12日，在“四川大熊猫栖息地”成为世界自然遗产一周年之际，雅安在全国率先成立了“雅安大熊猫生态与文化研究会”，三年后，该会成为省级学会——“四川省大熊猫生态与文化研究会”，后来又更名为“四川省大熊猫生态与文化建设促进会”。无论是“研究”还是“促进”，生态与文化这两个关键词是没有变，12年过去了，我们可以开口大熊猫文化，闭口大熊猫文化，但说到什么是大熊猫文化时，不是闭口不谈，就是众说纷纭。

1869年4月1日，法国人阿尔芒·戴维在四川省雅安市宝兴县的大山中发现了“一个不可思议的物种”大熊猫，大熊猫从大山走向了世界。

大熊猫从1869年一路走来，到2019年，已走过了150周年。

大熊猫在雅安被发现命名，大熊猫从雅安走向世界，从生物大熊猫到文化大熊猫，大熊猫150周年的历史——发现大熊猫、追踪大熊猫、国礼大熊猫、放归大熊猫……精彩大戏都在雅安上演。

在过去的150年里的大熊猫历史，我们研究得更多的是生物大熊猫的保护和研究，而对于文化大熊猫的研究，几乎是空白。

近年来，中国出版发行了很多大熊猫画册，笔者初步进行了归类，大致可分为两大主题：一是野生大熊猫的栖息生存环境；二是圈养大熊猫的萌态。以大熊猫文化为主

线的画册，几乎没有。于是，在纪念大熊猫科学发现150年之际，中共雅安市委宣传部、雅安市社科联和四川省大熊猫生态与文化建设促进会启动了《大熊猫史话》和《大熊猫史画》的编撰工作，试图以文化为主线，梳理大熊猫150周年的“文化史”。

因工作之便，笔者对大熊猫文化进行了简单的梳理——

和平友好：大熊猫没有天敌，它与世无争，吃的是没有一样动物选择、营养价值并不高的竹子，展示了它“和平外交”的形象。

和善坚韧：它天大的困难都能扛，800万年，经受冰川考验，遭受竹子开花，同时代的动植物几乎都消失了，大熊猫依然顽强地“好好活着”，生命是何其坚韧，是它的“精神内核”，有着强大的力量。

和谐相处：它择一山而终老，生活在青山绿水间，与跟它一起伴生的动物植物和谐共生、相安无事，展示了它独具慧眼的“生态文明观”。

和气致祥：它是世界上最受人喜爱的动物，最有价值的中国“国礼”是它，最有世界影响力的绿色旗帜是它，重大的世界体育赛事吉祥物是它，它是带给人类最好祝福“吉祥如意”。

如果用一个字来概括大熊猫文化，那就是“和”；如果要用四字词语来概括，那就是“和平友好”“和善坚韧”“和谐相处”“和气致祥”。“和”正是中国传统文化之精髓。

2018年，笔者受雅安市委宣传部、雅安市社科联委托，挖掘整理“大熊猫史话”这一任务。起初笔者以为这是一件很轻松的事，毕竟这些年，有不少人在大熊猫文化的挖掘上下了很多功夫，积累了大量的资料，只要列出大纲，按图索骥，以前是“剪刀加糨糊”，现在更简单，“复制加粘贴”就行了。

由于选择的主线是文化，一个简单的人物身份就成了“拦路虎”——发现大熊猫的阿尔芒·戴维是谁？

他是不是传教士？他到邓池沟天主教堂，是不是去担任“第四任神父”的？

在新闻采访上有一个命题，那就是“在不断追问中逼近真相”。于是，我们循着这一问题一路追问——

阿尔芒·戴维到邓池沟天主教堂，是去“作客”的——旅行考察，而不是去“做主”的——传教。

说到邓池沟天主教堂，又一个问题出现了：教堂是谁建的？什么时间建的？

这一“追问”的代价，不仅是大量时间、精力的投入，还有经费的投入。

拨开历史迷雾，需要的是最原始的第一手材料。在雅安市委宣传部、雅安市社科联的支持下，我们成立了一个课题组，购买了大量的原始资料，有英文原著、英文报刊、民国时期的书籍和报刊。笔者从最原始的记录入手，力求还历史的本来面目。

在“追问”过程中，听说在民国时期，外国人在上海办杂志，里面有涉及大熊猫的内容，几万元一套，笔者毫

不犹豫地购买回来一看，果然“别有洞天”。

大熊猫是外国人发现的，在研究大熊猫方面，外国人自然走在了前头。除了阿尔芒·戴维、罗斯福兄弟到过宝兴县外，还有没有其他外国人来过这里？在他们眼里，这块神秘的土地上有什么魅力？在他们的笔下，又记载着什么？

另外，在民国时期，有没有中国人研究大熊猫？

在大熊猫被疯狂的猎杀中，又有没有对大熊猫进行保护？

问题层出不穷，笔者只得穷追不舍，目的只有一个，那就是把大熊猫的前世今生讲清楚，讲好大熊猫故事，进而讲好雅安故事、中国故事。

从生物大熊猫到文化大熊猫，我们走过了150周年。伴随着大熊猫走向世界，大熊猫文化也应运而生。

笔者也知道，150周年的历史虽然并不漫长，但谁也没有能力完整地还原这150年大熊猫所走过的每一步履，谁也不能穷尽一切问题，但我们依然努力追寻，寻找到一个答案，哪怕这个答案并不准确。

也许在将来的某一天，大熊猫也会消亡，但只要有文化，生物大熊猫消亡了，文化大熊猫也会永存。

呼唤大熊猫文化，大熊猫大文化，让大熊猫文化与我们在一起。这或许是对大熊猫科学发现150周年的最好纪念。正是凭着这一初衷，让笔者走在一条探索大熊猫的“文化苦旅”中。

十分付出终有一分收获。呈现在大家面前的这本拙作，虽不够完美，但已尽力，若有一分可取，也算是一种圆满。

在该书编写过程中，得到了很多专家、学者的帮助，也得到了亲友的支持，在此道一声感谢。

由于笔者的学识有限，视野也不够开阔，若有差错和疏漏，敬请读者指正。

高富华